Marcel Scheler

Auswahl robuster Wirkprinzipien auf Basis einer Erweiterung des CPM/PDD-Ansatzes

Berichte aus dem
INSTITUT FÜR MASCHINEN- UND
GERÄTEKONSTRUKTION (IMGK)

Herausgegeben von
Univ.-Prof. Dr.-Ing. Ulf Kletzin (Maschinenelemente),
Univ.-Prof. Dr.-Ing. René Theska (Feinwerktechnik) und
Univ.-Prof. Dr.-Ing. Christian Weber (Konstruktionstechnik)
aus dem Institut für Maschinen- und Gerätekonstruktion (IMGK) an
der TU Ilmenau.

Band 36

Diese Reihe setzt die „Berichte aus dem Institut für
Maschinenelemente und Konstruktion“ fort.

Auswahl robuster Wirkprinzipien auf Basis einer Erweiterung des CPM/PDD-Ansatzes

Marcel Scheler

Universitätsverlag Ilmenau
2020

Impressum

Bibliografische Information der Deutschen Nationalbibliothek
Die Deutsche Nationalbibliothek verzeichnet diese Publikation in der Deutschen Nationalbibliografie; detaillierte bibliografische Angaben sind im Internet über http://dnb.d-nb.de abrufbar.

Diese Arbeit hat der Fakultät für Maschinenbau der Technischen Universität Ilmenau als Dissertation vorgelegen.

Tag der Einreichung:	8. Mai 2019
1. Gutachter:	Univ.-Prof. Dr.-Ing. Christian Weber (Technische Universität Ilmenau)
2. Gutachter:	Univ. -Prof. Dr.-Ing. Michael Vielhaber (Universität des Saarlandes)
3. Gutachter:	Univ.-Prof. Dr.-Ing. habil Gerhard Linß (Technische Universität Ilmenau)
Tag der Verteidigung:	13. Juli 2020

Technische Universität Ilmenau/Universitätsbibliothek
Universitätsverlag Ilmenau
Postfach 10 05 65
98684 Ilmenau
http://www.tu-ilmenau.de/universitaetsverlag

ISSN 2191-8082
ISBN 978-3-86360-225-3 (Druckausgabe)
URN urn:nbn:de:gbv:ilm1-2020000270
DOI 10.22032/dbt.45602

Geleitwort der Herausgeber

Die Konstruktion von Maschinen und Geräten sowie die zugehörigen Methoden und Werkzeuge sind seit den frühen 1950er Jahren ein profilbildender Schwerpunkt an der Technischen Universität Ilmenau und ihren Vorgängerinstitutionen. Es war daher ein naheliegender Schritt, dass die drei konstruktiv orientierten Fachgebiete der Fakultät für Maschinenbau – Maschinenelemente, Feinwerktechnik/Precision Engineering, Konstruktionstechnik – im Mai 2008 das Institut für Maschinen- und Gerätekonstruktion (IMGK) neu gegründet haben. Das IMGK steht in der Tradition einer Kette ähnlicher Vorgängerinstitute, deren wechselnde Zusammensetzung hauptsächlich durch sich über der Zeit ändernde Universitätsstrukturen bedingt war.

Zweck des Institutes ist es, die Kompetenzen und Ressourcen der beteiligten Fachgebiete zu bündeln, um Forschung und Lehre zu verbessern und erzielte wissenschaftliche Ergebnisse gemeinsam in die Fachöffentlichkeit zu tragen.

Ein wesentliches Instrument hierzu ist die Schriftenreihe des Instituts für Maschinen- und Gerätekonstruktion. Sie führt eine erfolgreiche Schriftenreihe des im Jahr 1991 gegründeten unmittelbaren Vorgängerinstitutes IMK (Institut für Maschinenelemente und Konstruktion) fort.

In der Schriftenreihe erscheinen in erster Linie die am Institut entstandenen Dissertationen, daneben werden aber auch andere Forschungsberichte, die in den thematischen Rahmen passen und von allgemeinem Interesse sind, in die Schriftenreihe aufgenommen.

Der vorliegende Band 36 ist als Dissertation am Fachgebiet für Konstruktionstechnik unter der wissenschaftlichen Betreuung von Univ.-Prof. Dr.-Ing. Christian Weber entstanden. Die Herausgeber wünschen sich reges Interesse an der Schriftenreihe und würden sich freuen, wenn sie zum fruchtbaren Dialog in Wissenschaft und Praxis beitragen würde.

Ilmenau, im August 2020

Univ. Prof. Dr. Ing. Ulf Kletzin (Maschinenelemente)
Univ. Prof. Dr. Ing. René Theska (Feinwerktechnik)
Univ. Prof. Dr. Ing. Christian Weber (Konstruktionstechnik)

Vorwort

Diese Dissertation entstand während meiner Zeit als Doktorand am Fachgebiet für Konstruktionstechnik der Technischen Universität Ilmenau.

Mein außerordentlicher Dank gilt meinem Doktorvater, Herrn Prof. Dr.-Ing. Christian Weber. Seine Betreuung und Unterstützung haben maßgeblich zum Erfolg der vorliegenden Arbeit beigetragen. Weiterhin danke ich Herr Prof. Dr.-Ing. René Theska sehr herzlich ich für die Übernahme des Vorsitzes der Promotionskommission und seine fachlichen Hinweise im Rahmen des Promotionsverfahrens.

Mein besonderer Dank gehört Herr Prof. Dr.-Ing. Michael Vielhaber vom Lehrstuhl für Konstruktionstechnik der Universität des Saarlandes ebenso wie Herr Prof. Dr.-Ing. habil. Gerhard Linß vom Fachgebiet für Qualitätssicherung der TU Ilmenau für die Erstellung der Gutachten im Rahmen des Koreferats.

Ebenfalls gebührt den Herren Prof. Dr.-Ing. Ulf Kletzin vom Fachgebiet Maschinenelemente und Prof. Dr.-Ing. Steffen Strehle vom Fachgebiet Mikrosystemtechnik (beide Technische Universität Ilmenau) mein Dank für ihre Teilnahme an der Promotionskommission.

Die Ergebnisse der Arbeit wurden während ihrer Erstellung in den Doktorandenkolloquien des IMGK diskutiert. Ich danke daher auch allen Beteiligten, deren Hinweise zum Gelingen der Arbeit beigetragen haben.

Ilmenau, im August 2020

Marcel Scheler

Zusammenfassung

Ein wesentlicher Wettbewerbsvorteil eines Unternehmens besteht darin, Produkte zu entwickeln, welche den Anforderungen des Kunden gerecht werden. Zu diesen Anforderungen zählt, dass Produkte während ihrer Nutzung nicht ausfallen. Statistiken zeigen allerdings, dass Ausfälle bei neu entwickelten Produkten trotz der Anwendung von Methoden zur Fehlervermeidung in der Konstruktion zunehmen. Einige Autoren sehen mangelnde Robustheit gegenüber Störgrößen als Hauptursache für die heutigen Ausfälle von Produkten. Autoren aus der Konstruktionswissenschaft geben in diesem Zusammenhang an, dass sich Einflüsse durch Störgrößen am besten mit der Auswahl von Wirkprinzipien vermeiden lassen, die invariant oder innozent gegenüber Störgrößen sind bzw. Störgrößen kompensieren.

Die vorliegende Arbeit analysiert zunächst den heutigen Auswahlprozess für Wirkprinzipien. Danach wird das heutige Vorgehen zur methodischen Vermeidung von Ausfällen im Konstruktionsprozess erläutert. Darüber hinaus wird ein Konstruktionsprinzip vorgestellt, das den Einfluss von Störgrößen auf Produkte reduzieren kann. Aufbauend auf den Erkenntnissen entwickelt die vorliegende Arbeit Referenzprozesse zur Ermittlung störgrößenbedingter Fehlerursachen und zur Definition von Vermeidungsmaßnahmen für diese. Die Referenzprozesse basieren auf einer Erweiterung des CPM/PDD-Ansatzes. Aufbauend auf den Referenzprozessen entwickelt die Arbeit eine Methode, die eine Bewertung und Auswahl von Wirkprinzipien in der Konzeptphase nach ihrer Robustheit erlaubt.

Es wurde nachgewiesen, dass bereits in der Konzeptphase Informationen vorliegen, die einen Robustheitsvergleich von Wirkprinzipien möglich machen. Ebenfalls wurden Kriterien aufgezeigt, die für einen Robustheitsvergleich von Wirkprinzipien in der Konzeptphase des Konstruktionsprozesses herangezogen werden können. Mit einem Anwendungsbeispiel wurde nachgewiesen, dass die neue Methode in der Lage ist, Wirkprinzipien nach ihren Robustheiten in der Konzeptphase zu bewerten und auszuwählen.

Inhaltsverzeichnis

Vorwort .... **VII**

Zusammenfassung .... **IX**

Inhaltsverzeichnis .... **XI**

1 Einleitung **1**

1.1 Ausgangssituation 1

1.2 Problemstellung der Arbeit 2

1.3 Zielsetzung der Arbeit 3

1.4 Forschungsfrage der Arbeit 4

1.5 Vorgehen und Aufbau der Arbeit 5

2 Erläuterung begrifflicher Grundlagen **9**

2.1 Der Begriff Wirkprinzip und damit verbundene Begriffe 9

2.2 Die Begriffe Robustheit und Störgröße 19

3 Wirkprinzipien und Bewertungsmethoden in der Konzeptphase **25**

3.1 Das Vorgehen zur Auswahl von Wirkprinzipien in der Konzeptphase 26

3.2 Die Anwendung von Bewertungsmethoden in der Konzeptphase ... 31

4 Methodische Vermeidung von Ausfällen im Konstruktionsprozess **37**

4.1 Strukturanalyse 38

4.2 Funktionsanalyse 39

4.3 Fehleranalyse 40

4.4 Maßnahmenanalyse und Risikobewertung 41

4.5 Realisierung/Optimierung 46

5 Das Konstruktionsprinzip der fehlerarmen Anordnungen 49

5.1 Der Begriff Konstruktionsprinzip und damit verbundene Begriffe 49

5.2 Die Genauigkeit und das Fehlerverhalten von Geräten 51

5.3 Verbesserung des Fehlerverhaltens mit fehlerarmen Anordnungen 55

6 Diskussion der bestehenden Ansätze und Ableitung eines Handlungsbedarfs 59

6.1 Diskussion von Wirkprinzipien und Bewertungsmethoden in der Konzeptphase 59

6.2 Diskussion der methodischen Vermeidung von Ausfällen 63

6.3 Diskussion des Konstruktionsprinzips der fehlerarmen Anordnungen 66

6.4 Fazit 70

7 Characteristics-Properties Modelling / Property-Driven Development 71

7.1 Begründung der Auswahl des Characteristics-Properties Modelling und des Property-Driven Development 71

7.2 Merkmale und Eigenschaften im Characteristics-Properties Modelling 75

7.3 Beschreibung des Characteristics-Properties Modelling (CPM) 76

7.3.1 Relationen R_j und R_j^{-1} 77

7.3.2 Strukturierung der Eigenschaften und Merkmale im CPM-Modell 79

7.3.3 Ermittlung von Konflikten im Characteristics-Properties Modelling 80

7.3.4 Anwendung von Entwicklungsmethoden im Characteristics-Properties Modelling 81

7.3.5 Externe Bedingungen EC_j 82

7.3.6 Innere Abhängigkeiten D_x 83

7.3.7 Zusätzliche Eigenschaften P_{+1} 83

7.3.8 Solution Patterns 84

7.3.9 X-Systeme 86

7.4 Beschreibung des Property-Driven Development (PDD) 88

7.5 Beurteilung der Eignung des CPM/PDD-Ansatzes für die Ermittlung störgrößenbedingter Fehlerursachen und Festlegung ihrer Vermeidungsmaßnahmen 92

7.6 Hypothese zur Auswahl robuster Wirkprinzipien mit dem CPM/PDD-Ansatz 97

8 Entwicklung theoretischer Grundlagen für die neue Methode 99

8.1 Anforderungen an die neue Methode 99

8.2 Erweiterung des CPM/PDD-Ansatzes um die Darstellung störgrößenbedingter Merkmalsänderungen 101

8.3 Referenzprozesse zur Ermittlung störgrößenbedingter Fehlerursachen und Festlegung ihrer Vermeidungsmaßnahmen 107

8.3.1 Referenzprozess zur Ermittlung störgrößenbedingter Fehlerursachen 108

8.3.2 Referenzprozess zur Festlegung von Vermeidungsmaßnahmen 111

8.3.3 Fazit zu den Referenzprozessen 115

9 Auswahl robuster Wirkprinzipien in der Konzeptphase 117

9.1 Grundidee der Methode 117

9.2 Anforderungen an die Anwendung der Methode 118

9.3 Methode zur Auswahl robuster Wirkprinzipien 121

9.3.1 Suche und Beschreibung alternativer Wirkprinzipien 124

9.3.2 Ermittlung der Fehlerursachen von den Wirkprinzipien 132

9.3.3 Festlegung von Vermeidungsmaßnahmen 139

9.3.4 Bewertung der Fehlerursachen, Fehlerfolgen und Vermeidungsmaßnahmen 144

9.3.5 Auswahl eines Wirkprinzips 148

9.4 Zusammenfassende Darstellung der neuen Methode 150

10 Evaluierung der neuen Methode 153

10.1 Beschreibung des betrachteten Produktes ... 153
10.2 Suche und Beschreibung alternativer Wirkprinzipien ... 158
10.3 Ermittlung der Fehlerursachen von den Wirkprinzipien ... 170
10.4 Festlegung von Vermeidungsmaßnahmen ... 180
10.5 Bewertung der Fehlerursachen, Fehlerfolgen und Vermeidungsmaßnahmen ... 182
10.6 Auswahl eines Wirkprinzips ... 182
10.7 Evaluierung der QRBW-Methode ... 184

11 Zusammenfassung der Dissertation, Diskussion und Ausblick 187

11.1 Zusammenfassung der Ergebnisse der Arbeit ... 187
11.2 Diskussion der Ergebnisse der Arbeit ... 188
11.2.1 Beantwortung der Forschungsfrage ... 189
11.2.2 Erweiterung des Standes der Technik durch die Arbeit ... 190
11.2.3 Beschreibung von Grenzen und Prämissen der neuen Methode ... 191
11.2.4 Bewertung der Hypothese ... 193
11.3 Ausblick ... 193

Anhang 195

A.1 Herleitung des elektrostatischen Antriebsmoments ... 195
A.2 Herleitung des magnetischen Antriebsmoments ... 197
A.3 Berechnung der Parameter aus den Bewegungsgleichungen ... 199
A.4 Wahl der Merkmale des Mikrospiegels ... 203
A.5 Abhängigkeit der dynamischen Viskosität verschiedener Gase von der Temperatur ... 211
A.6 Matlab-Quelltext zur Lösung der Bewegungsgleichung der elektrostatisch angetriebenen Spiegelplatte ... 211
A.7 Matlab-Quelltext zur Lösung der Bewegungsgleichung der magnetisch angetriebenen Spiegelplatte ... 213

A.8 Schwingungsamplituden der elektrostatisch und magnetisch angetriebenen Spiegelplatten 216
A.9 Matlab-Quelltext zur Berechnung der Pull-In Spannung eines elektrostatischen Mikrospiegelantriebs 219
A.10 Matlab-Quelltext zur Berechnung der trägheitsbedingten Spiegelplattenverbiegungen 220

Literaturverzeichnis **223**

Abbildungsverzeichnis **239**

Abkürzungen und Formelzeichen **249**

Tabellenverzeichnis **255**

1 Einleitung

1.1 Ausgangssituation

Obwohl die Zahl der Unternehmen mit zertifizierten QM-Systemen steigt, treten mehr und mehr Berichte über Qualitätsprobleme, fehlerhafte Produkte und Rückrufaktionen auf [Conrad et al. 2007]. Eine Statistik des Unternehmens GEPA mbH, welche auf Daten des Kraftfahrt-Bundesamtes zurückgreift, kann die steigende Zahl an Qualitätsproblemen stellvertretend verdeutlichen. Die Statistik zeigt die zahlenmäßige Entwicklung der Rückrufaktionen von Automobilen in den Jahren von 2009 bis 2018. Die Statistik verdeutlicht, dass Rückrufaktionen von Kraftfahrzeugen im Zeitraum von 2012 bis 2018 zahlenmäßig angestiegen sind (vgl. Abbildung 1.1).

Qualitätsprobleme und fehlerhafte Produkte äußern sich neben Rückrufaktionen auch in Ausfällen von Produkten. 60% aller Produktausfälle haben ihren Ursprung in unreifer, unfertiger oder fehlerhafter Entwicklung [Pahl et al. 2007, Wallentowitz et al. 2010].

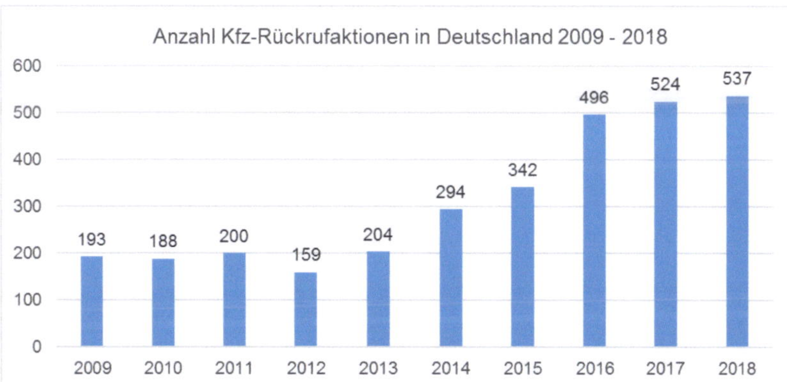

Abbildung 1.1: Zahlenmäßige Entwicklung von Rückrufaktionen in den Jahren 2009 bis 2018, angelehnt an [n. n. 2018]

1.2 Problemstellung der Arbeit

Konstrukteure wenden für die Entwicklung neuer Produkte im Konstruktionsprozess Methoden des Qualitätsmanagements (QM-Methoden) an, um Ausfälle[1] jener Produkte zu vermeiden. Die bekannteste QM-Methode zur Vermeidung von Ausfällen ist die Failure Mode and Effects Analysis (FMEA) [Dietmüller 2007]. Die FMEA benutzt einen methodischen Ansatz, um die Fehlfunktionen und Fehlerursachen von Produkten zu ermitteln. Ebenfalls definiert die FMEA Vermeidungsmaßnahmen, um das Auftreten von Fehlerursachen zu verhindern.

Mehrere Autoren geben an, dass Störgrößen die häufigste Ursache für Ausfälle sind [Wang 2005, Chakhunashvili et al. 2009, Pavasson 2012, Zhu et al. 2007, Lönnqvist 2009]. Typische Beispiele für Störgrößen sind Umgebungstemperaturen oder Betriebslasten während der Produktnutzung. Die meisten Ausfälle gehen nach [Lönnqvist et al. 2008, Gumus 2005] darauf zurück, dass Störgrößen gerade in den frühen Phasen des Konstruktionsprozesses nicht ausreichend berücksichtigt werden.

Zu den frühen Phasen des Konstruktionsprozesses gehört im Wesentlichen die Konzeptphase[2]. In der Konzeptphase werden die prinzipielle Funktionsweise, die physikalischen Effekte, sowie die Wirkprinzipien eines Produktes gewählt [Bichlmaier 2000, Grunwald 2002].

[1] Nach [VDI-2180 2007, DIN 4001 1990] führt ein Ausfall (im Englischen: failure) zur Beendigung der Fähigkeit einer Einheit, eine geforderte Funktion zu erfüllen. Somit handelt es sich bei einem Ausfall um die Nichterfüllung einer Funktion bzw. eine Fehlfunktion. Die beiden Begriffe Fehlfunktion und Ausfall werden in der deutschsprachigen Fachliteratur daher oft als Synonym verwendet. Dies gilt auch für die vorliegende Arbeit.

[2] Die Konzeptphase wird von [Roth 2000] auch als prinzipielle Phase bezeichnet.

Wirkprinzipien dienen zur Realisierung von Funktionen in einem Produkt. Sollten Wirkprinzipien gegenüber Störgrößen nicht robust sein, können die Störgrößen daher zu Fehlerursachen und in Folge zu Ausfällen der Funktionen von Produkten führen. Die Vermeidung von Ausfällen lässt sich folglich am besten erreichen, indem man Wirkprinzipien wählt, die weitgehend invariant gegenüber Störgrößen sind oder Störgrößen kompensieren [Pahl et al. 2007]. [Krause 2000, Schilling 1982, Schulz 2009, Bauerschmidt 1976, Bauerschmidt et al. 1977] ordnen die Anwendung invarianter Wirkprinzipien oder von Wirkprinzipien, die Störgrößen kompensieren, dem Konstruktionsprinzip der fehlerarmen Anordnungen zu.

Aus den vorangegangenen Ausführungen lässt sich folgern, dass die Grundlage für ein ausfallfreies Produkt in der Konzeptphase des Konstruktionsprozesses mit der Auswahl von Wirkprinzipien gelegt wird, die invariant gegenüber Störgrößen sind oder Störgrößen kompensieren. Dies liegt daran, dass Störgrößen bei diesen Wirkprinzipien entweder keine Fehlerursachen oder weniger Fehlerursachen als bei anderen Wirkprinzipen hervorrufen können. Solche Wirkprinzipien sind somit robuster gegenüber Störgrößen als jene Wirkprinzipien, die nicht invariant gegenüber Störgrößen sind bzw. diese nicht kompensieren. Die heute existierenden Konstruktionsprozesse, z. B. nach [Pahl et al. 2007], wählen Wirkprinzipien allerdings nach dem Kriterium, ob sie grundsätzlich für die Realisierung einer Funktion geeignet und verträglich mit anderen Wirkprinzipien sind.[3] Dies führt dazu, dass es keine auf einer fundierten Wissensbasis beruhende Methode zur Auswahl robuster Wirkprinzipien mit dem Konstruktionsprinzip der fehlerarmen Anordnungen seitens der Konstruktionswissenschaft gibt.

1.3 Zielsetzung der Arbeit

Die vorliegende Arbeit hat vor dem Hintergrund der beschriebenen Problemstellung das Ziel, eine Methode zu entwickeln, die eine Auswahl von Wirkprinzipien nach ihrer Robustheit anhand des Konstruktionsprinzips der fehlerarmen Anordnungen erlaubt. Eine Methode entspricht der Beschreibung eines regelbasierten und planmäßigen Vorgehens, nach dessen Vorgabe bestimmte Tätigkeiten auszuführen sind, um ein anvisiertes Ziel zu erreichen

[3] Weitere Kriterien für die methodische Auswahl von Wirkprinzipien sind in Kapitel 3 erläutert. Allerdings berücksichtigen auch diese Kriterien Robustheit als Auswahlkriterium nicht.

[Lindemann 2009]. Der Bedarf für die methodische Unterstützung von Konstrukteuren resultiert größtenteils aus der Komplexität der heutigen Konstruktionsaufgaben. Das betriebliche Geschehen ist derart komplex geworden, dass die „intuitiven“ Verhaltensweisen des Menschen allein zu dessen effektiver Bewältigung nicht mehr genügen [Ehrlenspiel 2003].

Die neue Methode birgt für den Konstrukteur den Nutzen, dass sie eine empirisch validierte Handlungsanleitung bereitstellt, die ihn bei der Auswahl robuster Wirkprinzipien in der Konzeptphase anleitet. Dafür soll die Methode auf einer erfolgreichen und erprobten Vorgehensweise basieren, welche das Denken des Konstrukteurs bei der strukturierten Bewertung und Auswahl von Wirkprinzipien nach ihrer Robustheit führt. Indem die Methode einen Robustheitsvergleich neuer und bekannter Wirkprinzipien ermöglicht, kann sie hinzukommend dabei helfen, innovative Produkte zu entwickeln.

Die Schwierigkeit für die Entwicklung der Methode besteht darin, dass Produkte in der Konzeptphase nur mit einem relativ niedrigen Konkretisierungsgrad vorliegen. Quantitative Aussagen über mögliche störgrößenbedingte Ausfälle neuer Produkte erscheinen zu diesem Zeitpunkt daher nur eingeschränkt möglich. Daraus resultiert zum einen die Frage, welche Informationen für Robustheitsbewertungen in der Konzeptphase verfügbar sind. Des Weiteren stellt sich die Frage, mit welchen Kriterien die Robustheit von Wirkprinzipien in der Konzeptphase bewertet werden kann.

1.4 Forschungsfrage der Arbeit

Die vorliegende Arbeit ist der Konstruktionswissenschaft zuzuordnen. [Blessing et al. 2002] haben die Design Research Methodology (DRM) vorgestellt, mit der sich Forschungsarbeiten in der Konstruktionswissenschaft strukturieren lassen. Im Rahmen der DRM werden die Ziele einer wissenschaftlichen Arbeit zu Beginn anhand von Forschungsfragen formuliert [Blessing et al. 2002]. Diese Forschungsfragen sollen durch die Arbeit beantwortet werden. Die Forschungsfrage, mit der sich die vorliegende Arbeit befasst, lautet wie folgt:

Wie lassen sich Wirkprinzipien in der Konzeptphase des Konstruktionsprozesses anhand des Konstruktionsprinzips der fehlerarmen Anordnungen nach ihrer Robustheit gegenüber Störgrößen bewerten und auswählen?

Aus der übergeordneten Forschungsfrage leiten sich die folgenden wissenschaftlichen Teilziele ab. An diesen Teilzielen orientiert sich die Struktur der vorliegenden Arbeit:

- Beschreibung des Begriffes Wirkprinzip und seiner begrifflichen Grundlagen.
- Beschreibung der Begriffe Robustheit und Störgröße.
- Beschreibung der Vorgehensweise, mit der Wirkprinzipien nach dem Stand der Technik in der Konzeptphase gewählt werden. In diesem Zusammenhang muss beschrieben werden, wie und wofür Bewertungsmethoden nach dem Stand der Technik in der Konzeptphase angewendet werden.
- Beschreibung der heutigen Methoden zur Vermeidung von Ausfällen.
- Beschreibung des Konstruktionsprinzips der fehlerarmen Anordnungen.

1.5 Vorgehen und Aufbau der Arbeit

Das Vorgehen und der Aufbau der Arbeit richten sich an der DRM aus. Die DRM besteht aus drei Schritten. Schritt 1, die „Descriptive Study I", stellt den gegenwärtigen Stand der Technik vor und analysiert und diskutiert diesen. Daraus leitet die „Descriptive Study I" die Defizite des Standes der Technik ab. Der zweite Schritt, die „Prescriptive Study", entwickelt einen eigenen Ansatz zur Behebung jener Defizite. Der dritte Schritt, die „Descriptive Study II", untersucht den neuen Ansatz auf seine Tauglichkeit und seinen Nutzen.

Die vorliegende Arbeit setzt sich aus elf Kapitel zusammen, um die Forschungsfrage zu beantworten und dem Vorgehen der DRM zu folgen. Abbildung 1.2 stellt den Aufbau der Arbeit und die Einordnung ihrer Kapitel in die Schritte der DRM dar.

Kapitel 1 führt in die Thematik ein und dient zur Erfassung des Problems, mit dem sich der Rest der Arbeit befasst.

Kapitel 2 beschreibt die Grundbegriffe des vorliegenden Arbeitsgebietes.

Kapitel 3 zeigt, wie Wirkprinzipien nach dem Stand der Technik in der Konzeptphase des Konstruktionsprozesses gewählt werden. Ebenfalls erläutert das Kapitel, wie und wofür Bewertungsmethoden in der Konzeptphase angewendet werden.

Kapitel 4 zeigt den Stand der Technik im Bereich der methodischen Vermeidung von Ausfällen im Konstruktionsprozess.

Kapitel 5 erläutert den Stand der Technik des Konstruktionsprinzips der fehlerarmen Anordnungen und die damit verbundenen Begriffe.

Kapitel 6 diskutiert den Stand der Technik im Hinblick auf die Problemstellung der Arbeit. Ebenfalls leitet das Kapitel die Defizite des Standes der Technik ab. Anhand dieser Defizite formuliert Kapitel 6 den Handlungsbedarf, mit dessen Lösung sich der Rest der Arbeit befasst.

Kapitel 7 stellt den Ansatz des Characteristics-Properties Modelling bzw. Property-Driven Development (kurz: CPM/PDD-Ansatz) vor. Ebenfalls untersucht das Kapitel, wie der CPM/PDD-Ansatz bei der Lösung der Problemstellung der Arbeit behilflich sein kann. Am Ende von Kapitel 7 wird eine Hypothese formuliert, die in den nachfolgenden Kapiteln untersucht wird. Der CPM/PDD-Ansatz ist zwar auch dem Stand der Technik zuzuordnen. Allerdings nimmt der CPM/PDD-Ansatz in dieser Arbeit eine Sonderstellung ein und wird daher erst in der „Prescriptive Study“ erläutert.

Kapitel 8 beschreibt Anforderungen an die neue Methode. Ebenfalls untersucht das Kapitel, wie sich der CPM/PDD-Ansatz für die Lösung der Problemstellung der Arbeit nutzbar machen lässt.

Kapitel 9 beschreibt die Grundidee und die Arbeitsschritte der neuen Methode. Im Anschluss daran folgt eine Zusammenfassung der Ergebnisse dieses Kapitels.

Kapitel 10 zeigt die praktische Anwendung der neuen Methode und evaluiert sie mit einem Anwendungsbeispiel.

Kapitel 11 fasst die Ergebnisse der Arbeit zusammen. Danach beantwortet Kapitel 11 die Forschungsfrage aus Kapitel 1.4. Anschließend geht das Kapitel auf die Hypothese aus Kapitel 7 ein. Zuletzt werden die Grenzen der neuen Methode und ein Ausblick für Weiterarbeit beschrieben. Im Anschluss folgen der Anhang der Arbeit ebenso wie das Literaturverzeichnis, das Abbildungsverzeichnis, das Verzeichnis mit Abkürzungen und Formelzeichen und schließlich das Tabellenverzeichnis.

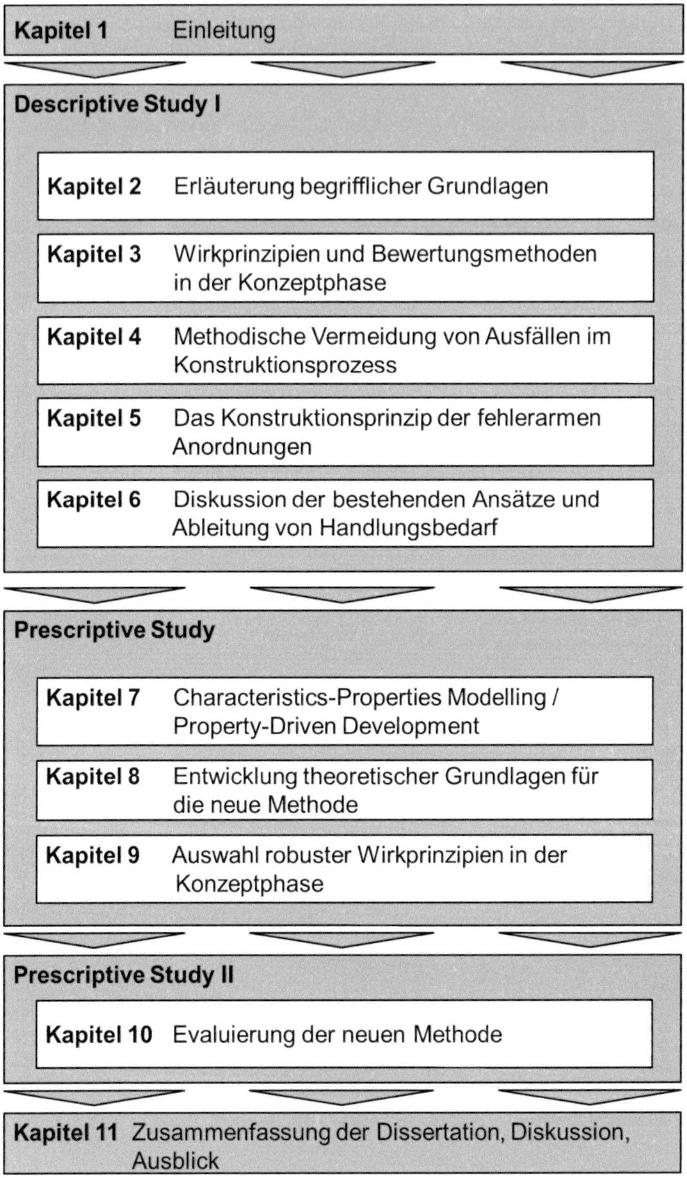

Abbildung 1.2: Strukturierung der Arbeit

2 Erläuterung begrifflicher Grundlagen

Das übergeordnete Thema dieser Arbeit ist die Bewertung und Auswahl von Wirkprinzipien nach ihrer Robustheit in der Konzeptphase des Konstruktionsprozesses. Dieses Kapitel erläutert bzw. definiert die Grundbegriffe, die zum Verständnis dieses Arbeitsgebietes notwendig sind. Zu den Grundbegriffen gehören

- der Begriff Wirkprinzip und die damit verbundenen Begriffe, ebenso wie
- die Begriffe Robustheit und Störgröße.

2.1 Der Begriff Wirkprinzip und damit verbundene Begriffe

Die folgenden Ausführungen gehen auf den Begriff Wirkprinzip und damit verbundene Begriffe ein.

Erläuterung des Begriffes Wirkprinzip

Mit einer Recherche in der ingenieurwissenschaftlichen Literatur wurden mehrere Definitionen zum Begriff Wirkprinzip gefunden. [Abeln et al. 1997] beschreiben Wirkprinzipien als Lösungsgedanken für eine Funktion auf erster konkreter Stufe. [Stiefel 2011] bezeichnet Wirkprinzipien als prinzipielle Lösungsideen, die zur Umsetzung einzelner Funktionen ermittelt werden. [Murjahn 2005] bezeichnet Wirkprinzipien als Wirkungsweise, durch welche die Funktionen eines Produktes erfüllt werden. [VDI-2223 2004] definiert den Begriff Wirkprinzip mit „Grundsatz, nach dem eine Wirkung erfolgt". [Neudörfer 2014, Pahl et al. 2007] bezeichnen Wirkprinzipien als einen Grundsatz, von dem sich eine bestimmte Wirkung zur Erfüllung einer Funktion ableitet. [List 2015] spricht von Wirkprinzipien, wenn physikalische Effekte auf eine Anwendung bezogen bildhaft als Skizze vorliegen. [Schweizer 2008] gibt an, dass sich Wirkprinzipien aus der Kombination von physikalischen Effekten mit geometrischen und stofflichen Merkmalen ergeben. Zwar finden sich in der Literatur noch weitere Definitionen für den Begriff Wirkprinzip. Diese Zusammenstellung wird allerdings als ausreichend erachtet, um den Begriff Wirkprinzip für die vorliegende Arbeit zu verdeutlichen.

In Anlehnung an die vorangegangenen Begriffsdefinitionen definiert die vorliegende Arbeit den Begriff Wirkprinzip wie folgt:
Ein Wirkprinzip ist eine Kombination aus physikalischem, chemischem oder biologischem Effekt mit geometrischen und stofflichen Merkmalen, die Funktionen innerhalb eines Produktes realisiert.

Neben Begriffsdefinitionen wurden mit der Literaturrecherche auch Beispiele für Wirkprinzipien gefunden. Beispiele für Wirkprinzipien aus dem klassischen Maschinenbau sind auf Reibung basierende Passungen oder auf dem Hebeleffekt beruhende Seilwinden [Gausemeier et al. 2006]. Über den Maschinenbau hinaus findet sich der Begriff Wirkprinzip aber auch noch in anderen ingenieurwissenschaftlichen Domänen, wie z. B. der Elektrotechnik oder der Mechatronik. Beispiele für Wirkprinzipien aus der Elektrotechnik bzw. der Mechatronik sind Wirkprinzipien auf Basis des elektrostatischen oder piezoelektrischen Effekts, die z. B. bei elektrischen Wandlern zum Einsatz kommen.

Die Abbildung von Wirkprinzipien erfolgt häufig in Form von Prinzipskizzen oder Schemazeichnungen, welche auch für andere Beteiligte die grundsätzliche Art und Weise erkennen lassen, wie Produktfunktionen realisiert werden [Lindemann et al. 2011]. Abbildung 2.1 zeigt exemplarisch dafür die Prinzipskizzen von drei Wirkprinzipien ebenso wie ihre zugrundeliegenden physikalischen Effekte und die Funktionen, welche die Wirkprinzipien realisieren. Bei den Funktionen handelt es sich um die Folgenden:

- Drehmoment übertragen.
- Kraft vergrößern.
- Elektrischen Kontakt herstellen.

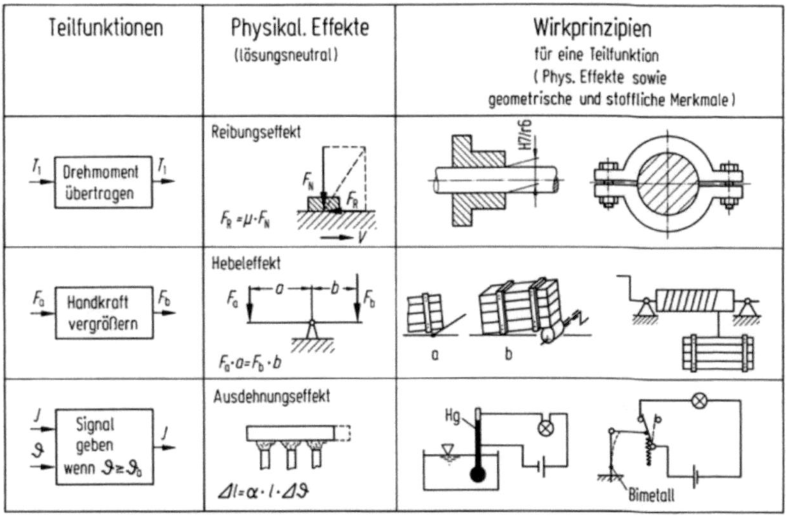

Abbildung 2.1: Beispiele für Wirkprinzipien aus verschiedenen Domänen [Pahl et al. 2007]

Die bisherigen Ausführungen zeigen, dass die Begriffe Funktion, physikalische Effekte sowie geometrische und stoffliche Merkmale die begrifflichen Grundlagen für Wirkprinzipien bilden. Die folgenden Ausführungen erläutern bzw. definieren daher diese Begriffe.

Die Funktion von Wirkprinzipien

Mit einer Recherche in der ingenieurwissenschaftlichen Literatur wurden mehrere Definitionen des Begriffes Funktion gefunden. [Pahl et al. 2007] definieren eine Funktion als einen "allgemeinen und gewollten Zusammenhang zwischen dem Eingang und Ausgang eines Systems[4] mit dem Ziel, eine Aufgabe zu erfüllen". [Feldhusen et al. 2011] bezeichnen eine Funktion als den Zusammenhang zwischen dem Eingang und dem Ausgang eines Produktes zur Erfüllung einer Aufgabe. Nach [Birkhofer et al. 2000] ist eine Funktion eine lösungsneutrale Beschreibung als Operation des gewollten Zusammenhangs zwischen einer

[4] Der Begriff System bzw. technisches System wird in der Konstruktionsmethodik häufig als Synonym zum Begriff Produkt bzw. technisches Produkt benutzt. [Lindemann 2009] definiert die beiden Begriffe technisches Produkt und technisches System beispielsweise analog. Der Begriff technisches System entspringt aus der Theorie der Technischen Systeme von [Hubka 1984]. Darin wird ein technisches System als Transformationssystem definiert, das den Ausgangszustand eines Operanden in einen Zielzustand überführt.

Eingangsgröße und einer Ausgangsgröße. [Pahl et al. 1997] definieren den Begriff Funktion als den Zusammenhang, der zwischen dem Eingang und Ausgang eines Systems zur Erfüllung einer Funktion besteht. [Höhne et al. 2007] definieren die Funktion eines Produktes als für die Erfüllung seines Zwecks genutzte Eigenschaft, Eingangsgrößen in Ausgangsgrößen zu überführen. [Naefe 2012] definiert den Begriff Funktion als „der gewünschte Vorgang in kausaler Zuordnung oder Abhängigkeit zwischen Eingangs- und Ausgangsgröße in lösungsneutraler Form ausgedrückt". Für den Funktionsbegriff finden sich in der Literatur zwar noch weitere Definitionen. Allerdings wird diese Zusammenstellung als ausreichend erachtet, um den Begriff Funktion für die vorliegende Arbeit zu verdeutlichen.[5]

Angelehnt an die zuvor beschriebenen Begriffsdefinitionen definiert die vorliegende Arbeit den Begriff Funktion wie folgt:
Eine Funktion ist eine Operation, welche eine oder mehrere Eingangsgrößen in eine Ausgangsgröße umsetzt.

[Pahl et al. 2007] unterscheiden zwischen den Begriffen Gesamtfunktion und Teilfunktion. Eine Gesamtfunktion ist dabei eine Funktion, die Teilaufgaben in ihrer Gesamtheit erfasst [Pahl et al. 2007]. Teilfunktionen hingegen sind Funktionen, die Teilaufgaben in einem Produkt erfassen.

Teilfunktionen werden von Wirkprinzipien realisiert. Wirkprinzipien sind dazu aus physikalischen Effekten sowie geometrischen und stofflichen Merkmalen aufgebaut [Feldhusen et al. 2011]. Erst durch das Vorhandensein physikalischer Effekte und die Festlegung ihrer geometrischen und stofflichen Merkmale wird erzwungen, dass eine Funktion wie erforderlich realisiert wird [Pahl et al. 2007].

Zwischen Wirkprinzipien und ihren Funktionen besteht eine 1:n-Beziehung. Das bedeutet, ein Wirkprinzip erfüllt eine oder mehrere Funktionen, eine Funktion wird aber immer genau durch ein Wirkprinzip realisiert [Kartika 2010]. Hierfür ist zu beachten, dass eine Funktion nicht immer nur durch ein bestimmtes Wirkprinzip realisiert werden kann. Es können sich auch verschiedene Wirkprinzipien für die Realisierung einer Funktion eignen.

[5] Ergänzend sei hier erwähnt, dass in den Natur- und Ingenieurwissenschaften der Funktionsbegriff auch zur Darstellung eines physikalischen oder mathematischen Zusammenhangs, z. B. in Form einer Gleichung, verwendet wird [Matthiesen 2002].

[Roth 2000, Eversheim 1997, Pahl et al. 2007] bezeichnen die Eingangs- und Ausgangsgrößen von Funktionen auch als Funktionsgrößen. Funktionsgrößen lassen sich einem der drei Bereiche Energie, Stoff oder Signal zuordnen. Der Umsatz von Energie betrifft z. B. die Wandlung mechanischer Energie in elektrische Energie [Pahl et al. 2007]. Der Umsatz von Stoffen betrifft die Zustandsänderung von Stoffen, wie z. B. fester Stoffe (z. B. Einzelteile), flüssiger Stoffe oder gasförmiger Stoffe. Der Umsatz von Signalen betrifft die Verarbeitung von Informationen (z. B. Messgrößen oder Daten).

Der Umsatz von Energie-, Stoff- oder Signalgrößen lässt sich mit einem Black Box-Modell darstellen. Abbildung 2.2 zeigt exemplarisch dazu ein allgemein gehaltenes Black Box-Modell. Das Black Box-Modell zeigt anhand von Pfeilen den Umsatz von Eingangsgrößen (Energie, Stoff, Signal) in Ausgangsgrößen (Energie´, Stoff´, Signal´). Die Beschreibung von Funktionen mit einem derartigen Modell hat den Vorteil, dass dafür nur ihre Funktionsgrößen bekannt sein müssen. Somit legt eine Black Box keine Vorfixierung auf konstruktive Lösungen zur Realisierung von Funktionen fest.

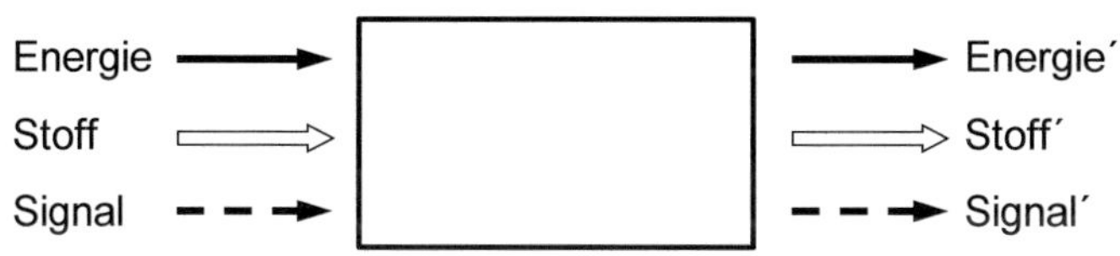

Abbildung 2.2: Beschreibung einer Funktion mit dem Umsatz von Energie-, Stoff-, Signalgrößen anhand eines Black Box-Modells [Pahl et al. 2007]

Auch eine verbale Beschreibung von Funktionen ist möglich. Eine Funktion ist verbal über die Kombination aus einem Objekt und einem Verb beschreibbar [Gaag 2010, Akiyama 1994, Ehrlenspiel 2009]. Beim Objekt handelt es sich um ein Umsatzprodukt, an dem die Funktion eine Zustandsänderung bewirkt. Das Verb gibt die Zustandsänderung des Objektes an. Beispiele für eine verbale Funktionsbeschreibung sind z. B. „Drehmoment wandeln" oder „Kraft leiten".

Physikalische Effekte als Grundlage von Wirkprinzipien

Für die Realisierung von Funktionen sind immer Effekte[6] erforderlich. Diese Effekte können aus der Chemie, der Biologie oder der Physik stammen. In der Konstruktionswissenschaft sind in erster Linie physikalische Effekte für die Realisierung von Funktionen relevant.

Bei physikalischen Effekten handelt es sich um elementare physikalische Erscheinungen, die als Gesetzmäßigkeit formuliert werden können [Lindemann et al. 2011]. Mit ihnen werden die als Eingangs- und Ausgangsgrößen beteiligten Funktionsgrößen von Funktionen quantitativ verbunden [Eversheim 1997]. Dafür setzen physikalische Effekte physikalische Größen in andere physikalische Größen um oder ändern den Betrag physikalischer Größen. Mögliche Unterscheidungskriterien von physikalischen Effekten sind nach [Lindemann et al. 2011, Claussen et al. 1998]

- ihre Effektstärke (z. B. Größe der erzeugbaren Kräfte),
- die Energieart der Effekte (z. B. mechanisch, elektrisch, thermodynamisch, usw.),
- der Bekanntheitsgrad der Effekte und
- ob Effekte statischer oder dynamischer Natur sind.

Physikalische Effekte zeigen die physikalischen Gesetzmäßigkeiten, welche der Realisierung einer Funktion zugrunde liegen, nur lösungsneutral. Ein physikalischer Effekt kann daher nur mit einer „Primitivgeometrie" grafisch dargestellt werden [Ehrlenspiel 2009]. Eine „Primitivgeometrie“ zeigt anhand elementarer Strichbilder den Umsatz, bei dem die Eingangsgrößen physikalischer Effekte in ihre Ausgangsgrößen transformiert werden. Ein physikalischer Effekt ist darüber hinaus durch physikalische Gesetze, welche die beteiligten physikalischen Größen einander zuordnen, auch quantitativ beschreibbar: z. B. der Reibungseffekt durch das Coulombsche Reibungsgesetz $F_r = \mu \cdot F_N$ oder der Hebeleffekt durch das Hebelgesetz $F_A \cdot a = F_B \cdot b$ oder der Ausdehnungseffekt durch das lineare Ausdehnungsgesetz fester Stoffe $\Delta l = \alpha \cdot l \cdot \Delta\vartheta$ [Pahl et al. 2007]. In den Gleichungen der physikalischen Effekte sind geometrische bzw.

[6] Die physikalischen Effekte, die im Rahmen dieses Kapitels erläutert werden, bewegen sich auf dem Abstraktionsniveau, mit dem physikalische Effekte in der Standardliteratur des Maschinenbaus beschrieben werden. Beispiele für diese Standardliteratur sind [Pahl et al. 2007, Koller 2011, Roth 2000, Ehrlenspiel 2009]. Hierbei bleibt zu berücksichtigen, dass bei physikalischen Effekten noch höhere Abstraktionsniveaus möglich sind. So liegt dem Hebelgesetz z. B. ein weiteres physikalisches Gesetz zugrunde, nämlich das Momentengleichgewicht am Stab.

stoffliche Merkmale noch nicht auf eine konstruktive Lösung bezogen und somit anhand von Parametern lösungsneutral dargestellt.

Für die Realisierung einer Funktion können verschiedene physikalische Effekte in Frage kommen. Abbildung 2.3 zeigt exemplarisch dazu eine Reihe verschiedener Effekte, welche die Funktion „Kraft vergrößern" realisieren können. Bei den Effekten handelt es sich z. B. um das Hebelgesetz oder das Keilgesetz. Abbildung 2.3 zeigt neben Skizzen der Effekte auch ihre Effektgleichungen.

Physikalische Effekte		
Verbal	**Skizze** (physikalischer Sachverhalt)	**Formel** (phys.-mathem. Zusammenhang)
Hebelgesetz	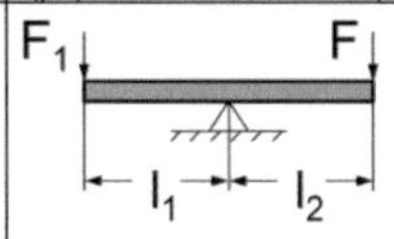	$F = F_1 \times \frac{l_1}{l_2}$
Flaschenzug	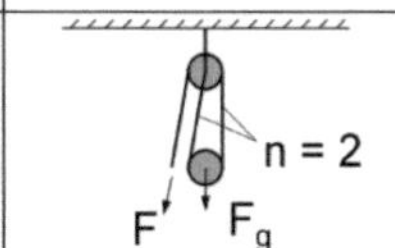	$F = \frac{F_g}{n}$
Keilgesetz	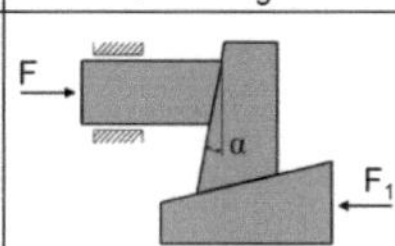	$F = \frac{F_1}{t\,g^2 \alpha}$
Hydraulik	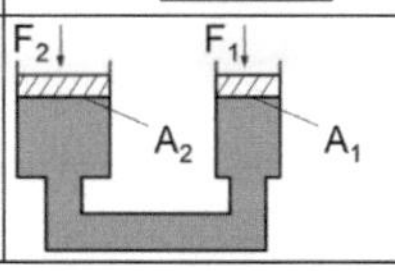	$F_2 = F_1 \times \frac{A_2}{A_1}$

Abbildung 2.3: Beispiele für physikalische Effekte, angelehnt an [Schindler 2012]

Abbildung 2.3 zeigt physikalische Effekte, welche die Funktion „Kraft vergrößern“ jeweils alleine realisieren. Die Erfüllung bestimmter Funktionen kann möglicherweise aber erst durch Verknüpfen mehrerer physikalischer Effekte erzielt werden, z. B. die Wirkungsweise eines Bimetalls, die sich aus dem Effekt der thermischen Ausdehnung und dem Hookeschen Gesetz (Spannungs-Dehnungs-Zusammenhang) aufbaut [Pahl et al. 2007].

Bei der Verknüpfung mehrerer physikalischer Effekte wird auch von einer Effektkette gesprochen. [Meier 2002] liefert zwei Beispiele für die Verknüpfung mehrerer physikalischer Effekte. Abbildung 2.4 zeigt beide Beispiele. Bei der Funktion, die im Beispiel nach [Meier 2002] realisiert werden soll, handelt es sich um die Funktion „Strom in Verschiebung wandeln". Im ersten Beispiel werden die drei physikalischen Effekte Durchflutung, Magnetisierung und Federkonstante miteinander verknüpft, um die Funktion zu realisieren. Im zweiten Beispiel werden die Effekte Erwärmung durch elektrischen Widerstand, Wärmedehnung und Wegumlenkung für die Realisierung der Funktion verkettet. Abbildung 2.4 beschreibt in der Spalte „Physikalische Funktionen" für beide Beispiele die Funktion mit ihren Eingangs- und Ausgangsgrößen anhand einer Black Box. In der Spalte „Darstellung" und der Spalte „Gleichung und Benennung" zeigt die Abbildung ebenfalls „Primitivskizzen" bzw. die Gleichungen der Effekte, die für die Realisierung der Funktion „Strom in Verschiebung wandeln" verknüpft werden.

Funktionen	Physikalische Funktionen	Physikalische Effekte Darstellung	Gleichung und Benennung
Elektro-magnetisches Auslösen bei Überstrom	$S_1 = f(I)$ $I \rightarrow \square \rightarrow S_1$ Strom in Verschiebung wandeln	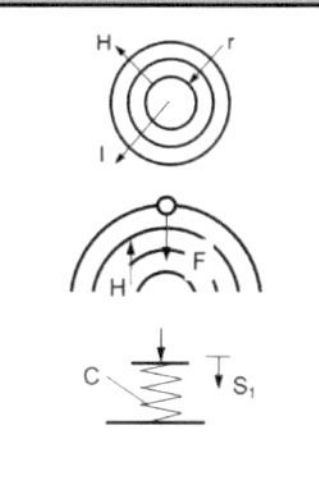	$H = \frac{I}{2 \pi r}$ Durchflutung $F = f(H, x)$ Magnetisierung $s_1 = \frac{1}{c} F$ Federkonstante
Thermisches Auslösen bei Überstrom	$S_2 = f(I)$ $I \rightarrow \square \rightarrow S_2$ Strom in Verschiebung wandeln	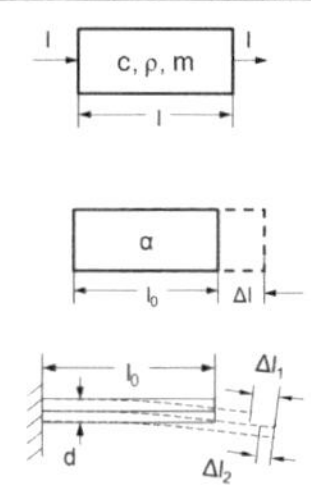	$T = \frac{I^2 \cdot R \cdot t}{c \cdot m}$ Erwärmung durch el Widerstand $\Delta l = \alpha \cdot l_0 \cdot \Delta T$ Wärmedehnung $s_2 = f(L_0, d, \Delta l_i)$ Wegumlenkung

Abbildung 2.4: Beispiele für Effektketten, angelehnt an [Meier 2002]

Die geometrischen und stofflichen Merkmale von Wirkprinzipien

Zwei weitere Begriffe in Bezug auf Wirkprinzipien sind ihre geometrischen und stofflichen Merkmale. Zu den geometrischen und stofflichen Merkmalen von Wirkprinzipien gehören ihre Wirkgeometrie, ihre Wirkbewegung und ihr Werkstoff [Lindemann 2009, Pahl et al. 2007]. Bei der Wirkgeometrie handelt es sich um die Anordnung von Flächen, Linien oder Räumen, über die eine Wirkung erzwungen oder ermöglicht wird [Pahl et al. 2007]. Wirkflächen sind feste Oberflächen von Körpern oder generalisierte Grenzflächen von Flüssigkeiten, Gasen oder Feldern, die dauernd oder zeitweise im Kontakt zu einer weiteren Wirkfläche stehen und am Energie-, Stoff- und Informationsaustausch eines technischen Systems beteiligt sind [Matthiesen 2002]. Die Wirkbewegung ist die Bewegung, mit der ein physikalisches Geschehen erzwungen oder ermöglicht wird [Hiersig 1995].

Die stofflichen Merkmale von Wirkprinzipien sind ihre für die Realisierung eines Effekts notwendigen Werkstoffeigenschaften [Gräßler 2004]. Beispiele für stoffliche Merkmale sind der Elastizitätsmodul (E-Modul) oder die elektrische Leitfähigkeit eines Werkstoffes.

Beschreibung eines Beispiels für ein Wirkprinzip

Abbildung 2.5 zeigt ein Beispiel für ein Wirkprinzip. Dieses Beispiel soll die zuvor erläuterten Begriffe aus diesem Kapitel veranschaulichen.

Die Spalte „Teilfunktion" in der Abbildung 2.5 beschreibt mit einem Black Box-Modell die Funktion, die im vorliegenden Beispiel betrachtet wird. Die Funktion lautet „Drehmoment übertragen". Bei der Eingangsgröße der Funktion handelt es sich um das Drehmoment T_1. Bei der Ausgangsgröße handelt es sich um das Drehmoment T_2.

Die Spalte „Physikalischer Effekt" in der Abbildung 2.5 zeigt die physikalischen Effekte, welche der Teilfunktion im vorliegenden Beispiel zugeordnet werden. Dabei handelt es sich um das Coulombsche Reibungsgesetz und das Hookesche Gesetz. Darüber hinaus zeigt die Spalte auch lösungsneutrale Skizzen von den Effekten und ihre Effektgleichungen. Die Gleichung des Reibungsgesetzes zeigt, dass es durch den Reibwert μ und die Normalkraft F_N charakterisiert ist. Die Gleichung des Hookeschen Gesetzes zeigt, dass es durch die Länge l, die Längenänderung $\Delta\lambda$, die Fläche A, den E-Modul E und eine Kraft F charakterisiert ist.

Nach dem Hookeschen Gesetz ruft die Längenänderung $\Delta\lambda$ zusammen mit dem E-Modul E, der Fläche A und der Länge l die Kraft F hervor. Nach dem Coloumbschen Gesetz ruft eine Normalkraft F_n zusammen mit dem Reibwert μ die Reibkraft F_R hervor. Die Normalkraft F_N in der Gleichung des Coloumbschen Reibungsgesetz lässt sich dafür mit der Kraft F aus dem Hookeschen Gesetz darstellen. Somit liegt im vorliegenden Beispiel eine Effektkette aus dem Reibungsgesetz und dem Hookeschen Gesetz vor.

Die Effektgleichungen zeigen nur lösungsneutral, welche Parameter am Umsatz der Eingangsgröße T_1 in die Ausgangsgröße T_2 beteiligt sind. Für eine lösungsspezifische Darstellung lassen sich den Parametern in den Effektgleichungen die geometrischen und stofflichen Merkmale von der Wirkgeometrie des Wirkprinzips zuordnen. Die Spalte „Wirkprinzip" in Abbildung 2.5 zeigt, dass den physikalischen Effekten im vorliegenden Beispiel eine Wirkgeometrie in Form zweier in Kontakt stehender zylindrischer Wirkflächen (Wirkflächenpaar[7]) zugeordnet wird. Zwischen jenen Wirkflächen wird eine Kraft durch Erzeugen von Normal- und Reibkräften übertragen.

Wenn den Merkmalen in den Effektgleichungen die geometrischen und stofflichen Merkmale von der Wirkgeometrie des Wirkprinzips zugeordnet werden, ergibt sich die Übertragungsgleichung des Wirkprinzips.

[7] Ein Wirkflächenpaar wird aus genau zwei Wirkflächen gebildet, die zeitweise, ganz oder teilweise in Kontakt stehen und zwischen denen Energie, Stoff und Information übertragen wird [Matthiesen 2002].

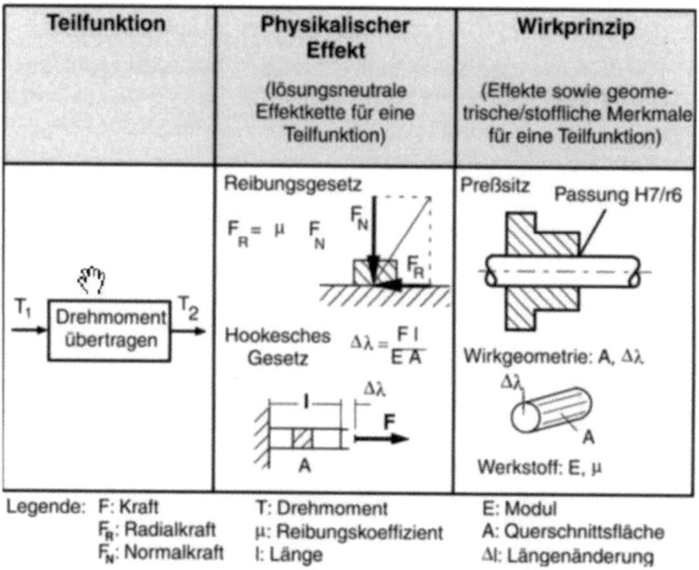

Abbildung 2.5: Beispiel für ein Wirkprinzip mit seinen Effekten und seiner Funktion [Eversheim 1997]

2.2 Die Begriffe Robustheit und Störgröße

Zwei weitere Grundbegriffe des vorliegenden Arbeitsgebietes sind die Begriffe Robustheit und Störgröße. Die folgenden Ausführungen erläutern daher diese Begriffe.

Erläuterung des Begriffes Robustheit

Der Begriff Robustheit wird umgangssprachlich sehr häufig und in verschiedenen Kontexten verwendet. Robustheit wird dabei oft mit anderen Begriffen wie widerstandsfähig, haltbar oder stabil in Verbindung gebracht. Ursprünglich stammt der Begriff Robustheit aus dem Lateinischen und bedeutet im eigentlichen Sinn widerstandsfähig [Vollerthun 2001]. Um den Begriff für die vorliegende Arbeit zu erläutern, wurde eine Literaturrecherche im Bereich der Ingenieurwissenschaften durchgeführt. Die folgenden Ausführungen fassen die Ergebnisse dieser Literaturrecherche zusammen.

[Lindermaier 1998] setzt das Adjektiv robust gleich mit dem Adjektiv störungsunempfindlich. [Yang 2007] definiert Robustheit als die Fähigkeit eines Produktes, seine Funktion unter der Wirkung von Störgrößen zu realisieren. [Clausing et al. 2005] verstehen unter Robustheit die Fähigkeit eines Produktes, unter dem ganzen Spektrum an Bedingungen zu funktionieren, auf die es beim Feldeinsatz trifft. Nach [Vielhaber 2014] ist Robustheit die „Fähigkeit eines Systems, seine Funktion auch bei Schwankung der Umgebungsbedingungen aufrecht zu erhalten". [Werdich 2012] versteht unter einem robusten Design ein Design[8], „welches gegen Schwankungen von Störgrößen (z. B. Toleranzüberschreitungen einzelner Merkmale) unempfindlich reagiert, d. h. die geforderten und erwarteten Funktionen auch dann nachweislich erfüllt". Nach [Kamiske 2004] ist ein Produkt dann robust gegenüber Störgrößen, wenn die Störgrößen nur eine minimale Änderung um den Zielwert seiner Ausgangsgröße verursachen. Der japanische Ingenieur Taguchi hat die vorherrschende Definition des Begriffs Robustheit in den Ingenieurwissenschaften geprägt. Diese lautet wie folgt: "Robustness is the state where the technology, product, or process performance is minimally sensitive to factors causing variability (either in the manufacturing or users environment) and aging at the lowest unit manufacturing cost" [Taguchi 1987].

In Anlehnung an die vorherigen Definitionen definiert die vorliegende Arbeit den Begriff Robustheit wie folgt:
Robustheit bedeutet, dass ein Produkt seine Funktionen auch unter der Wirkung von Störgrößen wie erforderlich realisiert und somit nicht ausfällt.

[8] Der Begriff Design bezieht sich in diesem Fall auf die Gestaltung eines Produktes.

Erläuterung des Begriffs Störgröße

Auch für den Begriff Störgröße konnten mehrere Definitionen in der ingenieurwissenschaftlichen Literatur der gefunden werden. [Firchau et al. 2001] definieren Störgrößen als einen „Effekt, der Abweichungen der gewollten Eingangs-/Ausgangsbeziehung oder ungewollte strukturelle Änderungen eines Produktes bewirkt". [Kamiske 2004] bezeichnet Störgrößen als „die Ursachen unerwünschter und unkontrollierbarer Abweichungen einer Ausgangsgröße[9] von ihrem Zielwert". [Taguchi 1986] bezeichnet Störgrößen als „variables in the environment or conditions of use that disturb the functions of a product".

Diese Arbeit definiert den Begriff Störgröße angelehnt an die vorherigen Definitionen wie folgt:
Störgrößen sind Einflüsse auf ein Produkt, die zu einer Änderung der Ausgangsgrößen seiner Funktionen führen.

Die Literaturrecherche zum Begriff Störgröße, die im Rahmen der vorliegenden Arbeit durchgeführt wurde, hat unterschiedliche Klassifikationen von Störgrößen identifiziert. Eine mögliche Klassifikation wurde bei [Taguchi 1986] gefunden. [Taguchi 1986] unterscheidet zwischen drei Kategorien von Störgrößen, nämlich externen Störgrößen, internen Störgrößen und der Störgröße Teil-zu-Teil-Varianz. Andere Autoren [Rehbehn et al. 2005, von Regius 2005] unterscheiden nur nach externen und internen Störgrößen. Die Störgröße Teil-zu-Teil-Varianz ist bei dieser Klassifikation den internen Störgrößen zugeordnet.

Interne Störgrößen sind Mechanismen, die innerhalb eines Produktes wirken. Dabei handelt es sich um Vorgänge wie z. B. Korrosion oder Alterung. Bei der Störgröße Teil-zu-Teil-Varianz handelt es sich um Streuungen von geometrischen und stofflichen Merkmalen, die fertigungsbedingt auftreten.

Externe Störgrößen sind äußere Einflüsse auf ein Produkt. Sie treten meist während der Produktnutzung auf, wie z. B. Betriebslasten oder Umgebungstemperaturen. Tabelle 2.1 zeigt weitere Beispiele für externe und interne Störgrößen.

[9] Anstelle des Begriffs Ausgangsgröße benutzt [Kamiske 2004] den Begriff Qualitätsmerkmal. Unter Qualitätsmerkmalen versteht [Kamiske 2004] jene Merkmale, die am Produkt gemessen werden können und die dem Benutzer zur Bestimmung von Qualität dienen. Hierunter fallen auch die Ausgangsgrößen der Funktionen von Produkten.

Intern / Extern	Art	Beispiele
Interne Störgrößen	Teil-zu-Teil-Varianz	Toleranzen sowie Toleranzketten in der Montage, Produktion, Fertigungsprozesse, Transport und Handling
	Veränderung über die Zeit	Ermüdung, Verschleiß, Schweißriss, ungenügende Haltbarkeit, Relaxation, Abnutzung
Externe Störgrößen	Nutzungsprofil des Kunden	Übermäßige Geschwindigkeit, Misuse, Kratzer, Steinschlag, gefrorenes Wasser
	Umweltbelastung	Verstopfung, Temperaturbeanspruchung, Korrossion, Haftung, Schmutzansammlung, Kontamination, Salzansammlung, hohe Reibung
	Störeinflüsse benachbarter Systeme	Überhitzung, fremde Partikel vom Nachbarsystem, Korrosion aufgrund Wechselwirkung mit anderen Systemen, Interferenz mit Kabeln

Tabelle 2.1: Beispiele für externe und interne Störgrößen, angelehnt an [Rehbehn et al. 2005, von Regius 2005]

Störgrößen treten nicht immer mit demselben Wert, sondern meist entsprechend einer gewissen Häufigkeitsverteilung auf. Die Werte von Störgrößen ändern sich innerhalb ihrer Häufigkeitsverteilung kontinuierlich und sind daher nur statistisch mit Mittelwert und Standardabweichung zu erfassen [Kamiske 2004].

Beschreibung der Auswirkungen von Störgrößen

Die zuvor beschriebenen Definitionen des Begriffes Störgröße geben an, dass Störgrößen die Ausgangsgrößen von Funktionen ändern. Die Ursache dafür ist, dass Störgrößen jene Merkmale ändern, von denen die Ausgangsgrößen abhängen. In der ingenieurwissenschaftlichen Literatur finden sich einige Beispiele für die Änderung von Merkmalen durch Störgrößen. Zum Beispiel kann die Schichtdicke auf einer Halbleiterscheibe aufgrund von Störgrößen wie Fertigungsstreuungen von Teil zu Teil variieren [Kleppmann 2008]. [Ehrlenspiel 2009] gibt als ein weiteres Beispiel an, dass sich der Reibkoeffizient μ z. B. je nach Störgrößen wie Temperaturen, Schmierstoffen, Oberflächenkrümmungen, etc. ändern kann.

In der industriellen Praxis ist es häufig wichtig zu wissen, wie die geometrischen und stofflichen Merkmale eines Produktes von Störgrößen abhängen. Daher wurden z. B. für viele Werkstoffe Untersuchungen angestellt, um herauszufinden, wie sich ihre stofflichen Merkmale durch häufig auftretende Störgrößen ändern. Ein Beispiel findet sich bei [Niemann et al. 2005]. [Niemann et al. 2005] zeigen, wie sich der E-Modul E ausgewählter Werkstoffe in Abhängigkeit von Temperatur ϑ ändert (vgl. Abbildung 2.6). Abbildung 2.6 zeigt, dass der E-Modul der betrachteten Werkstoffe mit steigender Temperatur abnimmt.

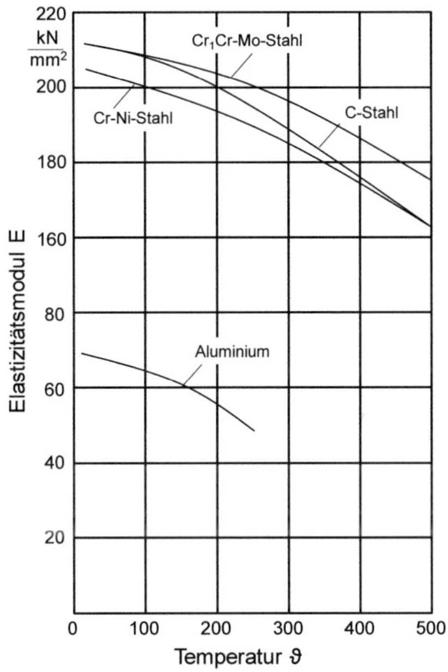

Abbildung 2.6: Abhängigkeit des E-Moduls von Aluminium, C-Stahl, Cr-Ni-Stahl und Cr1Cr-Mo-Stahl, angelehnt an [Niemann et al. 2005]

Störgrößen als die häufigste Fehlerursache

[Wang 2005, Chakhunashvili et al. 2009, Pavasson 2012, Zhu et al. 2007] geben an, dass die meisten Ausfälle durch Störgrößen hervorgerufen werden. Auch eine Studie von [Lönnqvist et al. 2008] weisst darauf hin, dass Störgrößen die häufigste Ursache von Ausfällen sind. Bei dieser Studie wurden Interviews mit Experten aus den Entwicklungsabteilungen eines Automobilbauers durchgeführt. Als häufigster Grund für Ausfälle wurde in den Interviews genannt, dass Störgrößen gerade in der Konzeptphase des Konstruktionsprozesses nicht ausreichend beachtet werden. [Lönnqvist et al. 2008] leiten aus den Ergebnissen ihrer Untersuchung ab, dass das Bewusstsein von Entwicklern gegenüber Störgrößen bereits in der Konzeptphase des Konstruktionsprozesses sensibilisiert werden muss.

Eine weitere Studie von [Lönnqvist 2009] hat untersucht, wie viele Fehlerursachen in FMEAs auf Störgrößen zurückgehen können. Die Studie hat FMEAs von einem Automobilbauer analysiert. Das Kreisdiagramm in der Abbildung 2.7 fasst das Ergebnis dieser Studie grafisch zusammen. Das Diagramm zeigt, dass die meisten Fehlerursachen in den untersuchten FMEAs (ca. 75%) auf Störgrößen verschiedener Kategorien (z. B. Teil-zu-Teil-Varianz, Änderung über die Zeit, etc.) zurückgingen.

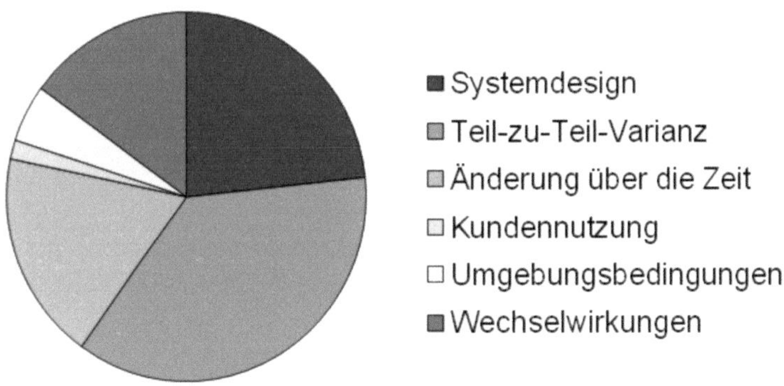

Abbildung 2.7: Anteil der durch Störgrößen hervorgerufenen Fehlerursachen in den FMEAs eines Automobilbauers nach einer Studie von [Lönnqvist 2009], angelehnt an [Lönnqvist 2009]

3 Wirkprinzipien und Bewertungsmethoden in der Konzeptphase

Der Schwerpunkt der vorliegenden Arbeit besteht in der Bewertung und Auswahl von Wirkprinzipien nach ihrer Robustheit in der Konzeptphase des Konstruktionsprozesses. Der Stand der Technik zur Auswahl von Wirkprinzipien und zur Anwendung von Bewertungsmethoden in der Konzeptphase ist in den Arbeitsschritten der Konzeptphase beschrieben. Daher geht dieses Kapitel auf jene Arbeitsschritte ein. Die Arbeitsschritte werden z. B. von [Pahl et al. 2007, Feldhusen et al. 2011, Pahl et al. 1997, Schindler 2012] erläutert. Abbildung 3.1 stellt die Arbeitsschritte in den Rechtecken grafisch dar.

Abbildung 3.1: Arbeitsschritte der Konzeptphase im Konstruktionsprozess, angelehnt an [Pahl et al. 2007]

3.1 Das Vorgehen zur Auswahl von Wirkprinzipien in der Konzeptphase

Mit dem Ziel, Wirkprinzipien zu wählen, gibt die Konzeptphase des Konstruktionsprozesses nach [Pahl et al. 2007] die folgenden Arbeitsschritte vor:

- Abstrahieren zum Erkennen der wesentlichen Probleme.
- Aufstellen von Funktionsstrukturen.
- Suchen von Wirkprinzipien zum Erfüllen der Teilfunktionen.
- Kombinieren der Wirkprinzipien zur Wirkstruktur.
- Auswählen geeigneter Kombinationen.

Die folgenden Ausführungen erläutern diese Arbeitsschritte näher.

Abstrahieren zum Erkennen der wesentlichen Probleme

Im ersten Schritt der Konzeptphase wird die Anforderungsliste des neu zu konstruierenden Produktes abstrahiert, um den Wesenskern der Aufgabe hervortreten zu lassen und sich von festen Vorstellungen sowie konventionellen Lösungen zu befreien, so dass neue und zweckmäßigere Lösungswege erkennbar werden [Feldhusen et al. 2011]. Wird der Wesenskern zutreffend formuliert, wird die Gesamtfunktion des Produktes sichtbar [Feldhusen et al. 2011].

Aufstellen von Funktionsstrukturen

Um Wirkprinzipien wählen zu können, müssen die Funktionen eines Produktes bekannt sein. Die Ermittlung dieser Funktionen geht von der Gesamtfunktion des neu zu konstruierenden Produktes aus. Die Gesamtfunktion eines Produktes zeigt, welcher Zusammenhang zwischen seinen Eingangsgrößen und Ausgangsgrößen besteht. Die Gesamtfunktion ist daher erst dann ausreichend präzisiert, wenn ihre Eingangs- und Ausgangsgrößen in Form von Energie, Stoff und Signal vollständig angegeben wurden [Pahl et al. 2007].

Sobald die Gesamtfunktion eines Produktes bekannt ist, kann sie in ihre Teilfunktionen zergliedert werden. Diese Teilfunktionen lassen sich dann meist in weitere Teilfunktionen zergliedern. Die Teilfunktionen werden bei ihrer Zergliederung auf unterschiedlichen Ebenen angeordnet, die eine Hierarchie zwischen den Funktionen anzeigen. Der zweckmäßige Auflösungsgrad einer Gesamtfunktion, d. h. die Anzahl der Teilfunktions-Ebenen sowie die Zahl der Teilfunktionen je Ebene, wird dabei z. B. durch den Neuheitsgrad der

Aufgabenstellung, aber auch von der anschließenden Lösungssuche bestimmt [Pahl et al. 2007].

Die sinnvolle und verträgliche Verknüpfung von Teilfunktionen zur Realisierung der Gesamtfunktion heißt Funktionsstruktur [Pahl et al. 2007]. Eine übersichtliche Möglichkeit für die Darstellung von Funktionsstrukturen sind Blockdiagramme. In Blockdiagrammen sind die Gesamtfunktionen und Teilfunktionen eines Produktes anhand von Black Boxes zusammen mit ihren Eingangsgrößen und Ausgangsgrößen auf verschiedenen Ebenen dargestellt.

Abbildung 3.2 zeigt ein Beispiel für die Darstellung einer Funktionsstruktur mit einem Blockdiagramm. Die Black Box der Gesamtfunktion befindet sich im Blockdiagramm auf der obersten Ebene. Die Gesamtfunktion wird in den darunter befindlichen Ebenen in ihre Teilfunktionen zergliedert. Auch die Teilfunktionen werden bei ihrer Zergliederung anhand von Black Boxes zusammen mit ihren Eingangs- und Ausgangsgrößen abgebildet.

Die Teilfunktionen sind im Blockdiagramm in der Abbildung 3.2 anhand ihrer Eingangs- und Ausgangsgrößen miteinander verknüpft. Die Verknüpfung der Eingangs- und Ausgangsgrößen der Teilfunktionen ergibt auf den einzelnen Ebenen der Funktionsstruktur einen Umsatz von Energie-, Stoff- oder Signalgrößen, welcher die Eingangsgrößen eines Produktes in seine Ausgangsgrößen transformiert.

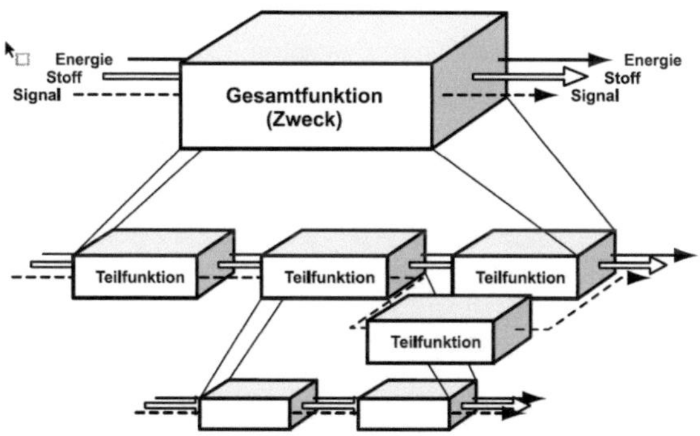

Abbildung 3.2: Zergliederung einer Gesamtfunktion in ihre Teilfunktionen mit einem Blockdiagramm [Feldhusen et al. 2013]

Suche von Wirkprinzipien zur Realisierung der Teilfunktionen

Dieser Arbeitsschritt ordnet den Teilfunktionen aus der Funktionsstruktur zunächst physikalische Effekte zu. [VDI-2222 1977] schlägt als Hilfsmittel für die Auswahl physikalischer Effekte eine Funktionsgrößenmatrix vor. Bei einer Funktionsgrößenmatrix sind in den Zeilen mögliche physikalische Eingangsgrößen und in den Spalten mögliche physikalische Ausgangsgrößen aufgetragen [Lindemann et al. 2011]. Die Zellen der Matrix zeigen physikalische Effekte, welche die Eingangsgrößen in die Ausgangsgrößen umsetzen können.

Abbildung 3.3 zeigt ein Beispiel für eine Funktionsgrößenmatrix. Ebenfalls zeigt die Abbildung einen Ausschnitt aus einem Katalog, welcher die physikalischen Effekte aus der Funktionsgrößenmatrix beschreibt. Das Beispiel für die Funktionsgrößenmatrix ist in der Abbildung 3.3 auf der rechten Seite dargestellt. In den Zellen der Matrix sind die physikalischen Effekte anhand von Katalognummern benannt. In den Zeilen bzw. Spalten der Matrix sind die physikalischen Eingangs- bzw. Ausgangsgrößen der Effekte benannt. Auf der linken Seite zeigt die Abbildung den Ausschnitt aus dem Katalog mit den physikalischen Effekten. Darin sind die physikalischen Effekte aus der Funktionsgrößenmatrix mit den Katalognummern 01, 02 und 03 anhand von „Primitivskizzen“, ihren Effektgleichungen und einer verbalen Erläuterung beschrieben.

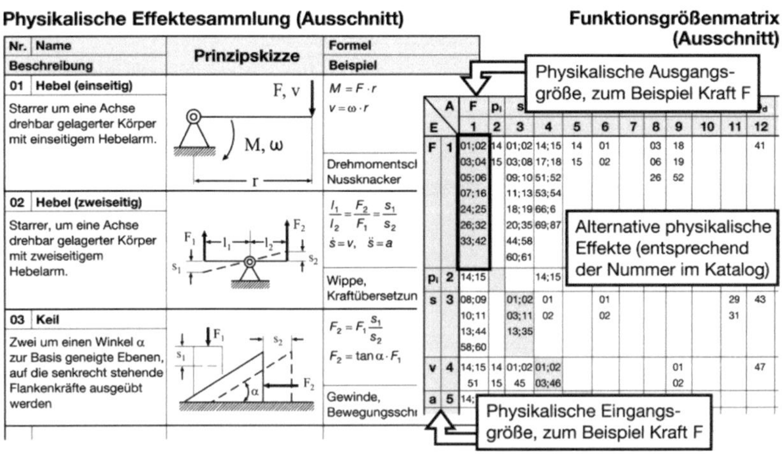

Abbildung 3.3: Beispiel für eine Funktionsgrößenmatrix [Lindemann et al. 2011]

Für die Realisierung einer Teilfunktion können verschiedene physikalische Effekte in Frage kommen. Daher stellt sich die Frage, nach welchen Kriterien sich physikalische Effekte wählen lassen. [Lindemann et al. 2011, Ehrlenspiel 2009] benennen als Auswahlkriterien für physikalische Effekte

- ihre Effektstärke,
- die Kompatibilität von Effekten untereinander, falls für die Realisierung einer Funktion eine Kombination mehrerer Effekte erforderlich ist,
- ob sie statisch oder dynamisch sind.

Als Zwischenergebnis dieses Arbeitsschrittes ist für jede Teilfunktion aus der Funktionsstruktur ein physikalischer Effekt oder eine Kette aus mehreren physikalischen Effekten gewählt. Wirkprinzipien entstehen, indem den Effekten eine Wirkgeometrie, stoffliche Merkmale sowie Koppelstellen zu anderen Wirkprinzipien zugeordnet werden. Das Ziel ist dabei, möglichst viele alternative Wirkprinzipien für jede Teilfunktion zu finden.

Für die Identifikation alternativer Wirkprinzipien schlägt die Konstruktionswissenschaft konventionelle Hilfsmittel, intuitiv betonte Methoden, TRIZ oder diskursiv betonte Methoden vor [Pahl et al. 2007, Pahl et al. 1997, Feldhusen et al. 2011, Beitz 2000]. Des Weiteren existieren Kataloge, welche Wirkprinzipien für die Realisierung von Teilfunktionen vorschlagen. Ein Beispiel für einen Katalog findet sich bei [Roth 2000].

Kombinieren der Wirkprinzipien zur Wirkstruktur

Die Wirkprinzipien eines Produktes werden zum Erfüllen der Gesamtfunktion zur Wirkstruktur verknüpft [VDI-2206 2004]. Eine mögliche Wirkstruktur als Gesamtlösung ergibt sich, indem man ein Wirkprinzip mit einem anderen Wirkprinzip für eine benachbarte Teilfunktion aus der Funktionsstruktur kombiniert [Pahl et al. 2007]. Wirkprinzipien werden dafür anhand ihrer Koppelstellen miteinander verknüpft.

Durch die Verknüpfung ihrer Koppelstellen entstehen Kopplungen zwischen den Wirkprinzipien. Das Hauptproblem solcher Kombinationsschritte ist das Erkennen von physikalischen Verträglichkeiten zwischen den zu verbindenden Wirkprinzipien zum Erreichen eines weitgehend störungsfreien Energie-, Stoff- und/oder Signalflusses sowie von Kollisionsfreiheit in geometrischer Hinsicht [Pahl et al. 2007]. [Feldhusen et al. 2011] zeigen weitere Bewertungskriterien für Wirkprinzipien, die für ihre Auswahl relevant sind. Dabei handelt es sich um

- die Erfüllung der Forderungen der Anforderungsliste,
- das Erkennenlassen von Realisierungsmöglichkeiten hinsichtlich Wirkungshöhe, Größe, Anordnung, usw.,
- einen als zulässig erwarteten Aufwand.

Die methodische Kombination von Wirkprinzipien zu einer Wirkstruktur ist mit einem morphologischen Kasten möglich. Abbildung 3.4 zeigt ein Beispiel für einen morphologischen Kasten in Form von einer Matrix. Die Teilfunktionen (F_1, F_2, .., n) aus der Funktionsstruktur sind in die Zeilen der Matrix eingetragen. In die Spalten sind nebeneinander verschiedene Wirkprinzipien (1, 2, .., m) eingetragen, welche die Teilfunktionen realisieren können. Die Pfeile in der Abbildung zeigen alternative Pfade, nach denen unterschiedliche Wirkprinzipien entsprechend der Reihenfolge von den Teilfunktionen miteinander verknüpft werden. Die Abbildung zeigt, dass sich am Ende jedes Pfades jeweils eine andere mögliche Gesamtlösungskombination ergibt, die aus einer Verkettung mehrerer Wirkprinzipien besteht.

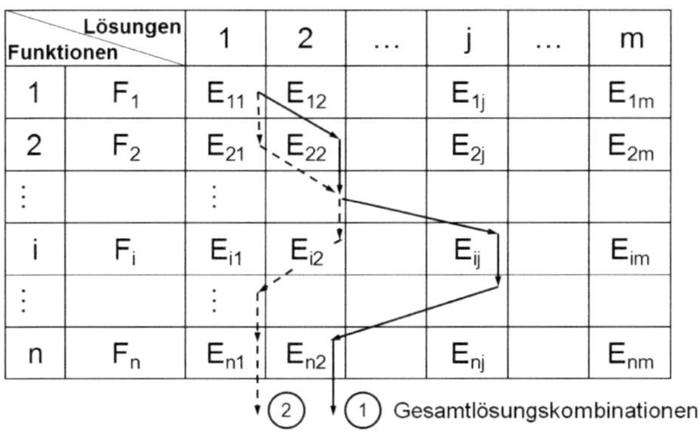

Abbildung 3.4: Morphologischer Kasten zur Kombination von Wirkprinzipien zu einer Wirkstruktur [Pahl et al. 2007]

Auswählen geeigneter Kombinationen

Mit einem morphologischen Kasten lässt sich eine Vielzahl verschiedener Wirkstrukturen generieren. Jene Wirkstrukturen zeichnen sich durch einen noch niedrigen Konkretisierungsgrad mit zunächst nur qualitativen Vorstellungen über ihre Eigenschaften aus [Pahl et al. 2007]. Daher sind Wirkstrukturen nur anhand einfacher Prinzipskizzen oder Gleichungen darstellbar [Pahl et al. 2007].

Das Auswahlverfahren von Wirkstrukturen ist nach [Pahl et al. 2007] in ein Vorgehen bestehend aus Ausscheiden und Beurteilen gegliedert. Bei diesem Vorgehen werden aus der Vielzahl der ermittelten Wirkstrukturen ungeeignete Alternativen zunächst ausgeschieden. Um die Zahl der Wirkstrukturen zu reduzieren, schlagen [Pahl et al. 2007] ähnliche Bewertungskriterien wie bei der Auswahl von Wirkprinzipien vor:

- Verträglichkeit der Lösungskombination mit der Aufgabenstellung.
- Erfüllung der Forderungen der Anforderungsliste.
- Eine Realisierungsmöglichkeit hinsichtlich Wirkungshöhe, Größe, notwendiger Anordnung usw. ist erkennbar.
- Ein zulässiger Aufwand wird erwartet.

Nur jene Wirkstrukturen, welche nach dem Ausscheiden übrigbleiben, sind für die Weiterarbeit zu bevorzugen. Die Wirkprinzipien eines Produktes werden mit der Entscheidung für eine dieser Wirkstrukturen festgelegt.

3.2 Die Anwendung von Bewertungsmethoden in der Konzeptphase

Kapitel 3 hat eingangs gezeigt, dass Bewertungsmethoden erst im letzten Arbeitsschritt der Konzeptphase angewendet werden. Die folgenden Ausführungen gehen daher auf die letzten beiden Arbeitsschritte der Konzeptphase ein. Diese lauten nach [Pahl et al. 2007] wie folgt:

- Konkretisieren zu prinzipiellen Lösungsvarianten (Lösungsprinzipien).
- Bewerten nach technischen und wirtschaftlichen Kriterien.

Konkretisieren zu prinzipiellen Lösungsvarianten (Lösungsprinzipien)

Wirkstrukturen sind in der Regel noch zu unkonkret, um eine Entscheidung für die Konzeptfestlegung treffen zu können [Pahl et al. 2007]. Dies liegt daran, dass die Lösungssuche in erster Linie auf die Erfüllung der technischen Funktion gerichtet ist [Pahl et al. 2007]. Wirkstrukturen müssen für eine Auswahl daher noch beurteilungsfähig gemacht werden.

[Pahl et al. 2007] geben an, dass nur die aussichtsreichsten Wirkstrukturen beurteilungsfähig gemacht werden sollen. Dafür werden die darin enthaltenen Wirkprinzipien zu Lösungsprinzipien weiter konkretisiert. Ein Lösungsprinzip ist nach [Pahl et al. 2007] der „Grundsatz, von dem die Lösung abgeleitet wird und welches das Wirkprinzip umfasst". Um Lösungsprinzipien zu generieren, müssen die wichtigsten Eigenschaften der Wirkprinzipien qualitativ und oft auch wenigstens grob quantitativ konkreter erfasst werden [Pahl et al. 2007]. Die Lösungsprinzipien sollen im Ergebnis anhand grobmaßstäblicher Skizzen darstellbar sein.

Die Summe der Lösungsprinzipien eines Produktes entspricht seiner prinzipiellen Lösung [Ehrlenspiel 2009]. Die prinzipielle Lösung eines Produktes stellt seine Gesamtlösung auf prinzipieller Ebene dar. Die prinzipielle Lösung eines Produktes entsteht, indem seine Lösungsprinzipien entsprechend seiner Wirkstruktur kombiniert werden. Die VDI-Richtlinie 2221 definiert die prinzipielle Lösung eines Produktes dementsprechend als „Darstellung der Lösungsprinzipien (in der Effekt- und Gestaltebene) und deren Struktur (Wirkstruktur)" [VDI-2221 1993]. Auch hier bleibt zu beachten, dass eine angemessene Zahl an Varianten der prinzipiellen Lösung zu generieren ist.

Bewerten nach technischen und wirtschaftlichen Kriterien

Dieser Arbeitsschritt unterzieht die zuvor ermittelten prinzipiellen Lösungen anhand von Bewertungsmethoden weiteren Bewertungen. Dies hat das Ziel, aus der Menge der prinzipiellen Lösungen eine Alternative zu wählen. Die Bewertungen der Varianten sollen den „Wert" bzw. den „Nutzen" oder die „Stärke" der prinzipiellen Lösungen in Bezug auf eine vorher aufgestellte Zielvorstellung ermitteln [Pahl et al. 2007]. Hierbei sind die Anforderungen, die an das Produkt gestellt werden, ebenso wie technische und wirtschaftliche Gesichtspunkte zu berücksichtigen [Feldhusen et al. 2011].

[Pahl et al. 2007] benennen als wichtigste Bewertungsmethoden in der Konzeptphase die Nutzwertanalyse und die technisch-wirtschaftliche Bewertung nach der VDI-Richtlinie 2225. Es gibt darüber hinaus aber noch weitere Bewertungsmethoden, die in der Konzeptphase anwendbar sind. Ein Beispiel dafür ist die Bewertungsmethode nach [Breiing et al. 1977]. All diese Methoden sollen nicht nur quantitativ vorliegende Eigenschaften der Varianten verarbeiten können, sondern auch qualitative Eigenschaften, damit sie für die Konzeptphase mit ihrem niedrigen Konkretisierungsgrad und entsprechendem Kenntnisstand einsetzbar sind [Pahl et al. 2007].

Qualitative Eigenschaften sind alle Eigenschaften, die keine zählbaren oder messbaren Ausprägungen annehmen können. Somit können die Ausprägungen qualitativer Eigenschaften nur verbal mit Adjektiven ausgedrückt werden. Auch wenn die Ausprägungen lediglich verbal beschreibbar sind, lassen sich ihnen Zahlenwerte zuordnen. Diese Zuordnung erfolgt mit Punktbewertungen. Je mehr die Ausprägungen qualitativer Eigenschaften eine Zielvorstellung erfüllen, umso mehr Punkte erhalten sie bei den Bewertungen. Die Punkte für Punktbewertungen lassen sich Bewertungsskalen entnehmen. Tabelle 3.1 zeigt exemplarisch dazu eine einfache Bewertungsskala nach [Kesselring 1954]. Diese Skala ordnet Adjektiven (z. B. sehr gut, gut, etc.), welche Ausprägungen qualitativer Eigenschaften beschreiben, jeweils einen Punktwert zu.

4 Punkte	sehr gut
3 Punkte	gut
2 Punkte	ausreichend
1 Punkte	gerade noch tragbar
0 Punkte	unbefriedigend

Tabelle 3.1: Beispiel für eine Bewertungsskala für Punktbewertungen, angelehnt an [Kesselring 1954]

Ein Beispiel für eine Bewertungsmethode für die Konzeptphase

Die folgenden Ausführungen beschreiben exemplarisch für Bewertungsmethoden in der Konzeptphase die Bewertungsmethode nach [Pahl et al. 2007]. Dabei bleibt anzumerken, dass diese Methode auf denselben Grundsätzen wie die Nutzwertanalyse, die technisch-wirtschaftliche Analyse nach der VDI-Richtlinie 2225 und die Methode nach [Breiing et al. 1977] aufbaut. Die Schritte der Bewertungsmethode nach [Pahl et al. 2007] lauten wie folgt:

1. Erkennen von Bewertungskriterien: Erster Schritt einer Bewertung ist das Aufstellen von Zielvorstellungen, aus denen sich Bewertungskriterien ableiten und nach diesen Lösungsvarianten beurteilt werden können [Pahl et al. 2007]. Die Zielvorstellungen leiten sich aus der Anforderungsliste des neu zu konstruierenden Produktes ab.

2. Untersuchen der Bedeutung für den Gesamtwert: Beim Aufstellen der Bewertungskriterien ist es notwendig, ihre Bedeutung (Gewicht) für den Gesamtwert einer Lösung zu erkennen, damit bereits vor der eigentlichen Bewertung gegebenenfalls unbedeutende Bewertungskriterien ausgeschieden werden können [Pahl et al. 2007].

3. Zusammenstellung der Eigenschaftsgrößen: In diesem Arbeitsschritt werden für die zu bewertenden Lösungsvarianten die bekannten bzw. durch Analyse ermittelten Eigenschaftsgrößen den Bewertungskriterien zugeordnet [Pahl et al. 2007].

4. Beurteilen nach Wertvorstellungen: In diesem Schritt erfolgt die eigentliche Bewertung. Die Wertvorstellungen werden bei der Bewertung durch Vergabe von Punkten ausgedrückt, wobei sich das Wertespektrum bei der Nutzwertanalyse von 0 bis 10 und bei der Wertanalyse auf ein Spektrum von 0 bis 4 beläuft [Pahl et al. 2007]. Tabelle 3.2 zeigt eine Zusammenstellung der Wertespektren von der Nutzwertanalyse und der technisch-wirtschaftlichen Bewertung nach der VDI-Richtlinie 2225.

<table>
<tr><th colspan="4">Wertskala</th></tr>
<tr><th colspan="2">Nutzwertanalyse</th><th colspan="2">Richtlinie VDI 2225</th></tr>
<tr><th>Pkt.</th><th>Bedeutung</th><th>Pkt.</th><th>Bedeutung</th></tr>
<tr><td>0</td><td>absolut unbrauchbare Lösung</td><td rowspan="2">0</td><td rowspan="2">unbefriedigend</td></tr>
<tr><td>1</td><td>sehr mangelhafte Lösung</td></tr>
<tr><td>2</td><td>schwache Lösung</td><td rowspan="2">1</td><td rowspan="2">gerade noch tragbar</td></tr>
<tr><td>3</td><td>tragbare Lösung</td></tr>
<tr><td>4</td><td>ausreichende Lösung</td><td rowspan="2">2</td><td rowspan="2">ausreichend</td></tr>
<tr><td>5</td><td>befriedigende Lösung</td></tr>
<tr><td>6</td><td>gute Lösung mit geringen Mängeln</td><td rowspan="2">3</td><td rowspan="2">gut</td></tr>
<tr><td>7</td><td>gute Lösung</td></tr>
<tr><td>8</td><td>sehr gute Lösung</td><td rowspan="3">4</td><td rowspan="3">sehr gut (ideal)</td></tr>
<tr><td>9</td><td>über die Zielvorstellung hinausgehende Lösung</td></tr>
<tr><td>10</td><td>Ideallösung</td></tr>
</table>

Tabelle 3.2: Werteskala für die Nutzwertanalyse und die technisch-wirtschaftliche Bewertung nach VDI2225, angelehnt an [Pahl et al. 2007]

5. Bestimmen des Gesamtwerts: Prinzipielle Lösungen lassen sich anhand ihrer Gesamtwerte vergleichen. Der Gesamtwert für jede Variante einer prinzipiellen Lösung ergibt sich, indem die Punktwerte jeder Variante zu einem Gesamtwert verrechnet werden. Für die Bewertung technischer Produkte hat sich die Summation der Teilwerte durchgesetzt, die exakt natürlich nur bei klarer Wertunabhängigkeit der Bewertungskriterien gilt [Pahl et al. 2007]. Je nachdem, ob Gewichtungen für Eigenschaftsgrößen benutzt werden, berechnet sich der Gesamtwert einer Variante wie folgt:

Gewichtet: $$\mathrm{Gw_j} = \textstyle\sum_{i=1}^{n} \mathrm{w_{ij}} \tag{3.1}$$

Ungewichtet: $$\mathrm{Gwg_j} = \textstyle\sum_{i=1}^{n} \mathrm{gi} \cdot \mathrm{w_{ij}} = \sum_{i=1}^{n} \mathrm{wg_{ij}} \tag{3.2}$$

Die Parameter Gw_j und Gwg_j entsprechen dem ungewichteten bzw. gewichteten Gesamtwert von der Variante einer prinzipiellen Lösung. Die Parameter w_{ij} bzw. wg_{ij} entsprechen den ungewichteten bzw. gewichteten Punktwerten, welche den Eigenschaftsgrößen einer prinzipiellen Lösung zugeordnet wurden. Die Gesamt- und Punktwerte prinzipieller Lösungsvarianten lassen sich in einer Tabelle dokumentieren, wie sie in Abbildung 3.5 abgebildet ist.[10]

Bewertungskriterien			Eigenschaftsgrößen		Variante V_1 (z.B. M_1)			Variante V_2 (z.B. M_V)		
Nr.		Gew.		Einh.	Eigensch. e_{i1}	Wert w_{i1}	Gew. Wert wg_{i1}	Eigensch. e_{i2}	Wert w_{i2}	Gew. Wert wg_{i2}
1	geringer Kraftstoffverbrauch	0,3	Kraftstoffverbrauch	$\frac{g}{kWh}$	240	8	2,4	300	5	1,5
2	leichte Bauart	0,15	Leistungsgewicht	$\frac{kg}{kW}$	1,7	9	1,35	2,7	4	0,6
3	einfache Fertigung	0,1	Einfachheit der Gußteile	-	kompliziert	2	0,2	mittel	5	0,5
4	hohe Lebensdauer	0,2	Lebensdauer	Fahr-km	80000	4	0,8	150000	7	1,4
⋮	⋮	⋮	⋮	⋮	⋮	⋮	⋮	⋮	⋮	⋮
i		g_i			e_{i1}	w_{i1}	wg_{i1}	e_{i2}	w_{i2}	wg_{i2}
⋮	⋮	⋮	⋮	⋮	⋮	⋮	⋮	⋮	⋮	⋮
n		g_n			e_{n1}	w_{n1}	wg_{n1}	e_{n2}	w_{n2}	wg_{n2}
		$\sum_{i=1}^{n} g_i = 1$				Gw_1 W_1	Gwg_1 Wg_1		Gw_2 W_2	Gwg_2 Wg_2

Abbildung 3.5: Exemplarische Darstellung einer mit Werten ergänzten Bewertungsliste für prinzipielle Lösungen [Feldhusen et al. 2011]

[10] Der Aufbau der Tabelle ist bei [Pahl et al. 2007] beschrieben.

6. Vergleichen der Lösungsvarianten: Will man nicht nur einen relativen Vergleich der Varianten untereinander, sondern eine Aussage über die absolute Wertigkeit einer Variante erhalten, ist der Gesamtwert auf einen gedachten Idealwert zu beziehen, der sich aus dem maximal möglichen Wert ergibt [Pahl et al. 2007].

7. Abschätzen von Beurteilungsunsicherheiten: Die vergebenen Werte können durch Unsicherheiten beeinflusst sein, die sich z. B. aus unterschiedlichen Einzelbeurteilungen oder Informationsmangel ergeben. Bevor eine Entscheidung gefällt wird, ist daher abzuschätzen, in welchem Maße Unsicherheiten in der Wertvergabe aufgrund von Informationsmangel und unterschiedlicher Einzelbeurteilung bestehen könnten [Feldhusen et al. 2011].

8. Suche nach Schwachstellen: Mit den Schwachstellen sind die Schwachstellen der zu beurteilenden Varianten gemeint. Unterdurchschnittliche Werte bezüglich einzelner Bewertungskriterien machen diese Schwachstellen erkennbar [Feldhusen et al. 2011].

4 Methodische Vermeidung von Ausfällen im Konstruktionsprozess

Auch die methodische Vermeidung von Ausfällen gehört zum vorliegenden Arbeitsgebiet. Im Rahmen dieser Arbeit wurde eine Literaturrecherche im Bereich des Qualitätsmanagements und der Konstruktionswissenschaft durchgeführt, um den Stand der Technik der methodischen Ausfallvermeidung im Konstruktionsprozess darzulegen.[11] Das Ergebnis der Literaturrecherche zeigt, dass beide Wissenschaften in erster Linie die FMEA für die methodische Vermeidung von Ausfällen vorschlagen.[12] Die folgenden Ausführungen erläutern daher die FMEA.

Der VDA-Band 4 zeigt das standardmäßige Vorgehen zur Erstellung einer FMEA. Im deutschsprachigen Raum gilt der VDA-Standard am weitesten verbreitet, weil er maßgeblich in der deutschen Automobilindustrie Verwendung findet, die meisten computergestützten FMEA-Anwendungen ihn unterstützen und er in der jeweils aktuellsten Ausgabe den modernsten Ansatz darstellt [Dittmann 2007]. Eine FMEA wird nach dem VDA-Band 4 in fünf Schritten erstellt. Abbildung 4.1 benennt jene Schritte und beschreibt stichpunktartig deren Inhalte. Die folgenden Ausführungen gehen näher auf die fünf Schritte der FMEA ein.

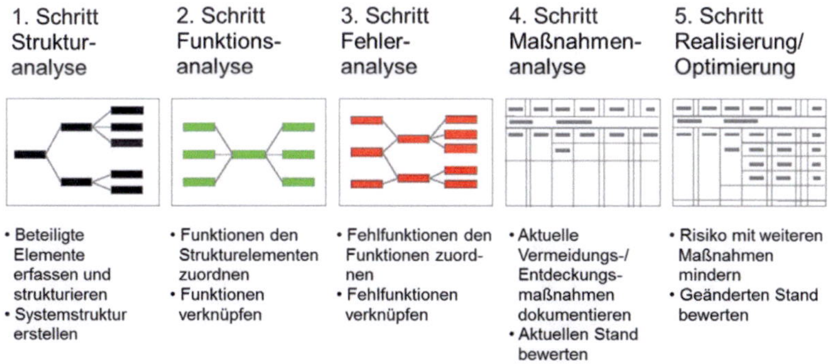

Abbildung 4.1: Fünf Schritte zur Erstellung einer FMEA, angelehnt an [VDA-4 2012]

---

[11] Innerhalb der Literaturrecherche wurden die Arbeiten von [von Regius 2005, Pahl et al. 2007, Ehrlenspiel 2009, Pfeifer 2001, Danzer 2016] betrachtet.

[12] Weitere QM-Methoden sind z. B. die Event Tree Analysis oder die Fault Tree Analysis.

4.1 Strukturanalyse

Zu Beginn wird eine strukturorientierte Betrachtung durchgeführt, bei der das betrachtete Produkt gedanklich in einzelne Teilsysteme, sogenannte Systemelemente, zerlegt wird [Gamweger et al. 2009]. Bei den Systemelementen handelt es sich um die Baugruppen und Einzelteile eines Produktes. Die Systemelemente werden nach ihrer Ermittlung entsprechend der strukturellen Zusammenhänge des Produktes mit Hilfe einer Baumstruktur hierarchisch dargestellt. Die Baumstruktur zur hierarchischen Anordnung der Systemelemente heißt in der FMEA Systemstruktur.

Abbildung 4.2 zeigt ein Beispiel für eine Systemstruktur in der FMEA. Die Abbildung stellt die Systemstruktur eines Drosselklappenstellers dar. Die oberste Ebene der Systemstruktur befindet sich in der Abbildung ganz links. Sie benennt das Produkt, d. h. im vorliegenden Fall den Drosselklappensteller. Das Produkt wird in der Systemstruktur von links nach rechts schreitend immer weiter in seine Baugruppen und Einzelteile zerlegt. Die unterste Ebene der Systemstruktur gibt schließlich die geometrischen und stofflichen Merkmale von den Einzelteilen an. Die unterste Ebene der Systemstruktur wird daher von [VDA-4 2012] auch als Merkmalsebene bezeichnet (vgl. Abbildung 4.2).

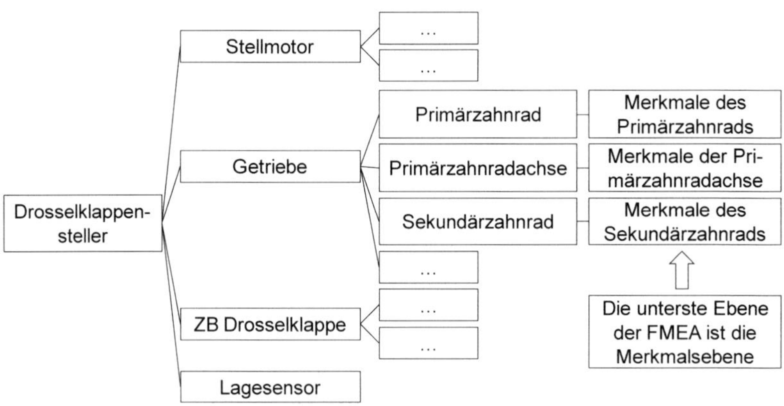

Abbildung 4.2: Systemstruktur eines Drosselklappenstellers, angelehnt an [VDA-4 2012]

4.2 Funktionsanalyse

Jedes Systemelement in der Systemstruktur hat Funktionen, die zur Gesamtfunktion des Gesamtsystems beitragen [Gamweger et al. 2009]. Der zweite Arbeitsschritt identifiziert diese Funktionen. Den Systemelementen aus der Systemstruktur wird dabei mindestens eine Teilfunktion zugeordnet. Die FMEA gibt dafür nicht vor, wie die Funktionen der Einzelteile und Baugruppen zu analysieren sind.

Das Zusammenwirken der Funktionen mehrerer Systemelemente muss dargestellt werden [VDA-4 2012]. Dafür werden die Funktionen in die Blöcke der Systemelemente eingetragen, denen sie zugeordnet wurden. Auf diese Weise wird aus der Systemstruktur die Funktionsstruktur der FMEA. Funktionen, die in der Summe eine Funktion beschreiben, werden dadurch in der zugeordneten Funktionsstruktur untereinander logisch verknüpft [VDA-4 2012]. Wie Abbildung 4.3. zeigt, nimmt auch die Detaillierung einer Funktionsstruktur von links nach rechts zu, wobei die rechte Funktion jeweils beschreibt, wie die vorhergehende Funktion erfüllt werden soll [VDA-4 2012].

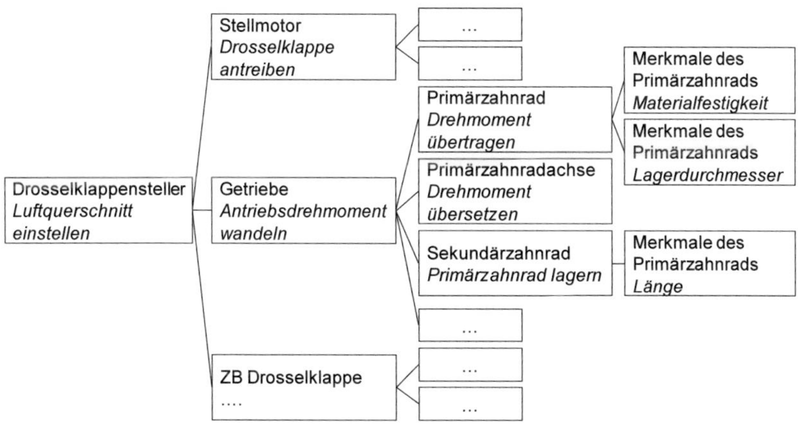

Abbildung 4.3: Zusammenhang zwischen einer Systemstruktur und einer Funktionsstruktur in der FMEA, angelehnt an [VDA-4 2012]

4.3 Fehleranalyse

Der dritte Schritt der FMEA führt eine Fehleranalyse durch. Dafür ermittelt der dritte Schritt zunächst die Fehlfunktionen[13] der Systemelemente. Danach leitet der Schritt die Fehlerursachen ab, welche die Fehlfunktionen hervorrufen. Anschließend ermittelt der Schritt die Fehlerfolgen, die aus den Fehlfunktionen resultieren. Die folgenden Ausführungen erläutern die drei Begriffe Fehlerursache, Fehlfunktion und Fehlerfolge, um ein tieferes Verständnis von den Begriffen zu erhalten.

Fehlerursachen sind Gründe, die zu Ausfällen führen. Fehlerursachen liegen letztlich dann vor, wenn geometrische oder stoffliche Merkmale eines Produktes für die Realisierung seiner Funktionen nicht wie erforderlich gegeben sind. Bei der Beschreibung von Fehlerursachen wird daher auf der untersten Betrachtungsebene (Merkmalsebene) benannt, warum Merkmale zu Ausfällen führen. Beispiele für diese Form der Beschreibung von Fehlerursachen liefern [VDA-4 2012, Schloske 2013]:

- Festigkeit des Materials zu gering.
- Radien zu klein ausgelegt.
- Lagerdurchmesser-Toleranzen zu klein.
- Radien der Verzahnungsgeometrie zu klein.
- Längentoleranz zu groß.
- Oberfläche zu rau.
- Außendurchmesser zu groß.
- Innendurchmesser zu klein.

Fehlerhafte Produktmerkmale führen zu Fehlfunktionen am Produkt [Schloske 2013]. Fehlfunktionen werden bei der Arbeit mit der FMEA aus den Funktionen eines Produktes abgeleitet und entsprechen z. B. Abweichungen einer Funktion vom spezifizierten Sollzustand, einer eingeschränkt ausgeführten Funktion, einer unbeabsichtigten Funktion oder der Übererfüllung einer Funktion [VDA-4 2012].

Fehlerfolgen sind die Auswirkungen, zu denen Fehlfunktionen innerhalb eines Produktes oder beim Kunden führen können. Sie bestimmen das Schadensausmaß, das im Falle eines Ausfalls beim Kunden auftritt [Ross 2014].

[13] Wie bereits Kapitel 1.2 erläutert hat, werden die beiden Begriffe Fehlfunktion und Ausfall in der deutschsprachigen Literatur oft als Synonym verwendet.

Sobald die Fehlerfolgen, Fehlfunktion und Fehlerursachen der Systemelemente bekannt sind, werden sie nach dem Ursache-Wirkungsprinzip miteinander verknüpft. Die hierarchische Verknüpfung der Fehlerursachen, Fehlfunktionen und Fehlerfolgen heißt in der FMEA Fehlernetz. Abbildung 4.4 zeigt ein Beispiel für ein solches Fehlernetz.

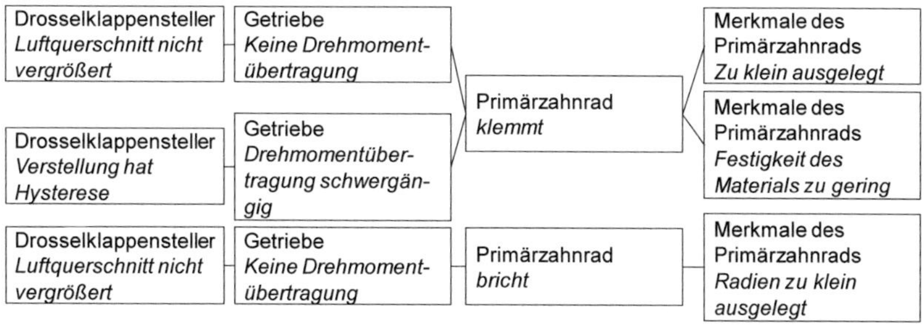

Abbildung 4.4: Fehlernetz eines Drosselklappenstellers, angelehnt an [VDA-4 2012]

4.4 Maßnahmenanalyse und Risikobewertung

Die Verkettung einer Fehlerursache mit der zugehörigen Fehlfunktion und Fehlerfolge heißt in der FMEA Einzelfehler. Von jedem Einzelfehler geht ein Risiko für das Produkt aus. Schritt 4 bewertet daher die Risiken der Einzelfehler, die mit der FMEA gefunden werden. Ebenfalls legt Schritt 4 Vermeidungsmaßnahmen und Entdeckungsmaßnahmen für die Fehlerursachen fest.

Um das Risiko eines Einzelfehlers zu bewerten, werden zunächst Punktwerte für

- die Auftretenswahrscheinlichkeit A seiner Fehlerursache,
- die Entdeckungswahrscheinlichkeit E seiner Fehlerursache und
- die Bedeutung B seiner Fehlerfolge

festgelegt. Um das Risiko eines Einzelfehlers zu bewerten, werden die Punktwerte mathematisch geeignet verknüpft.

Die Auftretenswahrscheinlichkeit ist die Wahrscheinlichkeit, dass eine Fehlerursache auftreten und zu einem Fehler führen wird [Fries 2006]. Die Bewertung der Auftretenswahrscheinlichkeit wird entsprechend der Wirksamkeit der Vermeidungsmaßnahmen für die Fehlerursachen vergeben [Bertsche et al.

2004]. Tabelle 4.1 zeigt die Ausprägungen von Auftretenswahrscheinlichkeiten in der FMEA. Die Tabelle zeigt, dass die FMEA die Auftretenswahrscheinlichkeiten von Fehlerursachen mit qualitativen Ausprägungen von „unwahrscheinlich" bis „sehr hoch" bewertet. Ebenfalls zeigt die Tabelle, welche Punktwerte den Ausprägungen der Auftretenswahrscheinlichkeiten in der FMEA zugeordnet sind.

Produkt-FMEA **A – Auftretenswahrscheinlichkeit**	**Fehlerrate** **ppm**	**Bewertung**
Sehr hoch Es ist nahezu sicher, dass die Fehlerart/ -ursache sehr häufig auftritt.	100 000 50 000	10 9
Hoch Die Fehlerart/ -ursache tritt wiederholt auf. Problematisches unausgereiftes System.	20 000 10 000	8 7
Mäßig Die Fehlerart/ -ursache tritt gelegentlich auf. Im Reifegrad fortgeschrittenes System.	5 000 1 000 500	6 5 4
Gering Das Auftreten der Fehlerart/ -ursache ist gering. Bewährte Systemauslegung, bewährter Prozess.	67 6,7	3 2
Unwahrscheinlich Das Auftreten der Fehlerart/ -ursache ist unwahrscheinlich.	< 0,67	1

Tabelle 4.1: Tabelle zur Bewertung der Auftretenswahrscheinlichkeiten von Fehlerursachen, angelehnt an [Gamweger et al. 2009]

Die Entdeckungswahrscheinlichkeit einer Fehlerursache zeigt an, wie wahrscheinlich es ist, dass die Fehlerursache erkannt wird, bis es zum Fehler kommt [Ertl-Wagner et al. 2012]. Die Entdeckungswahrscheinlichkeiten von Fehlerursachen werden entsprechend der Wirksamkeiten der Entdeckungsmaßnahmen bewertet [Bertsche et al. 2004]. Tabelle 4.2 zeigt, dass die FMEA die Entdeckungswahrscheinlichkeiten von Fehlerursachen mit qualitativen Ausprägungen von „sehr hoch" bis „unwahrscheinlich" bewertet. Ebenfalls zeigt die Tabelle, welche Punktwerte den Ausprägungen der Entdeckungswahrscheinlichkeiten in der FMEA zugeordnet sind.

Produkt-FMEA: Bewertungskriterium Auslegung **E - Wahrscheinlichkeit der Entdeckung**	**Bewertung**
Unwahrscheinlich Es ist unmöglich oder unwahrscheinlich, dass die Fehlerart/ -ursache durch Prüf- und Untersuchungsmaßnahmen in der Entwicklungsphase entdeckt wird.	10
Sehr gering Die Wahrscheinlichkeit ist sehr gering, dass die Fehlerart/ -ursache durch Prüf- und Untersuchungsmaßnahmen in der Entwicklungsphase entdeckt wird.	9 8
Gering Die Wahrscheinlichkeit ist gering, dass die Fehlerart/ -ursache durch Prüf- und Untersuchungsmaßnahmen in der Entwicklungsphase entdeckt wird.	7 6
Mäßig Die Wahrscheinlichkeit ist mäßig, dass die Fehlerart/ -ursache durch Prüf- und Untersuchungsmaßnahmen in der Entwicklungsphase entdeckt wird.	5 4
Hoch Die Wahrscheinlichkeit ist hoch dass die Fehlerart/ -ursache durch Prüf- und Untersuchungsmaßnahmen in der Entwicklungsphase entdeckt wird.	3 2
Sehr hoch Es ist sicher, dass ein Auslegungsfehler durch Prüf- und Untersuchungsmaßnahmen in der Entwicklungsphase entdeckt wird.	1

Tabelle 4.2: Tabelle zur Bewertung der Entdeckungswahrscheinlichkeiten von Fehlerursachen, angelehnt an [Gamweger et al. 2009]

Die Bedeutung einer Fehlerfolge ist ein Maß für die Auswirkung des betrachteten Fehlers aus Sicht des Kunden [John et al. 2012]. Liegt z. B. eine hohe Bedeutung vor, führt der Ausfall eines Produktes zur Verärgerung des Kunden mit der Konsequenz betriebswirtschaftlicher Einbußen [Tietjen et al. 2003]. Tabelle 4.3 zeigt, dass die FMEA die Bedeutungen von Fehlerfolgen mit qualitativen Ausprägungen von „keine Auswirkung“ bis „äußerst schwerwiegender Fehler“ bewertet. Ebenfalls zeigt Tabelle 4.3, welche Punktwerte den Ausprägungen der Bedeutungen zugeordnet sind.

Produkt-FMEA: B - Bedeutung der Fehlerfolge	Bewertung
Äußerst schwerwiegender Fehler Fehler, der die Sicherheit beeinträchtigt und/oder die Einhaltung gesetzlicher Vorschriften verletzt, ohne Warnung.	10
Äußerst schwerwiegender Fehler Fehler, der möglicherweise die Sicherheit beeinträchtigt und/oder die Einhaltung gesetzlicher Vorschriften verletzt, mit Warnung.	9
Schwerer Fehler Ausfall von Hauptfunktionen, z. B. nicht fahrbereites Fahrzeug.	8
Schwerer Fehler Funktionsfähigkeit des Fahrzeuges stark eingeschränkt, sofortiger Werkstattaufenthalt zwingend erforderlich.	7
Mittelschwerer Fehler Ausfall wichtiger Bedien- und Komfortsysteme, sofortiger Werkstattaufenthalt nicht erforderlich.	6
Mittelschwerer Fehler Funktionsbeeinträchtigung wichtiger Bedien- und Komfortsysteme.	5
Mittelschwerer Fehler Geringe Funktionsbeeinträchtigung von Bedien- und Komfortsystemen, von jedem Fahrer wahrnehmbar.	4
Fehler ist unbedeutend Der Kunde wird nur geringfügig belästigt und wahrscheinlich nur eine geringe Beeinträchtigung bemerken.	3
Fehler ist unwahrscheinlich Es ist unwahrscheinlich, dass der Fehler irgendwie wahrnehmbare Auswirkung auf das Verhalten des Fahrzeugs haben könnte. Nur vom Fachpersonal oder geübtem/erfahrenem Fahrer wahrnehmbar.	2
Keine Auswirkung	1

Tabelle 4.3: Tabelle zur Bewertung der Bedeutungen von Fehlerfolgen, angelehnt an [Gamweger et al. 2009]

Sobald den Auftretens- und Entdeckungswahrscheinlichkeiten der Fehlerursachen sowie den Bedeutungen der Fehlerfolgen Punktwerte zugeordnet sind, lässt sich für jeden Einzelfehler eine Risikoprioritätszahl (RPZ) berechnen. Die RPZ eines Einzelfehlers quantifiziert das Risiko, das von dem Einzelfehler ausgeht. Die RPZ eines Einzelfehlers berechnet sich aus der Multiplikation der Bedeutung B seiner Fehlerfolge mit der Auftretenswahrscheinlichkeit A und der Entdeckungswahrscheinlichkeit E seiner Fehlerursache. Die Gleichung zur Berechnung der Risikoprioritätszahl eines Einzelfehlers lautet somit wie folgt:

$$RPZ = A \cdot B \cdot E \qquad (4.1)$$

Die Risikoprioritätszahlen der Einzelfehler aus einer FMEA lassen sich in einem Pareto-Diagramm darstellen. Das Pareto-Diagramm ordnet die Einzelfehler nach ihren Risikoprioritätszahlen in absteigender Reihenfolge an. Es hilft somit bei der Entscheidung, welche Fehlerursachen in welcher Reihenfolge zu beseitigen sind [Tietjen et al. 2003].

Abbildung 4.5 zeigt ein Beispiel für ein Pareto-Diagramm. Die X-Achse des Pareto-Diagramms ordnet den Einzelfehlern aus einer FMEA Nummern zu. Die Y-Achse des Diagramms trägt die Risikoprioritätszahlen der Einzelfehler ab. Das Pareto-Diagramm in der Abbildung 4.5 zeigt z. B. sechs Einzelfehler mit einer Prioritätszahl von 1000, fünf Einzelfehler mit einer Prioritätszahl von 800, neun Einzelfehler mit einer Prioritätszahl von 600 usw.

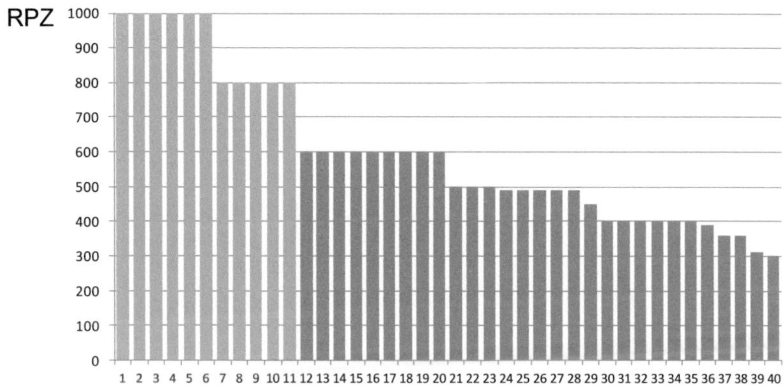

Abbildung 4.5: Beispiel für ein Pareto-Diagramm, angelehnt an [Werdich 2012]

4.5 Realisierung/Optimierung

Hohe Risikoprioritätszahlen von Einzelfehlern deuten darauf hin, dass ein hohes Risiko von jenen Einzelfehlern ausgeht. Wenn im Rahmen der Risikoanalyse ein derartiger Handlungsbedarf identifiziert wurde, sind für diese Einzelfehler weitere Vermeidungsmaßnahmen umzusetzen [Gamweger et al. 2009]. Dies erfolgt im letzten Schritt der FMEA, der Realisierung/Optimierung. Dieser Schritt definiert weitere Maßnahmen für die Vermeidung oder Entdeckung von Fehlerursachen, um ihre Entdeckungs- oder Auftretenswahrscheinlichkeiten weiter zu reduzieren.

Abbildung 4.6 zeigt das FMEA-Formblatt nach [VDA-4 2012]. Die Fehlerursachen, Fehlerfolgen und Vermeidungsmaßnahmen werden in die Spalten „Mögliche Fehlerfolgen", „Möglicher Fehler" und „Mögliche Fehlerursachen" des FMEA-Formblattes eingetragen. Die restlichen Inhalte des FMEA-Formblattes aus Abbildung 4.6 sind bei [VDA-4 2012] erläutert.

Fehler-Möglichkeits- und Einfuss-Analyse ☐ Produkt-FMEA ☐ Prozess-FMEA										FMEA-Nr. Seite
Typ / Modell / Fertigung / Charge					Sach-Nr.:		Verant.:			Abt.
System-Nr. / Systemelement:					Sach-Nr.:		Verant.:			Abt.
Funktion / Aufgabe :										
Mögliche Fehlerfolgen	B	Möglicher Fehler	K	Mögliche Fehlerursachen	Vermeidungs-maßnahmen	A	Entdeckungs-maßnahmen	E	RPZ	V / T
B: Bewertungszahl für die Bedeutung A: Bewertungszahl für die Ausfallwahrscheinlichkeit E: Bewertungszahl für die Entdeckungswahrscheinlichkeit RPZ: Risikoprioritätszahl V: Verantwortlichkeit T: Termin für Erledigung										

Abbildung 4.6: Formblatt einer FMEA, angelehnt an [VDA-4 2012]

5 Das Konstruktionsprinzip der fehlerarmen Anordnungen

Die vorliegende Arbeit befasst sich mit der Bewertung und Auswahl von Wirkprinzipien nach ihrer Robustheit mit dem Konstruktionsprinzip der fehlerarmen Anordnungen. Daher erläutert Kapitel 5 dieses Konstruktionsprinzip. Das Kapitel beschreibt dafür zunächst den Begriff Konstruktionsprinzip und die damit verbundenen Begriffe. Danach erläutert das Kapitel die Prinzipien fehlerarmer Anordnungen.

5.1 Der Begriff Konstruktionsprinzip und damit verbundene Begriffe

Der Begriff Prinzip leitet sich aus dem lateinischen Wort „principium“ ab [Thyssen 2018], das Anfang, Ursprung oder Grundlage bedeutet. Nach dem Duden bedeutet der Begriff Prinzip die „feste Regel, die jemand zur Richtschnur seines Handelns macht, durch die er sich in seinem Denken und Handeln leiten lässt" [n. n. 2015]. In nahezu allen Wissenschaften wird der Begriff Prinzip verwendet, um etwas Grundsätzliches zum Ausdruck zu bringen, häufig in Verknüpfung mit weiteren Begriffen, um das zu kennzeichnen, was als wesentliches charakterisiert werden soll, beispielsweise in der Physik „Das Prinzip vom kleinsten Zwang“, „Das Archimedische Prinzip“, „Das Prinzip der virtuellen Arbeit“ usw. [Schilling 1982]. Im Bereich der Konstruktionswissenschaft definiert [VDI-2221 1993] ein Prinzip als „Anfang, der alles aus ihm Folgende bestimmte, der Ursprung, der Grundsatz“.

Im Rahmen der vorliegenden Arbeit wurde eine Literaturrecherche im Bereich des Maschinenbaus durchgeführt, um den Begriff Konstruktionsprinzip zu verdeutlichen. Das Ergebnis der Recherche zeigt, dass der Begriff Konstruktionsprinzip vorrangig in der Feinwerktechnik[14] und der Gerätetechnik[15] verwendet wird. In beiden Bereichen finden sich ähnliche Definitionen für den Begriff Konstruktionsprinzip. Krause definiert den Begriff im Zusammenhang mit

[14] Die Feinwerktechnik ist ein interdisziplinäres Gebiet der Ingenieurwissenschaften, das die physikalischen Prinzipien der Mechanik, Optik und Elektrotechnik-Elektronik verknüpft [Krause 2000].

[15] Die Gerätetechnik ist ein ingenieurwissenschaftliches Fachgebiet der Elektrotechnik, das sich mit der Entwicklung und Konstruktion sowie technischen Realisierung von elektronischen Baugruppen und Geräten befasst [Lienig et al. 2014].

der Geräteentwicklung[16] als „grundsätzliche Möglichkeit des Strukturierens technischer Gebilde und ihrer Bestandteile aufgrund der in der Struktur selbst vorhandenen inneren Zusammenhänge und Veränderungsmöglichkeiten" [Krause 2000]. Schilling definiert Konstruktionsprinzipien als „grundsätzliche Möglichkeiten für die Struktur eines technischen Gebildes und ihre Bestandteile, welche in der Struktur selbst vorhandene Zusammenhänge berücksichtigen oder als Regeln zum Strukturieren technischer Gebilde" [Schilling 1982].

Die gefundenen Definitionen des Begriffes Konstruktionsprinzip beziehen sich alle auf die Struktur eines Produktes. Die Struktur eines Produktes besteht aus seinen Elementen und den zwischen ihnen bestehenden Relationen [Krause 2000]. Bei den Elementen handelt es sich um die Einzelteile und Baugruppen eines Produktes. Ein Einzelteil ist ein Bauelement, das durch Bearbeiten eines Werkstoffes ohne Fügen mit anderen Bauelementen entsteht [Krause 2000]. Einzelteile zeichnen sich dadurch aus, dass sie keine inneren Koppelstellen besitzen. Eine Baugruppe ist eine abgegrenzte, selbständige Gruppe von Einzelteilen, die miteinander gekoppelt sind [Krause 2000]. Relationen sind die Beziehungen zwischen Einzelteilen und Baugruppen. Die Relationen gliedern sich in Anordnungen und Kopplungen. Anordnungen zeigen die geometrischen Relativlagen der Elemente. Kopplungen sind jene Relationen zwischen Elementen, welche der Übertragung von Stoff, Energie oder Informationen dienen [Krause 2000].

Konstruktionsprinzipien haben das Ziel, eine geforderte Funktion optimal erfüllen zu helfen [Krause 2000]. Was „optimal erfüllen" bedeutet, hängt von den Zielen der jeweiligen Konstruktionsprinzipien ab. Einen Überblick über verschiedene Konstruktionsprinzipien aus der Feinwerk- bzw. Gerätetechnik ebenso wie ihre Ziele liefern z. B. [Krause 2000, Schilling 1982].

Konstruktionsprinzipien werden innerhalb von Konstruktionsmethoden angewendet. Konstruktionsmethoden und Konstruktionsprinzipien haben zwar beide das Ziel, die Struktur eines Produktes festzulegen oder so zu verbessern, dass die Funktionen eines Produktes optimal realisiert werden [Krause 2000].

---

[16] [Koller 2011] definiert ein Gerät als technisches System, dessen primärer Zweck es ist, Daten in irgendeiner Weise umzusetzen bzw. einen Datenfluss zu ermöglichen. Mit Blick auf die Eingangs- und Ausgangsgrößen von Produkten lassen sich Daten dem Bereich der Signale bzw. Informationen zuordnen.

Konstruktionsmethoden unterscheiden sich von Konstruktionsprinzipien aber insofern, dass Methoden Handlungsvorschriften vorgeben und keine Möglichkeiten oder Regeln für die Wahl der Struktur von Produkten liefern.

Außerhalb der Feinwerk- bzw. Gerätetechnik konnte mit der Literaturrecherche der Begriff Konstruktionsprinzip nur bei [Andreasen et al. 1985] gefunden werden. Auch [Andreasen et al. 1985] beziehen den Begriff Konstruktionsprinzip auf die Wahl der Struktur eines Produktes. [Andreasen et al. 1985] fassen dabei unter dem Begriff Konstruktionsprinzip die beiden Prinzipien Integral- und Differentialbauweise zusammen.[17] In weiterer Literatur der Konstruktionswissenschaft wurde anstelle des Begriffes Konstruktionsprinzip der Begriff Gestaltungsprinzip gefunden [Pahl et al. 2007, Kesselring 1954, Ehrlenspiel 2009, Feldhusen et al. 2011]. [Pahl et al. 2007] bezeichnen Gestaltungsprinzipien als „übergeordnete Prinzipien zur zweckmäßigen Gestaltung". Die vorliegende Arbeit verwendet den Begriff Konstruktionsprinzip, um dem Stand der Technik des Konstruktionsprinzips der fehlerarmen Anordnungen zu folgen.

5.2 Die Genauigkeit und das Fehlerverhalten von Geräten

[Krause 2000, Schulz 2009, Bauerschmidt 1976, Schilling 1982, Bauerschmidt et al. 1977] stellen das Konstruktionsprinzip der fehlerarmen Anordnungen im Zusammenhang mit der Entwicklung von Geräten vor. Wie alle anderen Konstruktionsprinzipien im Sinne der Feinwerktechnik hat auch das Konstruktionsprinzip der fehlerarmen Anordnungen das Ziel, eine Funktion optimal erfüllen zu helfen. Die Funktion von Geräten ist es, Informationen bzw. Signale zu erfassen und zu verarbeiten. Dafür setzen Geräte physikalische Eingangsgrößen in physikalische Ausgangsgrößen um. Bei den Ausgangsgrößen von Geräten handelt es sich oft um Messwerte. Die Wichtigkeit des Konstruktionsprinzips der fehlerarmen Anordnungen für die Gerätetechnik ist darin begründet, dass dort kleinste Messwerte erfasst und möglichst unverfälscht verstärkt und verarbeitet werden [Schilling 1982]. Daher sind Fragen der Genauigkeit in der Gerätetechnik von hoher Bedeutung [Bauerschmidt et al. 1977].

[17] Die Integralbauweise hat das Ziel, mehrere Funktionen anhand von einem Einzelteil zu realisieren. Bei der Differentialbauweise werden mehrere Funktionen auf verschiedene Einzelteile zugeordnet.

Der Begriff Genauigkeit bezieht sich auf das Erreichen und Beibehalten der geforderten Ausgangsgrößen von Geräten innerhalb der zulässigen vereinbarten Abweichungen [Krause 2000].[18] Dem Begriff Genauigkeit steht der Begriff Fehlerverhalten gegenüber.[19] Der Begriff Fehlerverhalten bezieht sich darauf, wie sich eine Ausgangsgröße unter der Wirkung von Einflussgrößen verändert. Um eine hohe Genauigkeit zu erzielen, ist daher ein entsprechendes Fehlerverhalten erforderlich [Krause 2000].

Abbildung 5.1 zeigt ein Blockdiagramm, welches das Fehlerverhalten von Geräten beschreiben kann. Dazu stellt das Diagramm die Abhängigkeiten der Ausgangsgrößen eines Gerätes von seinen Eingangsgrößen und Einflussgrößen dar. [Krause 2000] definiert die Parameter aus dem Blockdiagramm wie folgt:

- E_{fi}, A_{fi}: Bei den Parametern E_{fi} und A_{fi} handelt es sich um funktionsrelevante Eingangsgrößen und Ausgangsgrößen. Der Zusammenhang zwischen den funktionsrelevanten Eingangsgrößen und Ausgangsgrößen entspricht der Soll-Funktion eines Geräts.
- E_{ni}: Bei den Parametern E_{ni} handelt es sich um nichtfunktionsrelevante Eingangsgrößen.
- ΔE_{ni}, ΔE_{fi}: Bei den Parametern ΔE_{ni} bzw. ΔE_{fi} handelt es sich um Schwankungen der funktionsrelevanten bzw. nichtfunktionsrelevanten Eingangsgrößen.
- $A_{(ni)u}$, $A_{(ni)us}$: Die Parameter $A_{(ni)u}$ und $A_{(ni)us}$ entsprechen beide nichtfunktionsrelevanten Ausgangsgrößen. Die Parameter $A_{(ni)u}$ sind unerwünschte nichtfunktionsrelevante Ausgangsgrößen. Die Parameter $A_{(ni)us}$ sind unschädliche nichtfunktionsrelevante Ausgangsgrößen.
- ΔA_{fi}, $\Delta A_{(ni)u}$, $\Delta A_{(ni)us}$: Die Parameter ΔA_{fi} entsprechen Abweichungen von funktionsrelevanten Ausgangsgrößen. Die Parameter $\Delta A_{(ni)u}$ entsprechen Abweichungen von unerwünschten und die Parameter $\Delta A_{(ni)us}$ entsprechen Abweichungen von unschädlichen nichtfunktionsrelevanten Ausgangsgrößen.

[18] Im Bereich der Ingenieurwissenschaften wird der Begriff Genauigkeit auch in der Messtechnik definiert. [DIN 1319-2 2005] definiert den Begriff Genauigkeit als „nichtquantitative Bezeichnung für das Ausmaß der Annäherung des Erwartungswertes von Ausgaben eines Messmittels an den wahren Wert der Eingangsgröße des Messmittels". [DIN EN 60051-1 1999] definiert den Begriff Genauigkeit bei einem Messgerät als „Grad der Übereinstimmung zwischen angezeigtem und richtigem Wert".

[19] Unter Fehler versteht man allgemein die Abweichung eines vorliegenden Ergebnisses von einer Soll-Vorgabe [Höhne et al. 2007]. Das Konstruktionsprinzip der fehlerarmen Anordnungen versteht unter einem Fehler die Abweichung der Ausgangsgröße von einer Funktion von ihrem Sollwert.

- Z_i: Die Parameter Z_i sind Gerätekennwerte, d. h. geometrische oder stoffliche Merkmale.
- ΔZ_i: Die Parameter ΔZ_i entsprechen Abweichungen von idealen geometrischen und stofflichen Merkmalen Z_i. Die Abweichungen ΔZ_i sind somit interne Störgrößen [Krause 2000].

Abbildung 5.1: Blockbilddiagramm zur Beschreibung des Fehlerverhaltens von Geräten, angelehnt an [Krause 2000]

Abbildung 5.1 und die vorherigen Ausführungen zeigen, dass

1. Schwankungen der funktionalen Eingangsgrößen ΔE_{fi},
2. innere Störgrößen ΔZ_i und
3. nichtfunktionale Eingangsgrößen E_{ni} bzw. ihre Schwankungen ΔE_{ni}

als Einflussgrößen auf ein Gerät wirken können. Die Einflussgrößen führen zu jeweils einem Einzelfehler ΔA_i. Die Einzelfehler, die aus den Einflussgrößen resultieren, ergeben in ihrer Summe den Gerätefehler. Der Zusammenhang zwischen dem Gerätefehler und den verursachenden Einflussgrößen entspricht wiederum dem Fehlerverhalten. Krause gibt an, dass ein Gerät gegenüber einem anderen ein besseres Fehlerverhalten hat, wenn unter sonst gleichen Bedingungen kleinere Einzelfehler entstehen [Krause 2000]. Die Schwankungen der funktionsrelevanten Eingangsgrößen ΔE_{fi} werden bei Krause infolge ihrer weitgehend eindeutigen Auswirkungen für die Ermittlung des Gerätefehlers allerdings nicht näher betrachtet. Somit finden sich bei [Krause 2000] in erster Linie Beispiele für die Änderung von Ausgangsgrößen durch Störgrößen wie z. B. Herstellungs- bzw. Montageabweichungen oder Temperaturen.

Um das Fehlerverhalten zu verbessern, muss quantifiziert werden, wie sich die Ausgangsgrößen von Funktionen durch Einflussgrößen verändern. Ein erster Ansatz zur Erkennung der Wirkung von Einflussgrößen auf Ausgangsgrößen führt über die Funktionsgleichung

$$A = F(a, b, c, \ldots) \qquad (5.1)$$

worin a, b, c, ... geometrische und physikalische Merkmale sind [Schulz 2009] und A die Ausgangsgröße der betrachteten Funktion ist. Ist die Funktionsgleichung explizit angegeben, so kann der Fehler ΔA mittels des linearen Fehlerfortpflanzungsgesetzes[20] unter Beachtung der dafür geltenden Bedingungen[21] zu

$$\Delta A = \frac{\partial A}{\partial a}\Delta a + \frac{\partial A}{\partial b}\Delta b + \frac{\partial A}{\partial c}\Delta c + \ldots \tag{5.2}$$

$$\Delta A = V_{F1}\,\Delta a + V_{F2}\,\Delta b + V_{F3}\,\Delta c + \ldots \tag{5.3}$$

ermittelt werden [Schulz 2009].[22] Bei den Größen Δa, Δb, Δc handelt es sich um die Abweichungen funktionsrelevanter Eingangsgrößen ΔE_{fi} und die Abweichungen geometrischer bzw. stofflicher Merkmale ΔZ_i [Schulz 2009]. Der Fehlerfaktor V_F gemäß Gleichung 5.3 gibt für jeden Einzelfehler den Zusammenhang zwischen der entsprechenden Einflussgröße und dem durch sie hervorgerufenen Einzelfehler an [Schulz 2009]. Ist ein Fehlerfaktor V_F klein, so ist auch der zugehörige Einzelfehler ΔA_i klein. Die Zusammenhänge zwischen Fehlerfaktoren und Einzelfehlern lauten somit wie folgt:

$$(\Delta A_i)_1 = V_{F1} \cdot \Delta Z_i\,;\ V_{F1} = \left(\frac{\partial A}{\partial Z_i}\right)_1 \tag{5.4}$$

$$(\Delta A_i)_2 = V_{F2} \cdot \Delta E_{ni}\,;\ V_{F2} = \left(\frac{\partial A}{\partial E_{ni}}\right)_2 \tag{5.5}$$

$$(\Delta A_i)_3 = V_{F3} \cdot \Delta E_{fi}\,;\ V_{F3} = \left(\frac{\partial A}{\partial E_{fi}}\right)_3 \tag{5.6}$$

Mit 1, 2 und 3 wird die Art der Einflussgröße gekennzeichnet, i ist der fortlaufende Index [Schulz 2009].

---

[20] Das lineare Fehlerfortpflanzungsgesetz stammt aus der Fehlerrechnung. Es wird z. B. in der Messtechnik benutzt, um die Messunsicherheit einer indirekten Messgröße zu berechnen, die aus den Unsicherheiten ihrer direkt messbaren Größen resultiert. Dazu wird mit einer Taylorreihe berechnet, wie sich die Messunsicherheiten der direkt messbaren Größen auf die Unsicherheit der indirekt messbaren Größe auswirken. Für die Erstellung der Taylorreihe werden die partiellen Ableitungen aller mit Messfehler behafteten Größen bestimmt. Um die Messunsicherheit der direkten Messgröße zu berechnen, werden die Messunsicherheiten („Fehler") der direkt messbaren Größen mit den zugehörigen partiellen Ableitungen multipliziert und die Ergebnisse summiert.

[21] Voraussetzung für die Anwendbarkeit des linearen Fehlerfortpflanzungsgesetzes ist, dass die Abweichungen ΔZ_i klein gegenüber den Merkmalswerten ihrer Merkmale sind.

[22] Der Vollständigkeit halber sei erwähnt, dass [Krause 2000] neben dem Fehlerfortpflanzungsgesetz eine Reihe weiterer Möglichkeiten zur Ermittlung des Fehlerverhaltens vorschlägt. Eine Möglichkeit davon ist z. B. das Aufstellen geometrischer Modelle, mit denen die Auswirkung von Fehlern dargestellt werden können.

5.3 Verbesserung des Fehlerverhaltens mit fehlerarmen Anordnungen

Das Fehlerverhalten eines Gerätes kann in allen Phasen des Konstruktionsprozesses beeinflusst werden. Die vorliegende Arbeit befasst sich mit der Konzeptphase des Konstruktionsprozesses. In der Konzeptphase wird das Fehlerverhalten eines Gerätes zunächst beim Festlegen der Funktionsstruktur entscheidend prinzipiell bestimmt [Krause 2000]. Die anschließende Auswahl von Lösungsprinzipien[23] gibt ein prinzipbedingtes Fehlerverhalten vor [Schulz 2009].

Bei einem bereits gewählten Lösungsprinzip ist die Struktur qualitativ weitgehend festgelegt, so dass nur noch geringfügige qualitative Veränderungen der Struktur und quantitative Veränderungen der Struktur zu Varianten des Lösungsprinzips führen [Bauerschmidt 1976]. Die Prinzipien der fehlerarmen Anordnungen sind bei der konstruktiven Bearbeitung von Lösungsprinzipien zu prüfen [Schulz 2009]. Fehlerarme Anordnungen entstehen dann, wenn für ein vorliegendes Lösungsprinzip in der Phase der Konkretisierung das Fehlerverhalten durch quantitative und geringfügige qualitative Veränderungen seiner Merkmale verbessert werden kann [Krause 2000]. Dies geschieht, indem Fehlerfaktoren V_F mit der Änderung geometrischer oder stofflicher Merkmale minimiert oder zu null gesetzt werden. Je nach Grad der Verkleinerung entstehen fehlerminimierte, innozente oder invariante Anordnungen [Schulz 2009]. Die bewusste Suche nach solchen Anordnungen ist sehr gewissenhaft durchzuführen, weil oft erhebliche Verbesserungen des Fehlerverhaltens ohne zusätzlichen technischen und ökonomischen Aufwand zu erzielen sind [Krause 2000].

---

[23] Anstelle des Begriffes Lösungsprinzip benutzen [Krause 2000, Schulz 2009] den Begriff Technisches Prinzip. Das Technische Prinzip ist eine abstrahierte Darstellung der Struktur, in der die geometrisch-stofflichen Eigenschaften der funktionswichtigen Bauelemente und Relationen qualitativ bestimmt sind [Krause 2000]. Der Konkretisierungsgrad technischer Prinzipien bewegt sich somit im Bereich des Konkretisierungsgrades von Lösungsprinzipien. Weil der Begriff Lösungsprinzip bereits in Kapitel 3 eingeführt wurde, wird dieser Begriff an dieser Stelle verwendet.

Man spricht von fehlerminimierten Anordnungen, wenn der Fehlerfaktor V_F merklich gegenüber einem Ausgangspunkt verringert werden kann, z. B. mittels mathematischer Optimierungsverfahren (lineare und dynamische Optimierung), Verkürzung von Funktions- und Informationsketten, Einsatz von Bauelementen mit nichtlinearer Kennlinie [Krause 2000]. Dies führt dazu, dass die Einzelfehler eines Gerätes kleiner werden.

Invariante Anordnungen sind ein Sonderfall des Prinzips der fehlerarmen Anordnungen. Sie entstehen, wenn in der Taylorreihe des linearen Fehlerfortpflanzungsgesetzes alle Fehlerfaktoren $V_F = 0$ sind. Einzelfehler bleiben somit immer null. Viele der bisher bekannt gewordenen invarianten Anordnungen richten sich gegen eine der hauptsächlisten Störgrößen in der Feinwerktechnik, gegen geometrische Fehler, d. h. gegen Fehler bezüglich Abmessungen und Lage der Bauelemente (Toleranzen, Grenzabweichungen, Grenzabmaße, usw.) [Krause 2000]. Diese entstehen durch unvermeidliche Herstellungs- und Montagetoleranzen sowie durch Lage- und Abmessungsveränderungen infolge durch Kräfte und Temperatur hervorgerufenen Deformationen und infolge Verschleißes [Krause 2000]. Beim Einsatz invarianter Strukturen wird auch vom Prinzip der Invarianz gesprochen.

Als Beispiele für invariante optische Bauelemente sind bei [Krause 2000] verschiedene Prismen (z. B. Tripelprisma, Rhomboidprisma) aufgeführt, bei denen Kippungen um Achsen keinen Einfluss auf den optischen Strahlengang haben [Schulz 2009]. Das liegt daran, dass Tripelprisma und rhombisches Prisma allseitig lageinvariant sind, d. h. die Eigenschaft, das Licht um 180° abzulenken (Tripelprisma) bzw. es parallel zu versetzen (Rhomboidprisma), bleibt erhalten trotz möglicher Kippungen des Bauelements um alle drei Achsen eines kartesischen Koordinatensystems [Krause 2000]. Abbildung 5.2 zeigt ein Beispiel für einen optischen Strahlengang durch ein Tripelprisma und ein Rhomboidprisma.

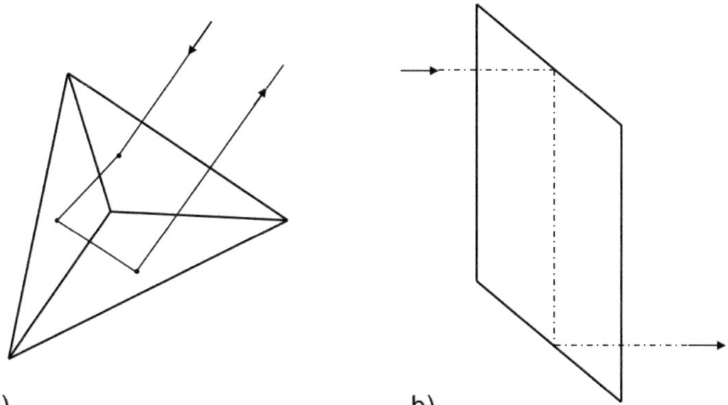

a) b)

Abbildung 5.2: Tripelprisma und Rhomboidprisma zur Veranschaulichung des Prinzips Invarianz, angelehnt an [Krause 2000]

Schilling gibt die folgenden Hinweise für die Entwicklung invarianter Lösungsprinzipien [Schilling 1982]:

- Das Anwenden von Bauelementen mit der Eigenschaft, sich gegenüber einer Störgröße invariant zu verhalten.
- Das Anwenden von Relationen, bei denen sich Störgrößen gleichzeitig auf zwei, die Funktion bestimmende Merkmale auswirken, so dass die Ausgangsgröße unbeeinflusst bleibt.
- Das Anwenden von Wirkprinzipien, bei denen sich die Ausgangsgröße additiv oder multiplikativ aus zwei Parametern zusammensetzt, so dass sich die Wirkung von Störgrößen vollständig aufhebt.

Auch innozente Anordnungen sind ein Sonderfall fehlerarmer Anordnungen. Innozente Anordnungen entstehen, wenn Strukturen gefunden und aufgebaut werden können, bei denen der Fehler so weit verkleinert ist, dass lediglich Einzelfehler von zweiter (oder höherer) Ordnung entstehen [Krause 2000].

Schilling gibt als ein Beispiel für das Prinzip Innozenz eine verkippte Strecke L an. Diese Strecke ist in Abbildung 5.3 dargestellt. Bei einer Kippung der Strecke L um kleine Winkel α ändert sich die Projektion der Strecke nur dann um Beträge, die kleiner zweiter Ordnung bleiben, wenn die Projektionsrichtung zur Ausgangslage der Strecke rechtwinklig verläuft [Schilling 1982]. Kippungen um beliebige Punkte lassen sich stets durch eine Parallelverschiebung und eine Kippung um einen

Endpunkt der Strecke ersetzen [Schilling 1982]. Sollen die Fehler Δ einer um kleine Winkel α gekippte Strecke vernachlässigbar klein zweiter Ordnung bleiben, so müssen die Richtungen einer möglichen Verlagerung (schwarzer Pfeil) und der Projektionsrichtung (schwarz-weißer-Pfeil) zusammenfallen und rechtwinklig zur Messung stehen [Krause 2000].

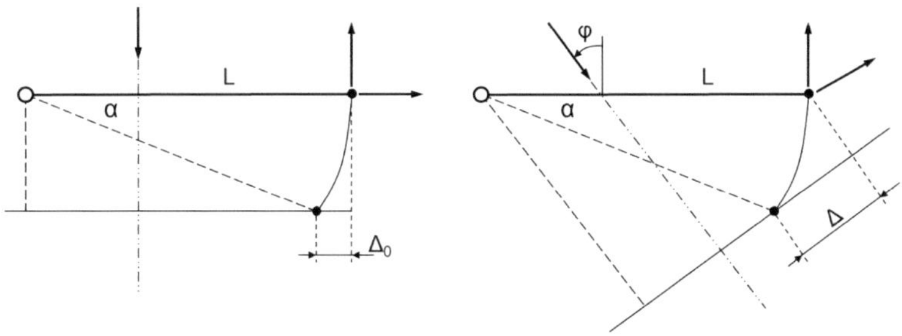

	Δ	Δ_0
für die Einheitsstrecke	$\cos\varphi - \cos(\varphi+\alpha)$	$1-\cos\alpha$
für kleine Kippwinkel α	$\alpha^2/2 \cos\varphi + \alpha \sin\varphi$	$\alpha^2/2$

Abbildung 5.3: Verkippte Strecke zur Veranschaulichung des Prinzips Innozenz, angelehnt an [Schilling 1982]

Fehlerfaktoren lassen sich auch mit dem Prinzip Kompensation minimieren oder zu null setzen.[24] Kompensation bedeutet, dass eine Störgröße gleichzeitig zwei sich gegenläufig verändernde Merkmale beeinflusst [Schilling 1982]. Dadurch sorgt die Kompensation dafür, dass die infolge von äußeren und inneren Störgrößen hervorgerufenen Einzelfehler ständig ausgeglichen werden [Krause 2000]. Um eine Kompensation zu realisieren, sind nach [Schilling 1982] zusätzliche Einzelteile erforderlich, die nicht zur eigentlichen Funktion beitragen. Diese Einzelteile dienen allein dazu, den Gerätefehler zu verringern oder zu eliminieren. Krause benennt als Beispiel für eine Kompensation externer Störgrößen die Kompensation von Temperatureinfluss mit einem Thermostat, der als Regelkreis oder als Steuerkette betrieben werden kann [Krause 2000].

[24] Eine weitere Möglichkeit für die Verbesserung des Fehlerverhaltens besteht in der Justierung. Die Prinzipien der fehlerarmen Anordnungen ordnen sich als Maßnahme zur Verbesserung des Fehlerverhaltens im Konstruktionsprozess zeitlich allerdings vor der Justierung ein [Schulz 2009]. Die Justierung wird in der vorliegenden Arbeit daher nicht betrachtet.

6 Diskussion der bestehenden Ansätze und Ableitung eines Handlungsbedarfs

Kapitel 6 diskutiert die zuvor vorgestellten Grundlagenbereiche der vorliegenden Arbeit. Ebenfalls zeigt Kapitel 6 die Defizite der Grundlagenbereiche im Hinblick auf die Problemstellung der Arbeit auf. Daraus leitet Kapitel 6 den Handlungsbedarf ab, mit dem sich der Rest der Arbeit befasst.

Die Ausführungen der „Descriptive Study I" haben einige Schnittmengen zwischen den Grundlagenbereichen der vorliegenden Arbeit erkennen lassen. Beispiele für solche Schnittmengen sind, dass sowohl die Konzeptphase des Konstruktionsprozesses, die FMEA und das Konstruktionsprinzip der fehlerarmen Anordnungen die Funktionen von Produkten ebenso wie ihre geometrischen und stofflichen Merkmale thematisieren. Die Schnittmengen zeigen, dass sich die Grundlagenbereiche nicht völlig getrennt voneinander diskutieren lassen.

6.1 Diskussion von Wirkprinzipien und Bewertungsmethoden in der Konzeptphase

Zusammenfassende Diskussion

Wirkprinzipien entsprechen im Konstruktionsprozess der ersten geometrisch-stofflichen Realisierung eines Produktes. Wirkprinzipien werden in der Konzeptphase zunächst Lösungsprinzipien und in der Phase des Entwerfens Einzelteile bzw. Baugruppen zugeordnet, um die Wirkprinzipien zu realisieren. Wenn sich Wirkprinzipien in späten Konstruktionsphasen ändern, können von den Änderungen somit alle Einzelteile oder Baugruppen betroffen sein, welche die Wirkprinzipien realisieren. Späte Änderungen von Wirkprinzipien können somit einen hohen Umsetzungsaufwand erfordern. Weiterhin kann jede Änderung von Wirkprinzipien unerwartete Probleme für die Einzelteile oder Baugruppen mit sich bringen, welche die Wirkprinzipien realisieren. Späte Änderungen von Wirkprinzipien können somit hohe Risiken bergen und einen hohen Absicherungsaufwand bedingen. Somit müssen möglichst alle relevanten Kriterien für die Bewertung und Auswahl von Wirkprinzipien berücksichtigt werden, um spätere Änderungen von ihnen zu vermeiden.

Die Ausführungen über den Stand der Technik zeigen, dass ein Ausfall dann vorliegt, wenn die Eingangsgrößen einer Funktion nicht mehr in die erforderliche Ausgangsgröße umgesetzt werden. Weil die Übersetzung von Eingangsgrößen in Ausgangsgrößen durch die Wirkgeometrie und die stofflichen Merkmale von Wirkprinzipien in Kombination mit physikalischen Effekten erzwungen wird, verhält sich ein Produkt als Ganzes erst dann robust, wenn sich alle seine Wirkprinzipien robust verhalten. Dies zeigt, dass Wirkprinzipien die Robustheit eines Produktes maßgeblich bestimmen. Somit ist Robustheit ein wichtiges Auswahlkriterium für Wirkprinzipien. Dieses Auswahlkriterium wird aufgrund steigender Kundenanforderungen an die Ausfallfreiheit von Produkten in Zukunft wahrscheinlich weiter an Bedeutung gewinnen.

[Pahl et al. 2007] geben an, dass der Konkretisierungsgrad von Wirkprinzipien in der Konzeptphase noch nicht ausreicht, um sie aussagefähig mit Bewertungsmethoden evaluieren zu können. Allerdings sind nicht alle Aspekte von Wirkprinzipien in der Konzeptphase noch unkonkret. So ist z. B. die Wirkgeometrie von Wirkprinzipien in der Konzeptphase bereits qualitativ bekannt und kann auch schon quantitativ festgelegt werden. Voraussetzung dafür ist, dass die Eingangs- und Ausgangsgrößen der Wirkprinzipien qualitativ und quantitativ bekannt sind. Die Wirkgeometrie ist somit jene Geometrie eines Produktes, die in der Konzeptphase und den darauffolgenden Phasen des Konstruktionsprozesses gleich ist. Der Begriff Konzeptphase ist somit nicht eindeutig, da nicht eindeutig festgelegt ist, wann das Konzept aufhört und wann der Entwurf eines Produktes beginnt.

Auch die externen Störgrößen sind für ein Produkt bereits in der Konzeptphase ermittelbar. Mögliche Quellen für die Ermittlung externer Störgrößen in der Konzeptphase sind z. B. Lastenhefte des Kunden, Feldtests mit Vorgängerprodukten oder Erfahrungswissen. Die Abhängigkeiten der Merkmale von Wirkprinzipien von diesen Störgrößen lassen sich in der Konzeptphase z. B. mit Werkstoffdatenblättern, Materialdatenbanken, Erfahrungswissen, Expertenbefragung oder versuchstechnisch ermitteln. Sofern die Übertragungsgleichungen von Wirkprinzipien bekannt sind, lässt sich in dieser Phase auch schon ermitteln, wie sich ihre Merkmale und Ausgangsgrößen durch Störgrößen ändern.

Auch bei der Änderung eines Merkmals durch eine Störgröße handelt es sich um einen physikalischen Effekt. Die Eingangsgrößen dieses Effekts sind nominale Merkmale. Die Ausgangsgrößen des Effekts sind durch Störgrößen geänderte Merkmale. Diese physikalischen Effekte sind aus Sicht der Funktionsrealisierung zwar unerwünscht. Allerdings müssen auch sie für die Auswahl von Wirkprinzipien berücksichtigt werden. Denn diese Effekte bestimmen, ob Wirkprinzipien ihre Eingangsgrößen auch unter der Wirkung von Störgrößen in die erforderlichen Ausgangsgrößen umsetzen können.

Die Konstruktionsmethodik beschreibt, dass bei der Realisierung von Funktionen ein Umsatz von Energie-, Stoff- oder Signalgrößen über Kopplungen stattfindet. Die Kopplungen werden durch die Verknüpfung der Koppelstellen von Wirkprinzipien realisiert, welche wiederum durch Einzelteile realisiert werden.[25] Entsprechend dieser Definition sind stets mehrere Einzelteile am Umsatz von Funktionsgrößen beteiligt. Allerdings finden sich auch Beispiele, bei denen ein Umsatz von Energie-, Stoff- oder Signalgrößen nur durch ein Einzelteil realisiert wird. In der Optik kann die Realisierung der Funktion „Lichtstrahl ablenken" z. B. mit nur einem Spiegel erfolgen. Dieses Beispiel zeigt, dass eine Funktion nicht immer durch zwei, aber immer mindestens durch ein Einzelteil realisiert wird.

Ableitung von Defiziten zur Auswahl von Wirkprinzipien und Anwendung von Bewertungsmethoden in der Konzeptphase

Die Konzeptphase des Konstruktionsprozesses gibt für die Auswahl von Wirkprinzipien eine Reihe einzelner Kriterien vor. Die Erfüllung einer vorgegebenen Funktion und die Verträglichkeit mit anderen Wirkprinzipien werden dabei als die Hauptauswahlkriterien erachtet. Robustheit konnte hingegen nicht als Auswahlkriterium für Wirkprinzipien in der Literatur gefunden werden.

Die Übertragungsgleichungen von Wirkprinzipien berücksichtigen in der Konzeptphase externe und interne Störgrößen noch nicht als Einflussgrößen. Die Konzeptphase kann störgrößenbedingte Merkmalsänderungen von Wirkprinzipien für ihre Auswahl folglich noch nicht strukturiert untersuchen.

[25] Einzelteile zeichnen sich dadurch aus, dass sie keine inneren Koppelstellen besitzen (vgl. Kapitel 5.1). Koppelstellen zur Übertragung von Funktionsgrößen werden entsprechend dieser Definition durch mehrere Einzelteile gebildet.

Die Suche nach physikalischen Effekten, Wirkprinzipien und Lösungsprinzipien für die Realisierung von Teilfunktionen entspricht nicht den gängigen Arbeitsweisen von Konstrukteuren in der Praxis. Konstrukteure fokussieren bei der Konstruktion neuer Produkte vielmehr auf die Wiederverwendung existierender Einzelteile oder Baugruppen, um deren Geometrie oder Werkstoffe an neue Aufgabenstellungen anzupassen.[26] Bei diesem Vorgehen hängt es vom Konstrukteur ab, ob die Wirkprinzipien, welche jene Einzelteile oder Baugruppen realisieren, auf ihre Robustheit überprüft werden. Ebenfalls hängt es vom Konstrukteur ab, ob die Robustheit jener Wirkprinzipien mit den Robustheiten alternativer Wirkprinzipien verglichen wird.

Ableitung von Handlungsbedarf für die Auswahl von Wirkprinzipien und Anwendung von Bewertungsmethoden in der Konzeptphase

Die bisherigen Erkenntnisse zeigen Bedarf, eine Methode zur Bewertung und Auswahl von Wirkprinzipien nach ihrer Robustheit für die Konzeptphase zu entwickeln. Eine derartige Methode muss den Einfluss von Störgrößen auf die Merkmale und Ausgangsgrößen von Wirkprinzipien untersuchen. Der Bedarf, Konstrukteure bei der Untersuchung des Einflusses von Störgrößen auf Produkte methodisch zu unterstützen, wird ebenfalls durch die Ergebnisse der Studien belegt, welche [Lönnqvist 2009] für die Analyse von Ausfallursachen angestellt hat (vgl. Kapitel 2.2).

Um die Arbeitsweisen von Konstrukteuren in der Praxis zu unterstützen, muss die neue Methode Konstrukteure bei der Auswahl robuster Wirkprinzipien für die Auslegung vorgegebener Einzelteile und Baugruppen anleiten. Dafür muss die Methode zunächst ermitteln, welche Funktionen jene Einzelteile und Baugruppen realisieren sollen. Ausgehend davon kann die Methode alternative Wirkprinzipien zur Realisierung jener Funktionen finden. Diese Wirkprinzipien lassen sich dann nach ihren Robustheiten bewerten und auswählen.

[26] Untersuchungen zeigen, dass 40% bis 50% der Einzelteile neuer Produkte im Vergleich zu ihren Vorgängerprodukten gleichbleiben, 30% bis 40% werden geringfügig geändert und nur 10% bis 20% sind neu [Wang et al. 2002].

6.2 Diskussion der methodischen Vermeidung von Ausfällen

Zusammenfassende Diskussion der methodischen Ausfallvermeidung

Die Ermittlung von Fehlerursachen und die Definition von Vermeidungsmaßnahmen sind im Konstruktionsprozess wichtige Aufgaben, um die Schwachstellen neuer Produkte zu finden und Ausfälle zu vermeiden. Dafür wird die FMEA heute weitverbreitet und in verschiedenen Branchen angewendet. Die FMEA kann aufgrund ihrer industriellen Verbreitung als die Standardmethode zur Vermeidung von Ausfällen erachtet werden. Es wird daher als ausreichend erachtet, in der vorliegenden Arbeit die FMEA stellvertretend für andere Methoden zur Ausfallvermeidung zu betrachten.

Eine Fehlerursache liegt nach der Betrachtungsweise der FMEA dann vor, wenn ein Merkmal für die Realisierung einer Teilfunktion nicht wie erforderlich gegeben ist. Eine Fehlerursache kann somit zum einen entstehen, wenn ein Merkmal so festgelegt wird, dass es die Eingangsgrößen einer Funktion nicht in eine erforderliche Ausgangsgröße umsetzt. Eine Fehlerursache kann aber auch dann entstehen, wenn eine Störgröße ein korrekt festgelegtes Merkmal so verändert, dass das Merkmal eine erforderliche Ausgangsgröße nicht mehr wie erforderlich realisiert. Für die Ermittlung beider Arten von Fehlerursachen muss der Sollwert der jeweiligen Ausgangsgröße bekannt sein. Denn erst, wenn Ausgangsgrößen zu weit von ihren Sollwerten abweichen, handelt es sich bei den verursachenden Merkmalen um Fehlerursachen. Für die Ermittlung störgrößenbedingter Fehlerursachen muss hinzukommend bekannt sein, welche Störgrößen für ein Produkt zu erwarten sind. Des Weiteren muss bekannt sein, wie sich die Merkmale eines Produktes durch diese Störgrößen ändern. Hinzukommend muss bekannt sein, mit welchen Werten die Störgrößen die Merkmale so weit verändern, dass jene Merkmale die Sollwerte von Ausgangsgrößen nicht mehr wie erforderlich realisieren.

Aus den bisherigen Ausführungen lässt sich folgern, dass Wirkprinzipien dann robust gegenüber Störgrößen sind, wenn Störgrößen ihre Merkmale nicht oder nur so wenig ändern, dass keine Fehlerursachen entstehen. Daraus lässt sich schließen, dass störgrößenbedingte Fehlerursachen zeigen, gegenüber welchen Störgrößen Wirkprinzipien nicht robust sind. Jede störgrößenbedingte Fehlerursache gibt folglich eine anteilige Aussage über die Robustheit eines

Wirkprinzips. Störgrößenbedingte Fehlerursache sind somit eine Möglichkeit, die Robustheit eines Wirkprinzips zu beschreiben.

Die Funktionsstruktur aus der FMEA unterscheidet sich in einigen Punkten von der Funktionsstruktur aus dem Konstruktionsprozess. Zum Beispiel ordnet die Funktionsstruktur der FMEA die Teilfunktionen eines Produktes seinen Einzelteilen und Baugruppen zu. Im Konstruktionsprozess hingegen zeigt die Funktionsstruktur allein die Gesamtfunktion eines Produktes ebenso wie seine Teilfunktionen und die Abhängigkeiten der Teilfunktionen untereinander. Dies liegt auch daran, dass Einzelteile und Baugruppen im Konstruktionsprozess erst nach der Erstellung der Funktionsstruktur festgelegt werden. Um die Funktionsstruktur aus dem Konstruktionsprozess von der Funktionsstruktur der FMEA zu unterscheiden, wird die Funktionsstruktur aus der FMEA im Folgenden als System-/Funktionsstruktur bezeichnet.

Ableitung von Defiziten der methodischen Ausfallvermeidung

Die FMEA betrachtet physikalische Effekte und Wirkprinzipien in ihrem Formblatt, in ihrer System-/Funktionsstruktur und bei der Suche nach Fehlerursachen nicht strukturiert. Die FMEA berücksichtigt somit die prinzipielle Ebene nicht strukturiert, welche in der Konzeptphase festgelegt wird. Mit der FMEA ist es daher nicht möglich, methodisch jene Merkmale von Wirkprinzipien zu finden und abzusichern, welche die Robustheit eines Produktes sicherstellen.

Untersuchungen (z. B. jene von [Lönnqvist 2009]) deuten darauf hin, dass Störgrößen die häufigste Ursache von Ausfällen sind. Allerdings ermittelt die FMEA nicht systematisch, welche Störgrößen für ein Produkt zu erwarten sind und ob sie zu Fehlerursachen und Ausfällen führen können.

Die FMEA verfügt über keinen Prozess zur strukturierten Ermittlung von Fehlerursachen. Ebenfalls verfügt die FMEA über keinen Prozess zur Festlegung von Vermeidungsmaßnahmen. Methoden oder sonstige Ansätze zur strukturierten Ermittlung von Fehlerursachen konnten auch mit einer Literaturrecherche im Bereich des Qualitätsmanagements und in der Konstruktionswissenschaft nicht gefunden werden. Welche Fehlerursachen mit der FMEA gefunden werden, hängt somit vom individuellen Erfahrungsschatz und den Arbeitsweisen ihrer Anwender ab.

Die System-/Funktionsstruktur der FMEA ordnet Teilfunktionen immer nur einem Einzelteil zu. Allerdings kann es sein, dass eine Teilfunktion durch mehrere Einzelteile realisiert wird. Somit ist die Zuordnung von Teilfunktionen zu Einzelteilen in der System-/Funktionsstruktur der FMEA nicht eindeutig.

Eine mögliche Vermeidungsmaßnahme für eine störgrößenbedingte Fehlerursache besteht darin, ein Merkmal so zu verändern, dass die Ausgangsgröße einer Funktion auch unter der Wirkung von Störgrößen wie erforderlich realisiert wird. Falls mehrere Ausgangsgrößen eines Wirkprinzips von diesem Merkmal abhängen, darf die Merkmalsänderung die anderen Ausgangsgrößen aber nicht unerwünscht verändern. Andersherum müssen sich verschiedene Merkmalsänderungen, die an einem Merkmal für mehrere Ausgangsgrößen erforderlich sind, ohne Konflikte umsetzen lassen. Allerdings zeigt die FMEA keine Methodik zur Ermittlung von Konflikten, die zwischen Vermeidungsmaßnahmen bestehen.

Die Arbeit mit der FMEA kann erst dann begonnen werden, wenn die Einzelteile und Baugruppen eines Produktes gewählt wurden. Da Einzelteile und Baugruppen im Konstruktionsprozess konkret erst nach der Konzeptphase festgelegt werden, ist die FMEA nicht zur Ermittlung und Vermeidung von Fehlerursachen zu einem frühen Zeitpunkt in der Konzeptphase anwendbar. Auch in der Literatur, die dem Autor der vorliegenden Arbeit zur Verfügung steht, konnten keine Methoden oder sonstige Ansätze gefunden werden, welche eine Ermittlung und Vermeidung von Fehlerursachen zu einem frühen Zeitpunkt in der Konzeptphase unterstützen.

Ableitung von Handlungsbedarf für die methodische Ausfallvermeidung

Es besteht Bedarf an einer Methode, welche Fehlerursachen schon früh in der Konzeptphase ermitteln und vermeiden kann. Eine Möglichkeit für die Vermeidung von Fehlerursachen zu einem frühen Zeitpunkt in der Konzeptphase besteht darin, Wirkprinzipien zu wählen, die aufgrund ihrer geometrischen oder stofflichen Merkmale keine oder weniger störgrößenbedingte Fehlerursachen als andere Wirkprinzipien haben.

Die bisherigen Ausführungen zeigen Handlungsbedarf, einen Referenzprozess zur Ermittlung von Fehlerursachen zu entwickeln. Weil die meisten Ausfälle durch Störgrößen entstehen, muss der Referenzprozess die Identifikation störgrößenbedingter Fehlerursachen ermöglichen. Dafür muss der Referenzprozess die Abhängigkeiten der Ausgangsgrößen von Funktionen von ihren Eingangsgrößen, Merkmalen und Störgrößen darstellen können. Hierfür muss der Prozess durch ein Modell gestützt werden, welches die Änderung von Merkmalen und Ausgangsgrößen durch Störgrößen abbilden kann. Weiterhin muss der Prozess alle Einzelteile, die gemeinsam eine Funktion realisieren, in die Suche nach Fehlerursachen einbeziehen können.

Weiterer Handlungsbedarf besteht in der Entwicklung eines Referenzprozesses, der Vermeidungsmaßnahmen für Fehlerursachen strukturiert festlegen kann. Eine Anforderung an diesen Referenzprozess ist, dass er Konflikte ermitteln kann, die zwischen Vermeidungsmaßnahmen bestehen.

6.3 Diskussion des Konstruktionsprinzips der fehlerarmen Anordnungen

Zusammenfassende Diskussion des Konstruktionsprinzips der fehlerarmen Anordnungen

Das Konstruktionsprinzip der fehlerarmen Anordnungen wird im Stand der Technik schwerpunktmäßig auf die Verbesserung der Genauigkeit von Geräten bezogen. Fehlerarme Anordnungen verbessern die Genauigkeit von Geräten, indem sie störgrößenbedingte Änderungen von Energie-, Stoff- und Informationsumsätzen innerhalb von Geräten minimieren. Dies hat das Ziel, störgrößenbedingte Änderungen der Ausgangsgrößen von Geräten (z. B. Messwerte) zu reduzieren. Weil Energie-, Stoff- oder Informationsumsätze innerhalb aller Arten technischer Produkte umgesetzt werden, können fehlerarme Anordnungen neben Geräten auch für andere Produkte angewendet werden. Dort können fehlerarme Anordnungen mit der Minimierung oder Vermeidung störgrößenbedingter Änderungen von Merkmalen und Ausgangsgrößen das Entstehen von Fehlerursachen und Ausfällen verhindern. Somit lässt sich mit fehlerarmen Anordnungen auch die Robustheit technischer Produkte verbessern.

Kapitel 6.1 hat gezeigt, dass sich in der Konzeptphase bereits bei Wirkprinzipien untersuchen lässt, wie sich ihre Merkmale und Ausgangsgrößen durch Störgrößen ändern. Somit lassen sich Genauigkeit und Fehlerverhalten in der Konzeptphase schon bei Wirkprinzipien untersuchen. Das bedeutet, dass die Prinzipien fehlerarmer Anordnungen bereits für die Bewertung und Auswahl von Wirkprinzipien nach ihrer Robustheit angewendet werden können.

Die FMEA untersucht für die Ermittlung von Einzelfehlern getrennt voneinander, wie die unerwünschte Abweichung einzelner Merkmale zu jeweils einem Ausfall führt. Das Konstruktionsprinzip der fehlerarmen Anordnungen untersucht hingegen, ob sich mehrere Merkmale durch eine Störgröße ändern und wie sich Ausgangsgrößen von Funktionen dadurch ändern. Dies zeigt sich z. B. daran, dass bei der Taylorreihen-Entwicklung des linearen Fehlerfortpflanzungsgesetzes die partiellen Ableitungen aller Merkmale eingehen, die durch Störgrößen geändert werden. Das Konstruktionsprinzip der fehlerarmen Anordnungen berücksichtigt folglich auch Fehlerursachen und Ausfälle, die aus der störgrößenbedingten Änderung mehrerer Merkmale entstehen.

Es existieren verschiedene Möglichkeiten zur Realisierung invarianter oder innozenter Anordnungen. [Krause 2000, Schulz 2009] schlagen vor, jene Anordnungen mit der Änderung der Merkmale bereits gewählter Lösungsprinzipien oder bestehender Strukturen zu realisieren. Eine weitere Möglichkeit für die Realisierung fehlerarmer Anordnungen besteht auch darin, Wirkprinzipien zu wählen, die bereits als invariant oder innozent bekannt sind. Eine Prämisse dafür, dass diese Wirkprinzipien auch in neuen Produkten invariant bzw. innozent sind, ist aber, dass sich die Störgrößen für diese Wirkprinzipien in neu zu konstruierenden Produkten nicht ändern.

Im Stand der Technik ist beschrieben, dass eine Kompensation von Störgrößen durch den Einsatz zusätzlicher Einzelteile möglich ist. Eine Kompensation ist aber bereits durch die Auswahl von Wirkprinzipien möglich, welche Störgrößen kompensieren. Voraussetzung für die Kompensation von Störgrößen durch Wirkprinzipien ist, dass sich die Merkmale jener Wirkprinzipien durch Störgrößen gegenläufig ändern und sich die Merkmalsänderungen dadurch gegenseitig ausgleichen. Dabei lässt sich zwischen einer vollständigen oder einer teilweisen Kompensation von Störgrößen unterscheiden.

Ableitung von Defiziten in Bezug auf das Konstruktionsprinzip der fehlerarmen Anordnungen

Invarianz bedeutet, dass sich eine Ausgangsgröße durch Störgrößen nicht ändert. Dies kann zum einen daran liegen, dass sich alle Merkmale, von denen eine Ausgangsgröße abhängt, nicht ändern. Ebenfalls kann es sein, dass eine Störgröße mehrere Merkmale ändert und sich die Merkmalsänderungen gegenseitig vollständig kompensieren. Wenn sich eine Ausgangsgröße durch eine Störgröße nicht ändert, kann es sich folglich um eine „versteckte" Kompensation von einer Störgröße handeln. Somit ist das Prinzip Invarianz nicht eindeutig vom Prinzip Kompensation abgrenzbar, wenn alleine die Nicht-Änderung einer Ausgangsgröße unter der Wirkung von Störgrößen betrachtet wird.

Der Stand der Technik der fehlerarmen Anordnungen schlägt für die Berechnung störgrößenbedingter Änderungen von Ausgangsgrößen das lineare Fehlerfortpflanzungsgesetz vor, um die Änderung mehrerer Merkmale durch Störgrößen berücksichtigen zu können. Das lineare Fehlerfortpflanzungsgesetz ist aber nur dann anwendbar, wenn störgrößenbedingte Merkmalsänderungen klein gegenüber ihren Merkmalswerten sind. Dies ist allerdings nicht immer der Fall. Beispielsweise kann sich der E-Modul einiger Kunststoffe unter der Wirkung von Temperatur deutlich ändern. [Eyerer et al. 2008] zeigen in diesem Zusammenhang, dass der E-Modul des Kunststoffes PA 6.6 HT GF50 bei einer Temperatur von 20°C ca. 8000 MPa und bei einer Temperatur von 60°C ca. 5000 MPa beträgt. Ein Temperaturanstieg von 40°C liegt zwar im Nutzungsbereich einiger Produkte (z. B. Kraftfahrzeuge), kann aber zu einer deutlichen Reduktion des E-Moduls dieses Kunststoffes führen. Zudem besteht ein nichtlinearer Zusammenhang zwischen dem E-Modul dieses Kunststoffes und der Temperatur. In diesem Fall ließe sich das lineare Fehlerfortpflanzungsgesetz somit nicht zur Ermittlung störgrößenbedingter Änderungen von Ausgangsgrößen anwenden.

Ableitung von Handlungsbedarf für das Konstruktionsprinzip der fehlerarmen Anordnungen

In Kapitel 6.3 wurde einleitend argumentiert, dass sich mit fehlerarmen Anordnungen die Robustheit technischer Produkte verbessern lässt. Die Auswahl von Wirkprinzipien soll daher bevorzugt auf jene Wirkprinzipien fallen, die invariant oder innozent gegenüber den erwarteten Störgrößen sind oder diese Störgrößen kompensieren. Dafür gilt es zu prüfen, wie sich alle Merkmale und Ausgangsgrößen von Wirkprinzipien durch Störgrößen verändern und ob dies zu

Fehlerursachen und Ausfällen führt. Wenn sich dabei zeigt, dass Wirkprinzipien nicht invariant oder innozent sind oder Störgrößen nicht ausreichend kompensieren, sind Änderungen ihrer Merkmale anzustreben, um störgrößenbedingte Fehlerursachen und daraus resultierende Ausfälle zu vermeiden. Einschränkend muss dabei angemerkt werden, dass die Einflussuntersuchung von Störgrößen auf mehrere Merkmale schnell unübersichtlich werden kann. Dies muss daher durch geeignete Werkzeuge unterstützt werden.

Es ist eine Berechnungsmethode erforderlich, welche Änderungen der Ausgangsgrößen von Wirkprinzipien auch dann berechnen kann, wenn sich mehrere Merkmale durch Störgrößen ändern und die störgrößenbedingten Merkmalsänderungen im Vergleich zu ihren Merkmalswerten groß sind. Mit dieser Berechnungsmethode lassen sich störgrößenbedingte Ausfälle und Fehlerursachen auch bei mehreren großen Merkmalsänderungen ermitteln.

Robustheit soll in der vorliegenden Arbeit nicht nur danach bewertet werden, wie sich Merkmale und Ausgangsgrößen durch Störgrößen ändern. Für eine umfassende Robustheitsbewertung erscheint eine qualitative Bewertung aussagefähiger, wie sie die Konzeptphase der Konstruktionsmethodik anwendet. Denn eine qualitative Bewertung kann Robustheit gleich nach mehreren Bewertungskriterien evaluieren. Kapitel 6.2 hat argumentiert, dass störgrößenbedingte Fehlerursachen ein mögliches Bewertungskriterium für Robustheit sind. Ein weiteres Bewertungskriterium für Robustheit können die Fehlerfolgen sein, die aus störgrößenbedingten Fehlerursachen entstehen. Denn Wirkprinzipien mit unterschiedlichen störgrößenbedingten Fehlerfolgen können im Falle eines Ausfalles zu unterschiedlichen Konsequenzen beim Kunden führen. Ein drittes Bewertungskriterium für Robustheit können Vermeidungsmaßnahmen für störgrößenbedingte Fehlerursachen sein. Denn abhängig von ihren Fehlerursachen können sich Wirkprinzipien ebenfalls in ihren störgrößenbedingten Vermeidungsmaßnahmen voneinander unterscheiden. Somit lassen die störgrößenbedingten Fehlerursachen, ihre Fehlerfolgen und Vermeidungsmaßnahmen Unterschiede in den Robustheiten von Wirkprinzipien erkennen.

Für einen qualitativen Robustheitsvergleich müssen den störgrößenbedingten Fehlerursachen, Fehlerfolgen und Vermeidungsmaßnahmen von Wirkprinzipien Eigenschaftsgrößen und Punktwerte zugewiesen werden. Die Punktwerte, welche den Eigenschaftsgrößen zugeordnet werden, lassen sich zu einer oder mehreren Bewertungszahlen zusammenfassen. Diese Bewertungszahl bzw. –zahlen dienen dazu, die Robustheit von Wirkprinzipien nach verschiedenen Aspekten zu evaluieren. Weiterer Handlungsbedarf besteht daher darin, ein mathematisches Verfahren zu entwickeln, welches die Punktwerte der Ausprägungen störgrößenbedingter Fehlerursachen, Fehlerfolgen und Vermeidungsmaßnahmen in eine oder mehrere Bewertungszahlen zusammenführen kann.

6.4 Fazit

Anhand der Ausführungen dieses Kapitels lässt sich folgender Handlungsbedarf ableiten:

Die Ergebnisse dieses Kapitels zeigen Handlungsbedarf im Bereich der Bewertung und Auswahl von Wirkprinzipien nach Robustheitsaspekten in der Konzeptphase des Konstruktionsprozesses. Daraus leitet sich Bedarf an Referenzprozessen ab, welche störgrößenbedingte Fehlerursachen von Wirkprinzipien strukturiert ermitteln und Vermeidungsmaßnahmen für sie festlegen können. Weiterer Handlungsbedarf besteht darin, bei der Bewertung und Auswahl von Wirkprinzipien zu prüfen, ob die Wirkprinzipien invariant oder innozent gegenüber Störgrößen sind oder Störgrößen kompensieren.

7 Characteristics-Properties Modelling / Property-Driven Development

Dieses Kapitel begründet, warum das Characteristics-Properties Modelling bzw. das Property-Driven Development (CPM/PDD-Ansatz) benutzt wird, um die zuvor geforderten Referenzprozesse zur Ermittlung störgrößenbedingter Fehlerursachen und Festlegung ihrer Vermeidungsmaßnahmen zu entwickeln. Danach stellt das Kapitel den CPM/PDD-Ansatz vor. Anschließend untersucht das Kapitel die Eignung des CPM/PDD-Ansatzes für die Ermittlung störgrößenbedingter Fehlerursachen und die Festlegung ihrer Vermeidungsmaßnahmen. Zuletzt formuliert dieses Kapitel eine Hypothese, die in den nachfolgenden Kapiteln untersucht wird.

7.1 Begründung der Auswahl des Characteristics-Properties Modelling und des Property-Driven Developments

Allmannsberger hat am Beispiel der Ursachenanalyse festgestellt, dass die immer komplexer werdenden Produkte nur noch mit Ansätzen, die auf dem Ursache-Wirkungsprinzip basieren, sinnvoll analysiert werden können [Allmannsberger 1998]. Diese Erkenntnis lässt sich ebenfalls auf die strukturierte Ermittlung störgrößenbedingter Fehlerursachen übertragen. Denn auch für die Ermittlung störgrößenbedingter Fehlerursachen müssen die Ursache-Wirkungs-Beziehungen bekannt sein, die zeigen, wie Störgrößen mit der Änderung von Merkmalen und Ausgangsgrößen zu Fehlerursachen und Ausfällen führen. Die Erkenntnis von Allmannsberger lässt sich aber auch auf die Festlegung von Vermeidungsmaßnahmen anwenden. Denn mit Ursache-Wirkungs-Beziehungen lässt sich ebenfalls zeigen, wie Fehlerursachen mit einer entsprechenden Festlegung von Merkmalen trotz der Wirkung von Störgrößen nicht auftreten können.

Aus den bisherigen Erkenntnissen lässt sich folgern, dass die strukturierte Ermittlung von Fehlerursachen und die Festlegung ihrer Vermeidungsmaßnahmen nur mit einem Produktmodell[27] sinnvoll erfolgen kann. Dies liegt daran, dass Fehlerursachen letztlich dann vorliegen, wenn Merkmale für die Realisierung von Ausgangsgrößen nicht wie erforderlich gegeben sind. Hinzu kommt, dass Vermeidungsmaßnahmen auf die geeignete Festlegung von Merkmalen abzielen. Jene Merkmale lassen sich nur mit einem Produktmodell sinnvoll transparent machen und strukturiert untersuchen.

Eine Anforderung an ein Modell zur Ermittlung störgrößenbedingter Fehlerursachen und Festlegung ihrer Vermeidungsmaßnahmen ist, dass es die Abhängigkeiten der Ausgangsgrößen von Wirkprinzipien von ihren Eingangsgrößen, Merkmalen und Störgrößen eindeutig darstellen kann. Denn damit kann das Modell zeigen, wie sich Ausgangsgrößen durch störgrößenbedingte Merkmalsänderungen verändern. Um Ausfälle zu ermitteln, muss das Modell Ausgangsgrößen nach ihrer Änderung durch Störgrößen mit Soll-Ausgangsgrößen vergleichen. Eine weitere Anforderung an das Modell ist, dass es die Abhängigkeiten verschiedener Ausgangsgrößen von denselben Merkmalen abbilden kann. Dadurch kann das Modell Konflikte identifizieren, die zwischen Vermeidungsmaßnahmen in Form von Merkmalsänderungen bestehen.

Um die Auswirkungen von Störgrößen auf Merkmale und Ausgangsgrößen zu untersuchen, sind Produktmodelle erforderlich, welche eine Analyse unterstützen. Von den bekannten Produktmodellen verbleiben unter Berücksichtigung dieser Prämisse im Wesentlichen nur zwei Modelle. Dabei handelt es sich um das Axiomatic Design nach Suh und den Ansatz des Characteristics-Properties Modelling / Property-Driven Development (CPM/PDD-Ansatz) vom Lehrstuhl für Konstruktionstechnik/CAD der Universität des Saarlandes. Eine Ähnlichkeit zwischen den beiden Modellen ist, dass sie Elemente abbilden, die vom Konstrukteur festgelegt werden. Dabei kann es sich um geometrische und stoffliche Merkmale von Produkten handeln. Ebenfalls ähneln sich die beiden Modelle darin, dass sie Elemente berücksichtigen, die dem Konstrukteur vorgegeben sind. Dabei kann es sich um Ausgangsgrößen von Funktionen, aber

[27] Für den Begriff Produktmodell finden sich in der Literatur unterschiedliche Definitionen. Dies liegt daran, dass man mit einem Produktmodell verschiedene Abstraktionsgrade eines Produktes darstellen kann. Produktmodelle reichen von einer skizzenhaften Darstellung von Produkten bis hin zu CAD-Modellen. Letzteres wird im Rahmen der Arbeit nicht behandelt.

auch Kennlinien oder sonstige Kundenforderungen handeln. Eine weitere Ähnlichkeit ist, dass beide Modelle eine Verbindung zwischen den vorgegebenen Elementen und jenen Elementen herstellen, die vom Konstrukteur festgelegt werden.

Ein Unterschied zwischen dem Axiomatic Design und dem CPM/PDD-Ansatz besteht darin, wie die Elemente, die dem Konstrukteur vorgegeben sind, darin in Verbindung stehen. Das Axiomatic Design versucht, den vorgegebenen Elementen nur eine physische Repräsentation zuzuordnen. Als Folge daraus müssten sich komplett modular aufgebaute Produkte ergeben, bei denen die Änderung eines Moduls keine Auswirkungen auf die anderen Module haben dürfte [Köhler 2009]. Der CPM/PDD-Ansatz hingegen nimmt an, dass die vorgegebenen Elemente (z. B. die Ausgangsgrößen von Funktionen) über die Elemente, die vom Konstrukteur festgelegt werden (z. B. die Merkmale[28] eines Produktes), miteinander in Verbindung stehen können. Der CPM/PDD-Ansatz kann somit darstellen, wie die Ausgangsgrößen verschiedener Funktionen eines Wirkprinzips von denselben Merkmalen abhängen. Der CPM/PDD-Ansatz kann folglich darstellen, ob sich Merkmalsänderungen, die für die Realisierung einer Ausgangsgröße notwendig sind, auf andere Ausgangsgrößen unerwünscht auswirken. Somit vermag es der CPM/PDD-Ansatz eher, Konflikte zu ermitteln, die aus der Festlegung von Vermeidungsmaßnahmen entstehen. Die folgenden Ausführungen betrachten daher den CPM/PDD-Ansatz.

Der CPM/PDD-Ansatz wurde Ende der 1990er Jahre am Lehrstuhl für Konstruktionstechnik/CAD der Universität des Saarlandes entwickelt [Köhler 2009]. Verantwortlich für die Entstehung des CPM/PDD-Ansatzes war der damalige Inhaber des Lehrstuhls Prof. Dr.-Ing. Christian Weber. Das Characteristics-Property Modelling (CPM) entsprach nach den damaligen Verhältnissen einem neuen Ansatz zur Modellierung von Produkten. Die Neuheit des Ansatzes bestand darin, dass der CPM/PDD-Ansatz erstmalig die Eigenschaften und Merkmale eines Produktes in den Betrachtungsfokus stellte. Auf seiner Basis wurde das Property-Driven Development (PDD), ein ebenfalls neuartiger Ansatz zur Modellierung von Entwicklungsprozessen, entwickelt.

[28] Kapitel 7.2 erläutert, was die vorliegende Arbeit unter einem Merkmal versteht.

Der CPM/PDD-Ansatz erhebt keinen Anspruch darauf, eine neue Entwicklungsmethode zu sein. Sein Anliegen ist vielmehr, einen Rahmen zur Verfügung zu stellen, der viele verschiedene Ansätze integrieren und Erklärungen für Phänomene in der Konstruktionsmethodik liefern kann, die bislang nur unzureichend verstanden wurden [Weber 2014]. [Weber et al. 2000] geben als Motivation für die Entwicklung des CPM/PDD-Ansatzes die folgenden Gründe an:

- eine gewisse Stagnation in der Weiterentwicklung der Konstruktionsmethodik bzw. Konstruktionswissenschaft,
- die nach wie vor gegebene Zurückhaltung der Entwicklungs-/Konstruktionspraxis in Bezug auf die Anwendung der Konstruktionsmethodik,
- die immer noch sehr spärlichen Querbezüge zwischen der Konstruktionsmethodik/Konstruktionswissenschaft und der Entwicklung von informationstechnischen Werkzeugen für den Entwicklungs-/Konstruktionsprozess – im Folgenden sowie im Titel „CAx-Werkzeuge" oder „CAx-Systeme" genannt – sowie
- das damit im Zusammenhang stehende Dilemma, dass die Konstruktionsmethodik/Konstruktionswissenschaft sich kaum in die aktuelle Diskussion über die Inhalte von Produktmodellen im Rechner einmischt, dass dadurch andere die maßgeblichen Vorgaben treffen (z. B. Informatiker) und dass diese dann die Belange der Produktentwicklung/Konstruktion nur sehr unzureichend berücksichtigen.

Der CPM/PDD-Ansatz ist bereits mehrfach Gegenstand konstruktionswissenschaftlicher Forschung gewesen. Die bisherigen Arbeiten hatten das Ziel, den CPM/PDD-Ansatz zur Lösung bestehender Problematiken anzuwenden. Ebenfalls sollte der Ansatz auf seine Tauglichkeit und Richtigkeit bestätigt werden. [Weber 2014] gibt einen Überblick über die bisherigen Forschungsfelder im Bereich des CPM/PDD-Ansatzes:

- Modellierung und Entwicklung von Product-Service Systemen [Weber et al. 2004].
- Controlling der Produktentwicklung bzw. des Konstruktionsprozesses anhand von Customer Value und Kosten [Deubel et al. 2005].
- Übertragung des CPM/PDD-Ansatzes auf den Bereich der Produktionsplanung mit Wissenschaftlern aus diesem Bereich [Deubel et al. 2006].

- Ein neuer Ansatz für das Änderungsmanagement basierend auf Matrix-Repräsentationen abgeleitet aus dem CPM/PDD-Ansatz [Köhler et al. 2008].
- Kompilieren und Strukturieren von digitalen Katalogen basierend auf dem CPM/PDD-Ansatz [Wanke et al. 2007].
- Untersuchung des Begriffs „design knowledge" aus Sicht des CPM/PDD-Ansatzes [Conrad et al. 2008].
- Die Auswahl von Lösungsprinzipien und Lösungselementen im Bereich der Aktuatorkonstruktion basierend auf Eigenschaften und Merkmalen [Erbe et al. 2011].

7.2 Merkmale und Eigenschaften im Characteristics-Properties Modelling

Ein wesentliches Charakteristikum des CPM/PDD-Ansatzes ist, dass er konsequent zwischen den beiden Begriffen Merkmal und Eigenschaft unterscheidet. Der CPM/PDD-Ansatz definiert diese beiden Begriffe wie folgt:

- *Merkmale (Characteristics C_i):*
  Die Merkmale erfassen die Gestalt eines Produktes, definiert durch die (Teile-) Struktur, die räumliche Anordnung der Komponenten sowie die Formen, Abmessungen, Werkstoffe und Oberflächenparameter [Vajna et al. 2009]. Merkmale können direkt vom Entwickler beeinflusst oder festgelegt werden. Merkmale bestehen in der Regel aus einer Bezeichnung, einem Zahlenwert und einer Einheit [Deubel 2007].

- *Eigenschaften (Properties P_j):*
  Die Eigenschaften eines Produktes beschreiben sein Verhalten. Sie können vom Entwickler nicht direkt beeinflusst werden, sondern nur mittelbar über die Festlegung von Merkmalen. Um was genau es sich bei Eigenschaften handelt, lässt der CPM/PDD-Ansatz bewusst offen. Beispiele für Eigenschaften sind so z. B. Gewicht, Sicherheit, Ästhetik, Fertigungs- und Montagegerechtheit sowie die Kosten eines Produktes [Köhler 2009]. Der CPM/PDD-Ansatz lässt auch offen, worum es sich bei den Ausprägungen von Eigenschaften handelt. [Wanke 2010] zeigt, dass

die Ausprägungen von Eigenschaften im CPM/PDD-Ansatz z. B. mit einem Wert, als Wertebereich zwischen einem Minimal- und einem Maximalwert, in einem Diagramm, in Form von einer Formel in Abhängigkeit von Merkmalsausprägungen sowie durch eine prosaische Angabe angegeben werden können. Des Weiteren geht der CPM/PDD-Ansatz davon aus, dass Eigenschaften voneinander unabhängig sind.

7.3 Beschreibung des Characteristics-Properties Modelling (CPM)

Das Characteristics-Properties Modelling ist die Basis für ein Produktmodell mit der Bezeichnung CPM-Modell. Das CPM-Modell besteht neben den Merkmalen C_i und Eigenschaften P_j aus einer Reihe weiterer Symbole. Tabelle 7.1 stellt diese Symbole dar. Die folgenden Ausführungen beschreiben die Symbole des CPM-Modells aus Tabelle 7.1, die bislang nicht erläutert wurden.

Komponente	**Symbol**
Merkmale (Characteristics)	C_i
Eigenschaften (Properties)	P_j
Beziehungen / Relationen (Relations) zwischen Merkmalen und Eigenschaften	R_j, R_j^{-1}
Geforderte Eigenschaften bzw. Soll-Eigenschaften (Properties Required)	PR_j
Externe Bedingungen (External Conditions)	EC_j
Abhängigkeiten (Dependencies) zwischen Merkmalen	D_x

Tabelle 7.1: Symbole des Characteristics-Properties Modelling

7.3.1 Relationen R_j und R_j^{-1}

Das CPM-Modell hat das Ziel, Produkte formal zu modellieren. Das CPM-Modell beschreibt dazu die Beziehungen zwischen den Eigenschaften und Merkmalen eines Produktes. Diese Beziehungen werden im CPM/PDD-Ansatz in einem netzwerkartigen Modell dargestellt, wobei auch andere Arten der Darstellung, wie z. B. die Matrixform[29], möglich sind [Wanke 2010]. Die folgenden Ausführungen gehen auf die Darstellung von Beziehungen mit Netzwerkstrukturen ein, weil diese in der Literatur über den CPM/PDD-Ansatz am weitesten verbreitet sind.

Der CPM/PDD-Ansatz bezeichnet die Beziehungen zwischen Merkmalen und Eigenschaften mit Relationen (im Englischen: Relations). Relationen geben an, wie Eigenschaften von Merkmalen abhängen. Umgekehrt zeigen Relationen aber auch, wie Merkmale Eigenschaften beeinflussen. Im CPM-Modell gibt es daher zwei Richtungen von Relationen, die zwischen Merkmalen und Eigenschaften bestehen können:

1. *Analyse (R_j):*
   Die Analyse bestimmt auf Grundlage bereits bekannter oder festgelegter Merkmale die Eigenschaften eines Produktes beziehungsweise sagt diese für ein noch nicht existierendes Produkt voraus [Köhler 2009]. Die Analyse kann mit Experimenten (z. B. Crashtest eines Fahrzeugs), Berechnungen oder Simulationen durchgeführt werden [Deubel 2007].

2. *Synthese (R_j^{-1}):*
   Das Ziel der Synthese ist das Finden einer optimalen Merkmalskombination, d. h. die Merkmale müssen so gestaltet werden, dass geforderte Eigenschaften möglichst genau erreicht werden [Wanke 2010]. Dabei werden Merkmale zum einen festgelegt und zum anderen auch die Werte der Merkmale bestimmt. Der Syntheseprozess ist allerdings nicht eindeutig, da unterschiedliche konstruktive Lösungen für die Realisierung einer Teilfunktion in Frage kommen können. Das bedeutet, dass die Synthese für die Realisierung derselben Eigenschaft zu verschiedenen Merkmalskombinationen führen kann.

[29] [Weber et al. 2000] zeigen, wie Relationen auch mit Matrizen dargestellt werden können.

Abbildung 7.1 zeigt ein exemplarisches CPM-Modell in einer Netzwerkstruktur. Darin sind Merkmale C_i, Eigenschaften P_i und ihre Relationen R_j bzw. R_j^{-1} dargestellt. Die Abbildung verdeutlicht die Richtung der Analyse und der Synthese im CPM-Modell anhand von Pfeilen.

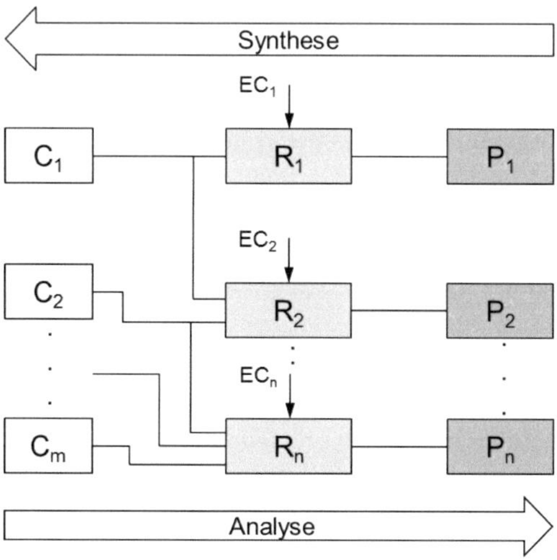

Abbildung 7.1: Darstellung der Synthese und Analyse im CPM-Modell, angelehnt an [Conrad et al. 2007]

Das CPM-Modell lässt bewusst offen, wie die Analyserelation aussieht. Die Analyserelation kann beispielsweise durch mathematische Ersatzmodelle dargestellt werden, welche die Abhängigkeiten von Eigenschaften von Merkmalen zeigen. Viele Analyserelationen werden jedoch durch einfache Regeln, Erfahrungen oder auch Intuition abgeschätzt [Conrad 2010]. Syntheserelationen können, allgemein formuliert, alle Arbeitsschritte, Methoden und Werkzeuge sein, welche die Bestimmung von Merkmalen aufgrund von vorgegebenen Eigenschaften unterstützen [Conrad 2010]. Weil während der Produktentwicklung meist aber noch keine physikalischen Repräsentationen vorhanden sind, ist der Produktentwickler auf verschiedene Methoden und Werkzeuge angewiesen, um die Eigenschaften der von ihm gewählten Merkmalskombination möglichst schnell und einfach (in den frühen Phasen der Produktentwicklung) bzw. möglichst genau (in den späten Phasen der Produktentwicklung) vorhersagen zu können [Wanke 2010].

7.3.2 Strukturierung der Eigenschaften und Merkmale im CPM-Modell

Produkte haben grundsätzlich eine Vielzahl von Merkmalen und Eigenschaften. Es bietet sich daher an, die Merkmale und Eigenschaften von Produkten im CPM-Modell zu strukturieren. Weil die Merkmale die physikalisch vorhandenen Ausprägungen und Teile eines Produktes darstellen, bietet sich eine Strukturierung nach Teilen und Baugruppen an, die ähnlich wie die Struktur einer Produktstückliste oder der Teilebaum in einem CAD- oder PDM-System aussieht [Deubel 2007]. Auch die Eigenschaften sollten in einer Liste dargestellt werden, da sie von verschiedensten Faktoren abhängen und daher nur schwer zu klassifizieren sind. Es gibt allerdings keine Möglichkeit, alle Eigenschaften eines Produktes vollständig zu bestimmen. Daher können nur die relevanten Eigenschaften in das CPM-Modell eingehen. Die Merkmale, von denen Eigenschaften abhängen, lassen sich hingegen vollständig ermitteln.

Abbildung 7.2 zeigt exemplarisch das CPM-Modell eines Druckstabes (im Englischen: compression strut). Dieses Beispiel soll die Strukturierung von Merkmalen und Eigenschaften im CPM-Modell demonstrieren. Auf der rechten Seite des CPM-Modells befinden sich in Listenform einige ausgewählte Eigenschaften des Druckstabes. Die Eigenschaften sind nach den Kategorien „Functional properties“, „strength, stability“ und „overall dimensions / weight“ gegliedert.[30] Auf der linken Seite des CPM-Modells befinden sich die Merkmale, von denen die Eigenschaften abhängen. Diese Merkmale sind nach den Einzelteilen des Druckstabes gegliedert. Zwischen den Eigenschaften und Merkmalen sind im CPM-Modell Relationen angeordnet. Aus Gründen der Übersichtlichkeit sind in Abbildung 7.2 allerdings nur die Relationen für die „Functional properties“ des Druckstabes abgebildet. Die Relationen geben die Abhängigkeiten der „Functional properties“ von den Merkmalen des Druckstabes mit Gleichungen bzw. mit einem Diagramm an.

---

[30] Der Begriff Functional properties wird in Kapitel 7.3.4 näher erläutert.

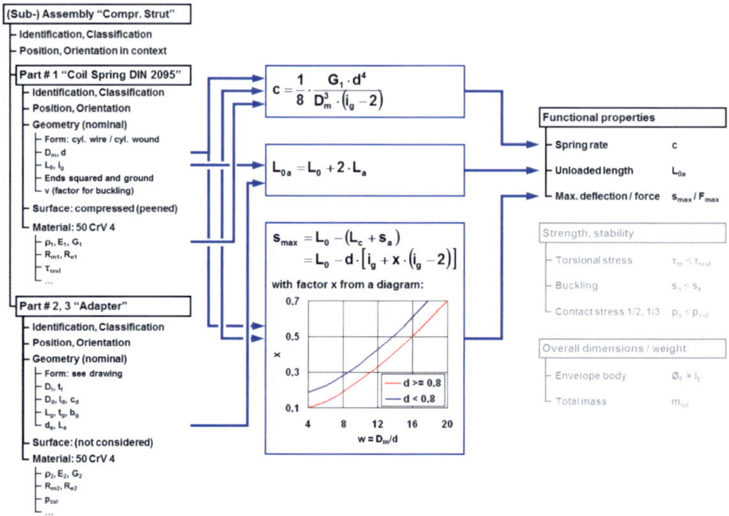

Abbildung 7.2: CPM-Modell eines Druckstabes [Weber 2018]

7.3.3 Ermittlung von Konflikten im Characteristics-Properties Modelling

Wie bereits erwähnt, ist die Synthese zur Bestimmung von Merkmalen ausgehend von Eigenschaften nicht eindeutig festgelegt. Dies kann zu Zielkonflikten während des Konstruktionsprozesses führen. Ein Konflikt liegt im CPM/PDD-Ansatz immer dann vor, wenn eine Eigenschaft erreicht werden soll, ein oder mehrere Merkmale dafür geändert werden müssen und diese Änderung eine weitere Eigenschaft negativ beeinflusst, was durch die Änderung einer anderen Eigenschaft nicht kompensiert werden kann [Erbe et al. 2011].

Abbildung 7.3 zeigt ein Beispiel für die Darstellung eines Konflikts im CPM-Modell. Die Abbildung stellt dafür ein CPM-Modell mit drei Merkmalen (C_1, C_2, C_3), zwei Eigenschaften (P_1, P_2) und zwei Relationen (R_1, R_2) dar. Die beiden Eigenschaften P_1 und P_2 hängen vom Merkmal C_2 ab. Ein Zielkonflikt liegt dann vor, wenn die beiden Eigenschaften unterschiedliche Ausprägungen (z. B. Merkmalswerte) am Merkmal C_2 erforderlich machen. Der Blitz in der Abbildung soll dabei zeigen, an welcher Stelle im CPM-Modell ein Konflikt vorliegt. Allerdings existieren keine

Automatismen zur Lösung solcher Konflikte. Dies erfordert nach wie vor den Einsatz von qualifizierten Produktentwicklern, die dabei auch von Methoden zur Ideenfindung unterstützt werden [Wanke 2010].

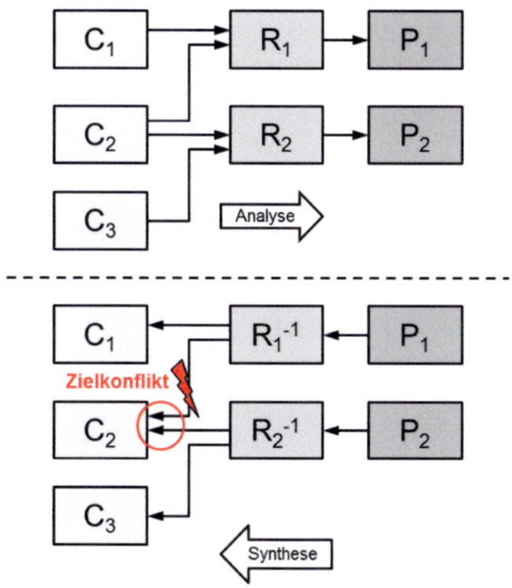

Abbildung 7.3: Darstellung von Zielkonflikten im CPM-Ansatz, angelehnt an [Köhler 2009]

7.3.4 Anwendung von Entwicklungsmethoden im Characteristics-Properties Modelling

Die Aufgabe von Entwicklungsmethoden ist, bei der Entwicklung von Funktionsstrukturen und der Auswahl von Wirkprinzipien zu unterstützen. Entwicklungsmethoden lassen sich daher auch dazu benutzen, für erforderliche Eigenschaften bzw. Soll-Eigenschaften PR_j (Properties Required[31]) konstruktive Lösungen zu suchen. Entwicklungsmethoden müssen im CPM-Modell folglich zwischen den Merkmalen C_i und den Soll-Eigenschaften PR_j angeordnet sein (vgl. Abbildung 7.4). Dabei ist zu berücksichtigen, dass im Rahmen der CPM/PDD-

[31] Die Properties Required (PR_j) sind Eigenschaften, die erreicht werden sollen, so dass der Konstruktionsprozess erfolgreich ist [Blessing et al. 2013]. Im ursprünglichen CPM/PDD-Konzept wurde die genaue Form der geforderten Soll-Eigenschaften (Properties Required, PR_j) nicht abschließend festgelegt [Deubel 2007]. In ersten Überlegungen wurden konkrete Zahlenwerte angenommen, die einen direkten Vergleich mit dem Zahlenwert der Ist-Eigenschaft (Properties, P_j) ermöglichen [Deubel 2007].

Modelle Teilfunktionen nicht in der abstrakten Form der VDI-Richtlinie 2221 wiedergegeben (z. B. „Drehmoment wandeln") werden, sondern in Form funktionaler Ergebnisse in Abhängigkeit der verknüpften Merkmalskombinationen [Wanke 2010]. Bei den funktionalen Ergebnissen handelt es sich um die Ausgangsgrößen von Funktionen. Der CPM/PDD-Ansatz bezeichnet Eigenschaften, welche Ausgangsgrößen von Funktionen darstellen, als „Functional properties“ (vgl. Abbildung 7.4).

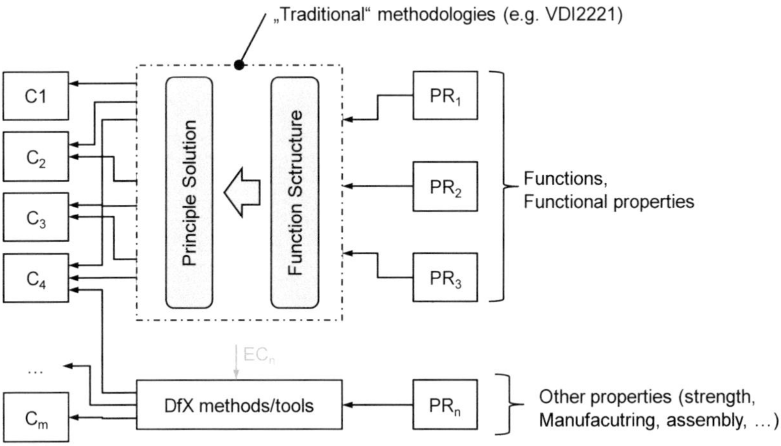

Abbildung 7.4: Integration von Entwicklungsmethoden in das CPM-Modell, angelehnt an [Weber 2014]

7.3.5 Externe Bedingungen EC_j

Die Lösung technischer Aufgaben wird immer durch einschränkende Bedingungen bestimmt [Pahl et al. 2007]. Die Eigenschaften P_j sind daher auch nur unter diesen Bedingungen gültig. Das CPM-Modell berücksichtigt solche Bedingungen mit den External Conditions EC_j. Abbildung 7.5 zeigt, dass die External Conditions EC_j im CPM-Modell direkt mit den Relationen R_i verbunden sind. Die External Conditions EC_j nehmen somit Einfluss darauf, wie Eigenschaften P_j im CPM-Modell von Merkmalen C_i abhängen. Beispiele für externe Bedingungen sind Berechnungsverfahren und -möglichkeiten, definierte Testszenarien, Fertigungssysteme, internationale Richtlinien oder Zulassungstests [Wanke 2010].

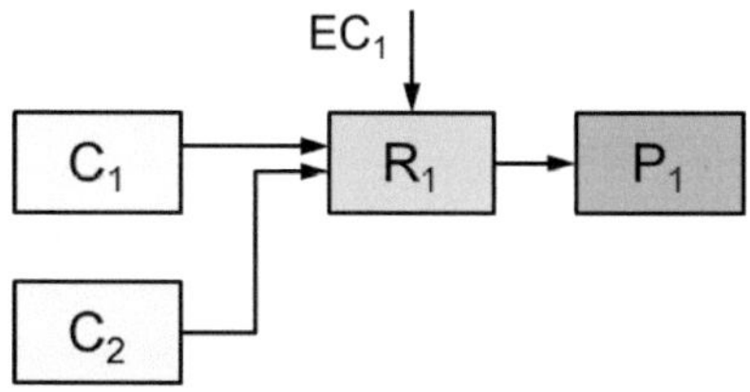

Abbildung 7.5: Darstellung von externen Bedingungen im CPM-Ansatz, angelehnt an [Köhler 2009]

7.3.6 Innere Abhängigkeiten D_x

Zwischen den Merkmalen C_i in einem CPM-Modell können Abhängigkeiten bestehen. Das CPM-Modell bezeichnet diese Abhängigkeiten als Innere Abhängigkeiten (Dependencies D_x). Die Inneren Abhängigkeiten können z. B. geometrische Abhängigkeiten wie „Durchmesser Welle muss gleich Durchmesser Nabe sein", aber auch nicht-geometrische Abhängigkeiten wie Materialpaarungen sind denkbar [Wanke 2010]. Geometrische Abhängigkeiten werden auch als „harte" Abhängigkeiten bezeichnet. Nicht-geometrische Abhängigkeiten werden auch als „weiche" Abhängigkeiten bezeichnet. Abbildung 7.6 zeigt, wie Dependencies D_x zwischen Merkmalen in der Netzwerkstruktur eines CPM-Modells darstellbar sind.

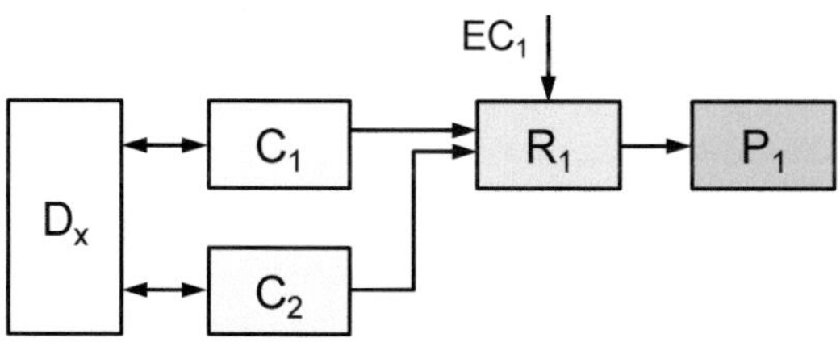

Abbildung 7.6: Darstellung innerer Abhängigkeiten zwischen Merkmalen im CPM-Ansatz, angelehnt an [Köhler 2009]

7.3.7 Zusätzliche Eigenschaften P_{+1}

Neben den beabsichtigten/geforderten und/oder den im Rahmen des Entwicklungsprozesses betrachteten Eigenschaften gibt es in der Regel weitere, zusätzliche Eigenschaften eines Produktes [Weber et al. 2000]. Dies sind häufig störende Eigenschaften; es ist aber auch denkbar, dass sie indifferent sind oder sich sogar positiv auswirken [Weber et al. 2000]. Diese Eigenschaften bezeichnet der CPM/PDD-Ansatz mit Additional Properties P_{+1}. Sie werden zusammen mit ihren External Conditions EC_j und Relationen R_i in das CPM-Modell nachträglich hinzugefügt, wenn sie als relevant identifiziert wurden (vgl. Abbildung 7.7).

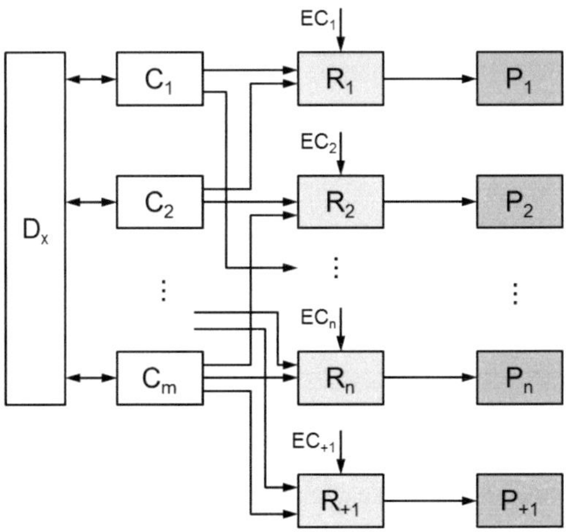

Abbildung 7.7: Darstellung zusätzlicher Eigenschaften P_{+1} im CPM-Ansatz, angelehnt an [Köhler 2009]

7.3.8 Solution Patterns

Solution Patterns (im Deutschen: Lösungsmuster) sind immer wiederkehrende Lösungselemente für die Entwicklung neuer Produkte. Aus Sicht des CPM/PDD-Ansatzes handelt es sich bei Solution Patterns um vordefinierte Kombinationen von Merkmalen C_i, Eigenschaften P_j und den Relationen R_i zwischen ihnen. Die Relationen können zum einen physikalischer Natur sein, z. B. bei der Wiederverwendung bekannter Teile oder Baugruppen, oder virtueller Natur, z. B. bei der Wiederverwendung von Informationen (z. B. Features) [Wanke 2010].

Mit Solution Patterns lassen sich zwar immer wiederkehrende konstruktive Lösungen für die Entwicklung neuer Produkte modellieren. Eine Vollständigkeit von Eigenschaften und Merkmalen kann allerdings nicht immer gegeben sein. Bei

Solution Patterns kann nur davon ausgegangen werden, dass die für den gewöhnlichen Einsatz entscheidenden Elemente bekannt sind [Wanke 2010].

Solution Patterns spielen aus praktischer Sicht eine wichtige Rolle, da sie unter anderem zur Minimierung des Risikos (Einsatz bekannter/bewährter Lösungsmuster), zur Vereinfachung und Beschleunigung der Produktentwicklung, zur Standardisierung und Wiederverwendung von Wissen sowie zur Ermöglichung der Produktmodularisierung beitragen [Köhler 2009]. Vorteilhaft erweist sich ebenfalls, dass bei solchen Lösungsmustern, bei denen die Merkmale und Eigenschaften und die dazwischenliegenden Relationen bekannt sind, über die Relationen sowohl eine Analyse, also die Ermittlung von Eigenschaftsausprägungen aus den Merkmalsausprägungen, als auch die Synthese, also die Bestimmung von Merkmalsauprägungen ausgehend von geforderten Eigenschaften, durchgeführt werden kann [Wanke 2010].

Abbildung 7.8 zeigt, wie sich ein Solution Pattern bestehend aus drei Merkmalen (C_1, C_2, C_3), zwei Eigenschaften (P_1, P_2) und zwei Relationen (R_1/ R_1^{-1}, R_2/R_2^{-1}) mit einer gestrichelten Linie innerhalb eines CPM-Modells abgrenzen lässt.

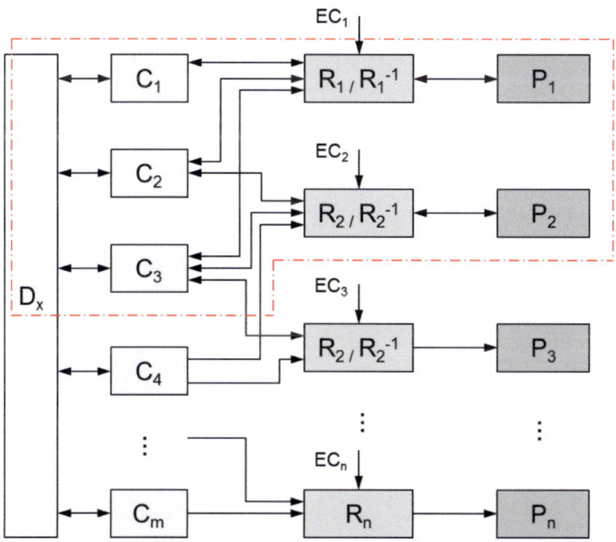

Abbildung 7.8: Darstellung von Solution Patterns im CPM-Ansatz, angelehnt an [Köhler 2009]

7.3.9 X-Systeme

X-Systeme sind das letzte Symbol aus den Grundlagen des CPM-Modells. [Köhler 2009] beschreibt X-Systeme als Partnersysteme, mit denen das in der Entwicklung befindliche technische System interagieren können muss. X-Systemen lassen sich eigene Eigenschaften P_x zuweisen, welche über External Conditions EC_i Eingang in die Relation R_i finden. X-Systeme beeinflussen auf diese Weise den Zusammenhang zwischen den Merkmalen und den Eigenschaften eines Produktes.

Als klassisches Beispiel für ein X-System benennt [Köhler 2009] das Fertigungssystem. Aus den Eigenschaften von Fertigungssystemen können sich z. B. Restriktionen für die Auslegung von Produkten ergeben. Diese müssen Konstrukteure beim Aufbau von CPM-Modellen berücksichtigen (Design for X). Umgekehrt können die X-Systeme im Sinne des Simultaneous Engineering dazu genutzt werden, um simultan zur Produktentwicklung ein Partnersystem zu entwickeln (Design of X) [Köhler 2009].

Wie Abbildung 7.9 zeigt, sind die im Produktmodell der Analyse und Synthese wichtigen externen Bedingungen EC_j ein Ergebnis der Eigenschaften des X-Systems P_x, mit denen das Produkt in seinem Lebenszyklus zu Rande kommen muss [Köhler 2009]. Dabei ist sowohl die bislang genutzte Analyse des X-Systems (Ermittlung der externen Bedingungen anhand dessen Eigenschaften) als auch die Synthese des X-Systems auf Basis der geforderten Eigenschaften des Produktes möglich [Köhler 2009]. Daraus ergeben sich jeweils zwei Möglichkeiten des Design for X und Design of X, die sich mit X-Systemen im CPM-Modell darstellen lassen. Abbildung 7.9 stellt die zwei Möglichkeiten des Design for X und Design of X grafisch dar. Beschreibungen der verschiedenen Formen des Design of X und Design for X finden sich bei [Köhler 2009, Weber 2007]:

- *Fall 1.1 – Analytisches Design for X:*
  Das analytische Design for X geht davon aus, dass die Merkmale C_i eines Produktes schon festgelegt sind. Unter Berücksichtigung der externen Bedingungen, die nach den Eigenschaften des betrachteten X-Systems bestimmt sind, lassen sich damit die Eigenschaften P_j eines Produktes im CPM-Modell festlegen.

- *Fall 1.2 – Synthetisches Design for X:*
  Das synthetische Design for X geht von bereits festgelegten Soll-Eigenschaften PR_j eines Produktes aus. Auf dieser Basis werden unter Berücksichtigung der externen Bedingungen EC_j die Merkmale C_i eines Produktes festgelegt. Auch hier bestehen die externen Bedingungen aus den Eigenschaften P_x des X-Systems.

- *Fall 2.1 – Design of X (Produkt: analytisch; X-System: synthetisch):*
  Das Design of X (Produkt: analytisch; X-System: synthetisch) geht von den Merkmalen eines Produktes aus und ermittelt gleichzeitig die Eigenschaften P_j und die externen Bedingungen EC_j. Mit den externen Bedingungen werden danach die Soll-Eigenschaften PR_x des X-Systems festgelegt.

- *Fall 2.2 – Synthetisches Design of X:*
  Das synthetische Design for X geht von den Soll-Eigenschaften PR_j eines Produktes aus. Hier werden die Merkmale des Produktes C_i und gleichzeitig die dazu passenden externen Bedingungen EC_j ermittelt. Diese legen dann die Soll-Eigenschaften PR_x des X-Systems fest.

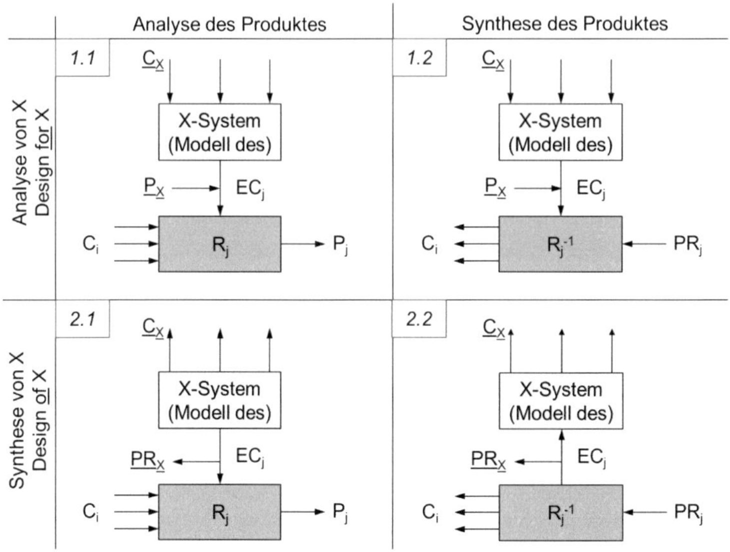

Abbildung 7.9: Klassifikation von X-Systemen im CPM-Ansatz, angelehnt an [Weber 2007, Köhler 2009]

7.4 Beschreibung des Property-Driven Development (PDD)

Die Käufer eines Produktes interessieren sich nahezu ausschließlich für seine Eigenschaften, weil diese den Wert eines Produktes widerspiegeln, und sind auch nur bereit dafür zu zahlen [Köhler 2009]. Vorrangige Aufgabe des Konstrukteurs ist daher, die Merkmale eines neuen Produktes ausgehend von Kundenwünschen festzulegen. Um diesen Prozess formal abzubilden, wurde das Property-Driven Development (PDD) entwickelt. Der Unterschied zwischen dem Characteristics-Property Modelling und dem Product-Driven Development ist, dass das CPM-Modell einem Produktmodell entspricht und das PDD-Modell einem Prozessmodell.

Das Property-Driven Development will eine gegebene Menge von Soll-Eigenschaften mit einer konstruktiven Lösung realisieren, die aus einer Menge von Merkmalen besteht. Der PDD-Ansatz stellt diesen Prozess als eine Sequenz aus Synthese-, Analyse- und Evaluierungsschritten dar, welche das Ziel hat, die geforderten Soll-Eigenschaften PR_j (Properties Required) so gut wie möglich zu erfüllen, d. h. die Differenz zwischen den Soll- und Ist-Eigenschaften (ΔP_j) zu minimieren [Köhler 2009]. Mit jedem Synthese-Schritt werden mehr Merkmale und Merkmalswerte bestimmt und mit jedem Analyse-Schritt werden die Informationen über das Verhalten des Produktes präziser [Köhler 2009]. In einer noch stärker abstrahierten Form entspricht der auf diese Weise erklärte Produktentwicklungsprozess letztlich einem Regelkreis [Vajna et al. 2009]. Abbildung 7.10 stellt diesen Regelkreis grafisch dar.

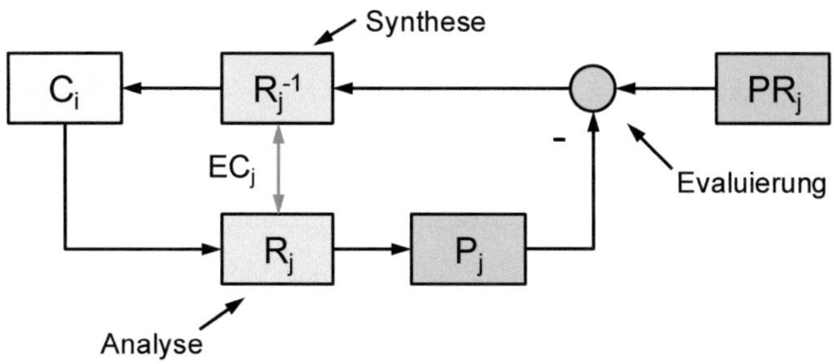

Abbildung 7.10: Beschreibung des Entwicklungsprozesses als Regelkreis, angelehnt an [Vajna et al. 2009]

Anforderungen (Soll-Eigenschaften, PR_j): .... Sollwert(e)
Ist-Eigenschaften (P_j): .... Ausgangs- und Rückführgrößen
Abweichungen Ist-/Soll-Eigenschaften (ΔP_j): .... Regelabweichungen
Merkmale der Lösung (C_i): .... Eingangsgrößen
Äußere Rahmenbedingungen (EC_j): .... Störgrößen

Für die Festlegung und Optimierung von Merkmalen werden im Property-Driven Development nacheinander die folgenden vier Schritte durchlaufen, bis die Differenz ΔP_j zwischen den Soll-Eigenschaften und den Ist-Eigenschaften minimal ist:

- *Synthese:*
  Die Synthese geht von den geforderten Soll-Eigenschaften PR_j eines Produktes aus. In diesem Schritt legt der Konstrukteur die Merkmale C_{iA} fest, mit denen die vorgegebenen Soll-Eigenschaften PR_j realisierbar sind.

- *Analyse:*
  Anhand der Merkmale C_{iA} werden bei der Analyse die Eigenschaften P_{iA} ermittelt, die sich aus diesen Merkmalen ergeben.

- *Bewertung:*
  Bei der Bewertung wird jede Ist-Eigenschaft P_{iA} mit der zugehörigen ursprünglich definierten Soll-Eigenschaft PR_j verglichen. Auf dieser Basis werden Abweichungen ΔP_{iA} bestimmt.

- *Schlussfolgerung (Evaluierung):*
  Im letzten Schritt des Zyklus wird mit dem Unterschied ΔP_{iA} zwischen den Soll-Eigenschaften P_j und den Ist-Eigenschaften entschieden, welche Ist-Eigenschaften P_{iA} weiter optimiert werden müssen. Für die Optimierung von Eigenschaften lassen sich entweder neue Merkmale C_{iA} festlegen oder die Merkmalswerte bestehender Merkmale anpassen.

Abbildung 7.11 verdeutlicht die vier Schritte des PDD-Prozessmodells grafisch.

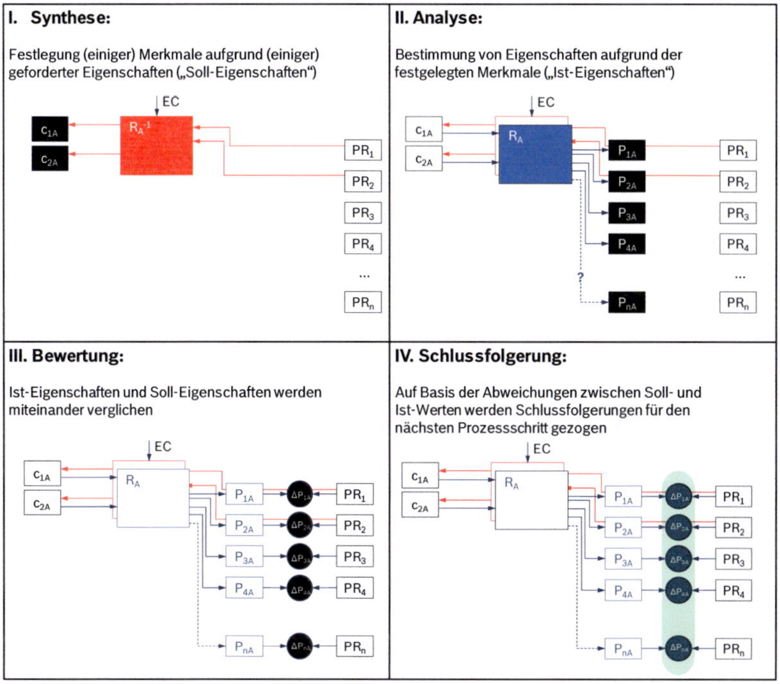

Abbildung 7.11: Ablauf des Property-Driven Developments, angelehnt an [Weber et al. 2002]

Im CPM/PDD-Ansatz lassen sich klare Bedingungen für das Ende des Produktentwicklungsprozesses angeben [Vajna et al. 2009]. Diese fassen [Vajna et al. 2009] wie folgt zusammen:

1. Es müssen alle Merkmale der Lösung (C_i) soweit spezifiziert sein, dass diese hergestellt werden kann.
2. Alle (relevanten) Eigenschaften der Lösung (P_j) müssen bestimmt/vorhergesagt werden können, und zwar
3. mit hinreichender Sicherheit und Genauigkeit.
4. Die bestimmten/vorhergesagten (Ist-)Eigenschaften müssen hinreichend nahe an den geforderten (Soll-)Eigenschaften liegen ($\Delta P_j \rightarrow 0$).

7.5 Beurteilung der Eignung des CPM/PDD-Ansatzes für die Ermittlung störgrößenbedingter Fehlerursachen und Festlegung ihrer Vermeidungsmaßnahmen

Ein Ziel der vorliegenden Arbeit ist die Entwicklung von Referenzprozessen zur Ermittlung störgrößenbedingter Fehlerursachen und Festlegung ihrer Vermeidungsmaßnahmen auf Basis des CPM/PDD-Ansatzes. Bei der Ermittlung störgrößenbedingter Fehlerursachen soll erfasst werden, ob Wirkprinzipien invariant oder innozent sind bzw. ob sie Störgrößen kompensieren. Um zu untersuchen, ob diese Ziele erreichbar sind, beantwortet dieses Kapitel zunächst die folgenden Fragen:

- Beinhaltet der CPM/PDD-Ansatz die grundlegenden Symbole, welche für die Ermittlung störgrößenbedingter Fehlerursachen nötig sind?
- Lassen sich mit dem CPM/PDD-Ansatz störgrößenbedingte Ausfälle von Wirkprinzipien ermitteln?
- Kann der CPM/PDD-Ansatz störgrößenbedingte Fehlerursachen darstellen?
- Lassen sich mit dem CPM/PDD-Ansatz Vermeidungsmaßnahmen für störgrößenbedingte Fehlerursachen festlegen?

Wenn sich zeigt, dass der CPM/PDD-Ansatz störgrößenbedingte Fehlerursachen grundsätzlich ermitteln und Vermeidungsmaßnahmen grundsätzlich für sie festlegen kann, stellen sich die folgenden Fragen:

- Welche Vorteile hat die Ermittlung von Fehlerursachen mit dem CPM/PDD-Ansatz gegenüber der FMEA?
- Welche Vorteile hat die Festlegung von Vermeidungsmaßnahmen mit dem CPM/PDD-Ansatz gegenüber der FMEA?
- Kann der CPM/PDD-Ansatz erfassen, dass Wirkprinzipien invariant oder innozent sind bzw. ob sie Störgrößen kompensieren?

Aufbauend auf den Erkenntnissen, die sich aus den Antworten zu jenen Fragen ergeben, lässt sich die folgende Frage beantworten:

- Wie kann der CPM/PDD-Ansatz bei der Ermittlung störgrößenbedingter Fehlerursachen erfassen, dass Wirkprinzipien invariant oder innozent sind bzw. Störgrößen kompensieren?

Dieses Kapitel geht im Folgenden auf die Beantwortung der zuvor gestellten Fragen ein.

Beinhaltet der CPM/PDD-Ansatz die grundlegenden Symbole, welche für die Ermittlung störgrößenbedingter Fehlerursachen nötig sind?

Kapitel 7 hat eingangs gezeigt, dass Modelle zur Ermittlung störgrößenbedingter Fehlerursachen die Abhängigkeiten der Ausgangsgrößen von Wirkprinzipien von ihren Eingangsgrößen, Merkmalen und Störgrößen abbilden müssen:

- Der CPM/PDD-Ansatz kann die Ist-Ausgangsgrößen der Funktionen von Wirkprinzipien als Eigenschaften P_j darstellen.
- Der Ansatz kann die Soll-Ausgangsgrößen der Funktionen von Wirkprinzipien als Properties Required PR_j (Soll-Eigenschaften) darstellen.
- Der Ansatz kann die Eingangsgrößen von Wirkprinzipien als Eigenschaften P_x von ihren External Conditions EC_i abbilden.
- Der Ansatz kann die Merkmale von Wirkprinzipien als Merkmale C_i darstellen.
- Der Ansatz kann mit den Eigenschaften P_x der External Conditions EC_i auch Störgrößen abbilden. Dies liegt daran, dass die External Conditions EC_i äußere Rahmenbedingungen für ein Produkt und seine Wirkprinzipien darstellen (vgl. Kapitel 7.4).
- Der Ansatz kann mit den Relationen R_i die Abhängigkeiten der Ausgangsgrößen von Wirkprinzipien von ihren Eingangsgrößen, Merkmalen und Störgrößen abbilden.

Die vorangegangenen Ausführungen zeigen, dass der CPM/PDD-Ansatz die grundlegenden Symbole beinhaltet, welche für die Ermittlung störgrößenbedingter Fehlerursachen nötig sind. Es gilt allerdings noch aus prozessualer Sicht zu untersuchen, ob sich mit dem CPM/PDD-Ansatz störgrößenbedingte Ausfälle und ihre Fehlerursachen ermitteln lassen.

Lassen sich mit dem CPM/PDD-Ansatz störgrößenbedingte Ausfälle von Wirkprinzipien ermitteln?

Der CPM/PDD-Ansatz muss für die Ermittlung störgrößenbedingter Ausfälle prüfen, ob die Ist-Ausgangsgrößen von Wirkprinzipien auch nach einer Änderung durch Störgrößen noch ihren Soll-Ausgangsgrößen entsprechen. Diese Prüfung erscheint mit dem PDD-Prozessmodell aus dem CPM/PDD-Ansatz möglich.

Das PDD-Prozessmodell kann mit Eigenschaften P_j, der Relation R_j und den Eigenschaften P_x die Ist-Ausgangsgrößen von Wirkprinzipien unter Wirkung von Störgrößen darstellen. Das PDD-Prozessmodell kann mit der Abweichung ΔP_j prüfen, wie weit die Ist-Ausgangsgrößen nach ihrer Änderung durch Störgrößen von Soll-Ausgangsgrößen PR_j abweichen. Wenn die Ist-Ausgangsgrößen unter der Wirkung von Störgrößen zu weit von Soll-Ausgangsgrößen abweichen, handelt es sich bei ihnen um störgrößenbedingte Ausfälle.

Kann der CPM/PDD-Ansatz störgrößenbedingte Fehlerursachen darstellen?
Störgrößenbedingte Fehlerursachen liegen dann vor, wenn Merkmale durch Störgrößen so verändert werden, dass die Ist-Ausgangsgrößen von Wirkprinzipien nicht mehr ihren Soll-Ausgangsgrößen entsprechen. Die Relation R_i kann nach heutigem Stand aber nicht getrennt darstellen, wie Störgrößen zunächst Merkmale verändern und zu welchen Änderungen von Ausgangsgrößen dies führt. Das PDD-Prozessmodell kann durch Störgrößen geänderte Merkmale somit nicht darstellen. Somit muss das PDD-Prozessmodell für die Ermittlung störgrößenbedingter Fehlerursachen um entsprechende Symbole ergänzt werden.

Lassen sich mit dem CPM/PDD-Ansatz Vermeidungsmaßnahmen für störgrößenbedingte Fehlerursachen festlegen?
Das PDD-Prozessmodell muss Merkmale für die Vermeidung störgrößenbedingter Fehlerursachen so anpassen, dass die Ist-Ausgangsgrößen von Wirkprinzipien auch unter der Wirkung von Störgrößen noch ausreichend Soll-Ausgangsgrößen entsprechen. Das PDD-Prozessmodell beinhaltet allerdings keine Symbole, mit denen sich ermitteln lässt, wie Merkmale für diesen Zweck verändert werden müssen. Folglich muss das PDD-Prozessmodell auch für die Festlegung von Vermeidungsmaßmaßnahmen um weitere Symbole erweitert werden.

Welche Vorteile hat die Ermittlung von Fehlerursachen mit dem CPM/PDD-Ansatz gegenüber der FMEA?
Abbildung 7.12 zeigt exemplarisch das PDD-Prozessmodell von einem Wirkprinzip, welches durch zwei Einzelteile realisiert wird. Die Abbildung zeigt, dass das PDD-Prozessmodell die Abhängigkeiten zwischen zwei Ausgangsgrößen des Wirkprinzips (P_1, P_2) und seinen Merkmalen (C_1, C_2, C_3, C_4) eindeutig darstellen kann, auch wenn die Merkmale verschiedenen Einzelteilen

zugeordnet sind. Somit kann das PDD-Prozessmodell die Merkmale aller Einzelteile, welche an der Realisierung einer Ausgangsgröße beteiligt sind, in die strukturierte Ermittlung von Fehlerursachen einbeziehen. Hier besteht ein Vorteil gegenüber der FMEA. Die System-/Funktionsstruktur und das Formblatt der FMEA ordnen eine Teilfunktion nämlich nur einem Einzelteil zu.

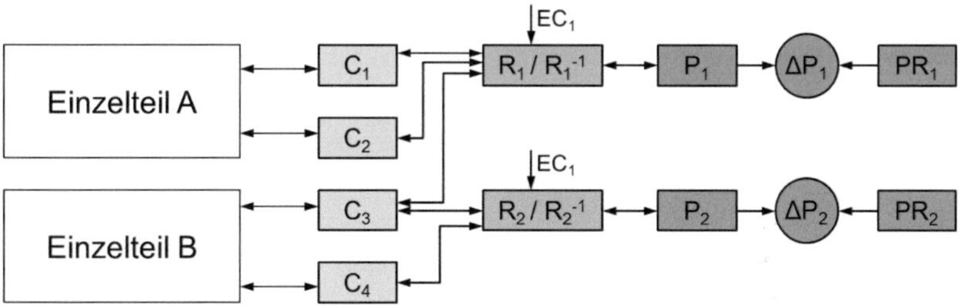

Abbildung 7.12: Abbildung der Merkmale unterschiedlicher Einzelteile im PDD-Prozessmodell

Welche Vorteile hat die Festlegung von Vermeidungsmaßnahmen mit dem CPM/PDD-Ansatz gegenüber der FMEA?

Aus Abbildung 7.12 geht ein weiterer Vorteil des PDD-Prozessmodells hervor. Dieser Vorteil besteht darin, dass das Modell die Abhängigkeiten mehrerer Ausgangsgrößen P_j von denselben Merkmalen C_i darstellen kann. Dadurch kann das PDD-Prozessmodell Konflikte transparent machen, die zwischen Vermeidungsmaßnahmen bestehen. Wenn z. B. eine Merkmalsänderung am Merkmal C_3 für die Ausgangsgröße P_1 festgelegt wird, kann das PDD-Prozessmodell prüfen, ob die Ausgangsgröße P_2 durch diese Merkmalsänderung unerwünscht verändert wird. Ebenfalls kann das PDD-Prozessmodell prüfen, ob sich verschiedene Merkmalsänderungen für unterschiedliche Ausgangsgrößen am Merkmal C_3 ohne Konflikte umsetzen lassen. Die Ermittlung derartiger Konflikte ist von der FMEA nicht vorgesehen.

Kann der CPM/PDD-Ansatz erfassen, dass Wirkprinzipien invariant oder innozent sind bzw. ob sie Störgrößen kompensieren?

Um zu erfassen, dass ein Wirkprinzip invariant oder innozent ist bzw. Störgrößen kompensiert, muss der CPM/PDD-Ansatz darstellen, wie sich alle Merkmale des Wirkprinzips durch Störgrößen ändern und zu welchen Änderungen seiner Ausgangsgrößen dies führt.

Das PDD-Prozessmodell kann alle Merkmale von Wirkprinzipien mit den Merkmalen C_i abbilden. Das PDD-Prozessmodell kann daher so erweitert werden, dass es die Änderung aller Merkmale von Wirkprinzipien durch Störgrößen abbilden kann. Mit den durch Störgrößen geänderten Merkmalen kann das PDD-Prozessmodell Ist-Ausgangsgrößen unter dem Einfluss von Störgrößen ermitteln. Das PDD-Prozessmodell kann dann mit der Abweichung ΔP_j untersuchen, wie weit die Ist-Ausgangsgrößen, welche aus den durch Störgrößen geänderten Merkmalen resultieren, von Soll-Ausgangsgrößen abweichen. Somit kann es das PDD-Prozessmodell zum einen abbilden, wenn Störgrößen keine Änderungen von Merkmalen hervorrufen und in Folge keine Änderungen von Ausgangsgrößen entstehen. Zum anderen kann es das PDD-Prozessmodell darstellen, wenn sich die Merkmale von Wirkprinzipien durch Störgrößen gegenläufig ändern und in Folge keine Änderungen ihrer Ausgangsgrößen entstehen. Somit kann das PDD-Prozessmodell erfassen, ob Wirkprinzipien invariant sind oder Störgrößen kompensieren.

Innozenz bedeutet, dass sich eine Ausgangsgröße durch Störgrößen nur in zweiter oder höherer Ordnung ändert. Ob dies der Fall ist, kann das erweiterte PDD-Prozessmodell ermitteln, indem es Ist-Ausgangsgrößen unter der Wirkung von Störgrößen mit Soll-Ausgangsgrößen vergleicht. Die Differenz aus diesen Ausgangsgrößen zeigt, ob sich Ausgangsgrößen durch Störgrößen nur in zweiter oder höherer Ordnung verändern.

Wie kann der CPM/PDD-Ansatz bei der Ermittlung störgrößenbedingter Fehlerursachen erfassen, dass Wirkprinzipien invariant oder innozent sind bzw. Störgrößen kompensieren?

Um zu prüfen, ob Wirkprinzipien invariant sind oder Störgrößen kompensieren, muss das PDD-Prozessmodell zunächst untersuchen, wie sich alle Merkmale eines Wirkprinzips durch Störgrößen ändern. Das PDD-Prozessmodell kann danach mit den durch Störgrößen geänderten Merkmalen Ist-Ausgangsgrößen ermitteln. Das PDD-Prozessmodell kann dann mit der Differenz ΔP_j untersuchen, wie weit jene Ist-Ausgangsgrößen von ihren Soll-Ausgangsgrößen abweichen. Wenn die Ist-Ausgangsgrößen unter der Wirkung von Störgrößen zu weit von ihren Soll-Ausgangsgrößen abweichen, bilden die durch Störgrößen geänderten Merkmale in ihrer Gesamtheit eine Fehlerursache.

Die Abweichung ΔP_j zwischen einer Ist-Ausgangsgröße unter der Wirkung von Störgrößen und ihrer Soll-Ausgangsgröße entspricht einem Einzelfehler ΔA_i entsprechend der Definition aus Kapitel 5.2.

Das PDD-Prozessmodell benutzt keine Fehlerfaktoren V_F für die Berechnung störgrößenbedingter Änderungen von Ausgangsgrößen. Das PDD-Prozessmodell berechnet solche Änderungen anstelle mit einer Differenz ΔP_j. Anders als mit dem linearen Fehlerfortpflanzungsgesetz lassen sich störgrößenbedingte Änderungen von Ausgangsgrößen mit dieser Differenz auch bei mehreren großen Merkmalsänderungen berechnen.

7.6 Hypothese zur Auswahl robuster Wirkprinzipien mit dem CPM/ PDD-Ansatz

Dieses Kapitel formuliert eine Hypothese, die in den nachfolgenden Kapiteln bestätigt oder verworfen werden soll:

Der CPM/PDD-Ansatz kann mit entsprechenden Erweiterungen mit den Prinzipien fehlerarmer Anordnungen störgrößenbedingte Fehlerursachen ermitteln. Ebenfalls kann der CPM/PDD-Ansatz mit entsprechenden Erweiterungen Vermeidungsmaßnahmen für störgrößenbedingte Fehlerursachen festlegen. Für diese Zwecke lassen sich auf der Grundlage des CPM/PDD-Ansatzes entsprechende Referenzprozesse entwickeln. Auf der Basis von diesen Referenzprozessen kann eine Methode entwickelt werden, mit der sich Wirkprinzipien nach Robustheitsaspekten bewerten und auswählen lassen.

8 Entwicklung theoretischer Grundlagen für die neue Methode

Dieses Kapitel erarbeitet die theoretischen Grundlagen für die Methode zur Bewertung und Auswahl von Wirkprinzipien nach Robustheitsaspekten. Dafür definiert Kapitel 8 im ersten Teil Anforderungen an die Methode. Der zweite Teil von Kapitel 8 erweitert den CPM/PDD-Ansatz so, dass er die Änderung von Merkmalen und Ausgangsgrößen durch Störgrößen beschreiben kann. Der dritte Teil von Kapitel 8 entwickelt darauf aufbauend Referenzprozesse, welche störgrößenbedingte Fehlerursachen ermitteln und Vermeidungsmaßnahmen für sie festlegen können.

8.1 Anforderungen an die neue Methode

Die Anforderungen an die neue Methode betreffen zum einen ihr Vorgehen. Weitere Anforderungen leiten sich aus dem Handlungsbedarf ab, den Kapitel 6 ermittelt hat. Dieser Handlungsbedarf wird in diesem Kapitel weiter konkretisiert.

Zunächst sind Anforderungen aus der Industrie bei der Entwicklung der Methode zu berücksichtigen. Zum einen muss der Formalismus der Methode begrenzt sein, damit die Methode in der Industrie angewendet werden kann. Dafür muss die Methode auf einem einfach anwendbaren Konzept basieren, das in Konstruktionsprozesse in der Praxis integrierbar ist. Für diesen Zweck muss die Methode Konstrukteure bei der Auswahl robuster Wirkprinzipien unterstützen können, wenn sie vorgegebene Einzelteile bzw. Baugruppen an neue Produkte anpassen. Darüber hinaus muss die Methode Transparenz darüber vermittelt, in welchem Stadium der Bewertung und Auswahl robuster Wirkprinzipien man sich befindet. Dafür muss die Methode aus einer Reihe definierter Arbeitsschritte bestehen und die Ergebnisse der Arbeitsschritte in einem Formblatt dokumentieren.

Die Methode muss hinzukommend die grundsätzlichen Anforderungen erfüllen, die an Bewertungs- und Auswahlprozesse gestellt werden. Dafür muss die Methode verschiedene Wirkprinzipien für eine vorgegebene Teilfunktion ermitteln.

Des Weiteren muss die Methode diese Wirkprinzipien mit einheitlichen Bewertungskriterien nach ihren Robustheiten bewerten und vergleichen. Die Bewertungen müssen die Unsicherheiten und die noch unvollständigen Informationen in der Konzeptphase berücksichtigen. Das bedeutet, dass die Bewertung und Auswahl von Wirkprinzipien in der Konzeptphase nur auf Basis qualitativer Bewertungen erfolgen kann.

Wirkprinzipien sollen mit der neuen Methode anhand verschiedener Kriterien nach Robustheitsaspekten bewertet werden. Wie Kapitel 6.3 gezeigt hat, lassen sich als Bewertungskriterien für Robustheit die störgrößenbedingten Fehlerursachen, Fehlerfolgen und Vermeidungsmaßnahmen von Wirkprinzipien benutzen. Um diese strukturiert zu finden, benötigt die Methode geeignete Referenzprozesse. Die Basis für diese Referenzprozesse soll der CPM/PDD-Ansatz sein, so wie dies im vorangegangenen Kapitel begründet wurde. Um die Referenzprozesse zu entwickeln, muss der CPM/PDD-Ansatz zu einem ein Modell erweitert werden, welches die Abhängigkeiten der Ausgangsgrößen von Wirkprinzipien von ihren Eingangsgrößen, Merkmalen und Störgrößen beschreiben kann. Dafür muss das Modell auch beschreiben, wie sich Merkmale von Wirkprinzipien durch Störgrößen ändern. Der Referenzprozess zur Festlegung von Vermeidungsmaßnahmen soll zusätzlich Konflikte ermitteln können, die bei der Festlegung von Vermeidungsmaßnahmen entstehen.

Die Robustheitsbewertung von Wirkprinzipien soll in der neuen Methode anhand einer oder mehreren Bewertungszahlen erfolgen. Eine Anforderung an diese Bewertungszahlen ist, dass sie sich reproduzierbar ermitteln lassen. Weiterhin müssen sich die Bewertungszahlen aus den Bewertungen der störgrößenbedingten Fehlerursachen, Fehlerfolgen und Vermeidungsmaßnahmen von Wirkprinzipien ergeben. Hinzukommend müssen die Bewertungszahlen Robustheitsaspekte von Wirkprinzipien hinreichend quantifizieren können, damit sie sich relativ zueinander ins Verhältnis setzen lassen.

Die neue Methode soll bei der Ermittlung störgrößenbedingter Fehlerursachen prüfen, ob Wirkprinzipien mit ihren ursprünglich gewählten Merkmalen invariant oder innozent gegenüber Störgrößen sind bzw. ob sie Störgrößen kompensieren. Dafür muss der Referenzprozess zur Ermittlung störgrößenbedingter Fehlerursachen untersuchen, wie sich alle Merkmale von Wirkprinzipien durch Störgrößen ändern und zu welchen Ist-Ausgangsgrößen dies führt.

Falls Wirkprinzipien nicht invariant oder innozent sind bzw. ihre Fähigkeit zur Kompensation von Störgrößen nicht ausreicht, und dadurch Fehlerursachen entstehen, muss die Methode Änderungen ihrer Merkmale festlegen. Dabei kann versucht werden, die Wirkprinzipien mit einer entsprechenden Festlegung ihrer Merkmale invariant bzw. innozent zu machen, bzw. Merkmale so zu ändern, dass Störgrößen ausreichend kompensiert werden.

8.2 Erweiterung des CPM/PDD-Ansatzes um die Darstellung störgrößenbedingter Merkmalsänderungen

Dieses Kapitel entwickelt eine neue Relation, welche die Änderung von Merkmalen durch Störgrößen im CPM-Modell beschreiben kann. Aufbauend auf der neuen Relation entwickelt das Kapitel ein erweitertes CPM-Produktmodell und ein erweitertes PDD-Prozessmodell.

Grundlagen für die Erweiterung des CPM/PDD-Ansatzes

Die folgenden Ausführungen entwickeln eine neue Relation, welche die Änderung von Merkmalen durch Störgrößen im CPM-Modell beschreiben kann. Bei den Eingangsgrößen der neuen Relation handelt es sich um nominale Merkmale. Die Ausgangsgrößen der Relation sind jene Merkmale nach ihrer Änderung durch Störgrößen. Somit bildet die Relation eine Operation ab, welche nominale Merkmale in durch Störgrößen geänderte Merkmale umsetzt.

Die neue Relation und ihre Merkmale müssen wie die Symbole des CPM-Modells mit Blöcken dargestellt werden (vgl. Abbildung 8.1). Jene Blöcke sind wie im CPM-Modell mit Pfeilen zu einer Netzwerkstruktur verbunden. Mit dieser Darstellung können die neue Relation und ihre Merkmale in das CPM-Modell integriert werden.

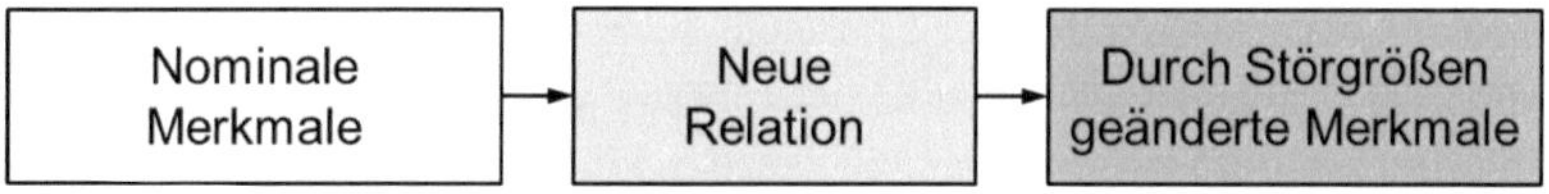

Abbildung 8.1: Grundstruktur der neuen Relation

Der neuen Relation und ihren Merkmalen müssen Symbole zugeordnet werden, die mit den Symbolen des CPM-Modells kompatibel sind. Der neuen Relation wird dafür das Symbol $R_{noise,i}$ zugeordnet. Der Index noise gibt an, dass die Relation eine störgrößenbedingte Änderung beschreibt. Den nominalen Merkmalen wird das Symbol $C_{nominal,i}$ zugeordnet. Den durch Störgrößen geänderten Merkmalen wird das Symbol $C_{noise,i,x}$ zugeordnet. Der Index i gibt dabei den Index der zugehörigen nominalen Merkmale an. Der Index x gibt den Index der Störgrößen an, welche zu den Merkmalen $C_{noise,i,x}$ führen. Abbildung 8.2 zeigt die neue Relation $R_{noise,i}$ zusammen mit den Merkmalen $C_{nominal,i}$ und den Merkmalen $C_{noise,i,x}$.

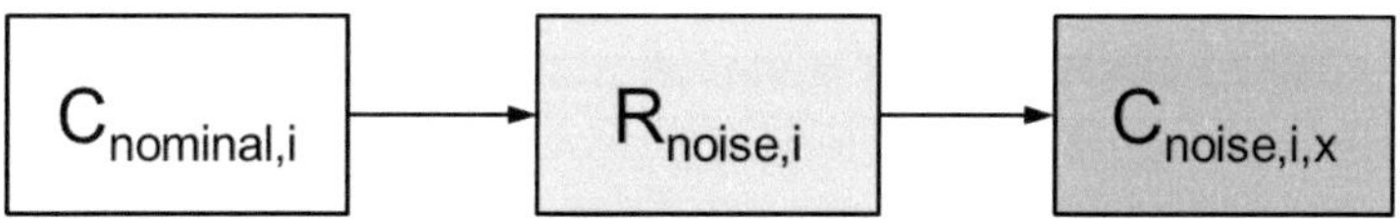

Abbildung 8.2: Grundstruktur der neuen Relation mit Symbolen angelehnt an den Symbolen des CPM-Modells

Die Relation $R_{noise,i}$ benötigt ein X-System bestehend aus External Conditions und Eigenschaften, damit Störgrößen Eingang in die Relation finden können.[32] Den External Conditions der Relation $R_{noise,i}$ wird dafür das Symbol $EC_{noise,i}$ zugeordnet. Der Index i zeigt, welcher Relation die External Conditions zugeordnet sind.

Störgrößen wird im erweiterten CPM-Modell das Symbol N_x zugeordnet. Dies dient dazu, die Störgrößen N_x von den restlichen Eigenschaften P_x der Externen Bedingungen zu unterscheiden. Mit diesen Festlegungen lassen sich die Merkmale $C_{noise,i,x}$ in Abhängigkeit von den Merkmalen $C_{nominal,i}$ und den Störgrößen N_x mit der Relation $R_{noise,i}$ ermitteln. Abbildung 8.3 zeigt die neue Relation $R_{noise,i}$ mit den Merkmalen $C_{nominal,i}$, den Merkmalen $C_{noise,i,x}$ und den Störgrößen N_x.

[32] In Anlehnung an [Krause 2000] werden die Schwankungen funktionsrelevanter Eingangsgrößen in den folgenden Ausführungen als Einflussgrößen nicht berücksichtigt.

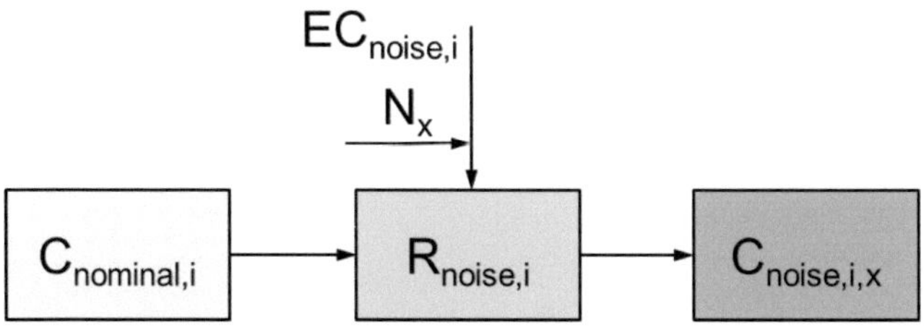

Abbildung 8.3: Grundstruktur der neuen Relation ergänzt um External Conditions und Störgrößen

Darstellung der Relation $R_{noise,i}$

Es wird vorgeschlagen, die Relation $R_{noise,i}$ mit einer Matrix darzustellen. In dieser Matrix lässt sich die Operation der störgrößenbedingten Änderung der Merkmale $C_{nominal,i}$ in die Merkmale $C_{noise,i,x}$ darstellen. Der Vorteil einer Matrix ist, dass sich darin die nominalen Merkmale $C_{nominal,i}$ den Störgrößen N_x strukturiert gegenüberstellen lassen. Somit kann die Matrix eindeutig darstellen, welche Merkmale $C_{noise,i,x}$ aus den Merkmalen $C_{nominal,i}$ und Störgrößen N_x resultieren. Voraussetzung hierfür ist, dass die Abhängigkeiten der nominalen Merkmale von den Störgrößen bekannt sind.

Abbildung 8.4 zeigt, wie die Matrix der Relation $R_{noise,i}$ aufgebaut sein kann. Die nominalen Merkmale stehen in den Zeilen der Matrix. Die Störgrößen N_x stehen in den Spalten der Matrix. Dabei wird nach externen und internen Störgrößen unterschieden. In die Matrixzellen werden die Merkmale $C_{noise,i,x}$ geschrieben, welche aus der Änderung der nominalen Merkmale durch die Störgrößen resultieren.

	Externe Störgrößen			**Interne Störgrößen**		
	N_1	**N_2**	**..**	**...**	**N_n**	**N_{n+1}**
$C_{nominal,1}$						
$C_{nominal,2}$						
$C_{nominal,3}$						
...						

Abbildung 8.4: Matrixdarstellung der Relation $R_{noise,i}$

Darstellung der Relation $R_{noise,j}^{-1}$ mit einer Matrix

Auch die Bereinigung der Merkmale $C_{noise,i,x}$ um die Wirkung von Störgrößen lässt sich mit einer Matrix darstellen. Diese Matrix zeigt die umgekehrte Operation von der Relation $R_{noise,i}$. Die Relation, welche die Bereinigung der Merkmale $C_{noise,i,x}$ um die Wirkung von Störgrößen beschreibt, erhält daher das Symbol $R_{noise,i}^{-1}$.

Abbildung 8.5 zeigt, wie die Matrix der Relation $R_{noise,i}^{-1}$ aufgebaut sein kann. In den Spalten der Matrix stehen die Merkmale $C_{noise,i,x}$ und die Störgrößen N_x, welche zu diesen Merkmalen geführt haben. Die Zellen der Matrix geben die Abhängigkeiten der nominalen Merkmale $C_{nominal,i}$ von den Störgrößen an. Die nominalen Merkmale $C_{nominal,i}$ werden nach ihrer Ermittlung in die Zeilen der Matrix geschrieben. Die Pfeile in der Matrix geben die Richtung der Bearbeitung an.

	$C_{noise,1,1}$	$C_{noise,2,1}$	$C_{noise,3,2}$	..
	N_1	N_1	N_2	..
$C_{nominal,1}$				
$C_{nominal,2}$				
$C_{nominal,3}$				
..				

Abbildung 8.5: Matrixdarstellung der Relation $R_{noise,i}^{-1}$

Entwicklung des erweiterten CPM-Produktmodells

Das erweiterte CPM-Produktmodell wird schrittweise entwickelt. Dafür wird zunächst die Relation $R_{noise,i}$ mit ihren Merkmalen $C_{nominal,i}$ und $C_{noise,i}$ ebenso wie ihren Externen Bedingungen $EC_{noise,i}$ in das CPM-Modell integriert. Um die Relation $R_{noise,i}$ mit ihren Merkmalen und Externen Bedingungen in das CPM-Modell zu integrieren, werden die Merkmale C_i dadurch im CPM-Modell ersetzt (vgl. Abbildung 8.6).

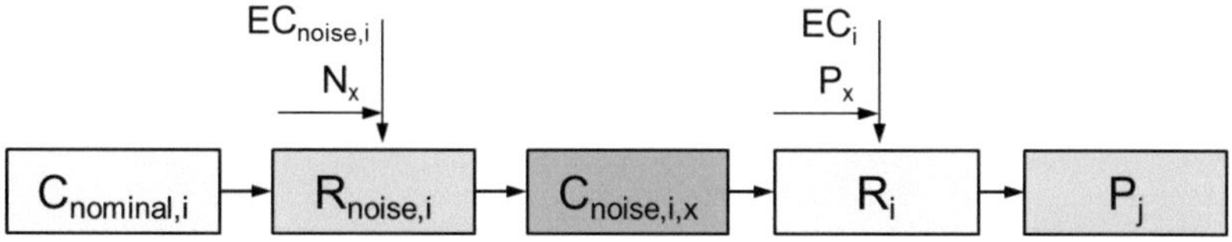

Abbildung 8.6: CPM-Modell ergänzt um die neue Relation $R_{noise,i}$ mit ihren Eingangs- und Ausgangsgrößen

Die folgenden Ausführungen treffen weitere Festlegungen für die Symbole des erweiterten CPM-Modells, um seine Symbole von den Symbolen des CPM-Modells aus dem Stand der Technik abzugrenzen.

Der Relation R_i wird im erweiterten CPM-Modell das Symbol $R_{other,i}$ zugeordnet. Der Index other (im Deutschen: sonstige, restliche) soll angeben, dass Störgrößen keinen Eingang in die Relation $R_{other,i}$ finden. Anstelle finden alle sonstigen externen Bedingungen Eingang in die Relation.

Den External Conditions EC_i wird im erweiterten CPM-Modell das Symbol $EC_{other,i}$ zugeordnet. Auch hier soll der Index other angeben, dass den External Conditions $EC_{other,i}$ keine Störgrößen, sondern alle restlichen externen Bedingungen der Produktentwicklung zugeordnet sind. Dazu gehören auch die Eingangsgrößen von Teilfunktionen.

Den Eigenschaften P_j wird im erweiterten CPM-Modell das Symbol $P_{noise,j,x}$ zugeordnet. Sie entsprechen Ist-Eigenschaften bzw. Ist-Ausgangsgrößen unter der Wirkung von Störgrößen. Der Index j gibt den Index der zugehörigen Eigenschaften P_j aus dem CPM-Modell an. Der Index x gibt an, welche Störgrößen N_x zu den Eigenschaften $P_{noise,j,x}$ geführt haben.

Abbildung 8.7 zeigt das erweiterte CPM-Modell mit den neu zugeordneten Symbolen. Der linke Teil des erweiterten CPM-Modells bildet die störgrößenbedingte Änderung der Merkmale $C_{nominal,i}$ in die Merkmale $C_{noise,i,x}$ ab. Der rechte Teil des Modells zeigt die Abhängigkeiten der Eigenschaften $P_{noise,j,x}$ von den Merkmalen $C_{noise,i,x}$ und den Eigenschaften P_x.

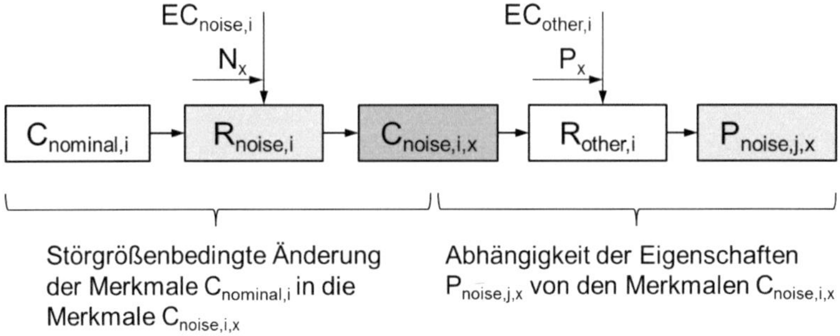

Abbildung 8.7: Struktur des erweiterten CPM-Produktmodells

Entwicklung des erweiterten PDD-Prozessmodells

Das erweiterte PDD-Prozessmodell lässt sich schrittweise aus dem erweiterten CPM-Produktmodell entwickeln. Um mit dem PDD-Prozessmodell Ausfälle ermitteln zu können, müssen in das erweiterte CPM-Produktmodell zum einen noch Soll-Ausgangsgrößen integriert werden. Soll-Ausgangsgrößen werden im erweiterten PDD-Prozessmodell mit Properties Required PR_j abgebildet. Ebenfalls wird die Abweichung $\Delta P_{j,x}$ in das Modell eingefügt, welche die Abweichung von Ist-Ausgangsgrößen von Soll-Ausgangsgrößen zeigt.

Wenn Eigenschaften $P_{noise,j,x}$ von den zugehörigen Properties Required PR_j zu weit abweichen, handelt es sich bei den Eigenschaften $P_{noise,j,x}$ um Ausfälle. Um dies beurteilen zu können, müssen den Properties Required ein Nominalwert und ein Toleranzbereich zugeordnet sein. Abbildung 8.8 zeigt das erweiterte PDD-Prozessmodell mit den beschriebenen Festlegungen.

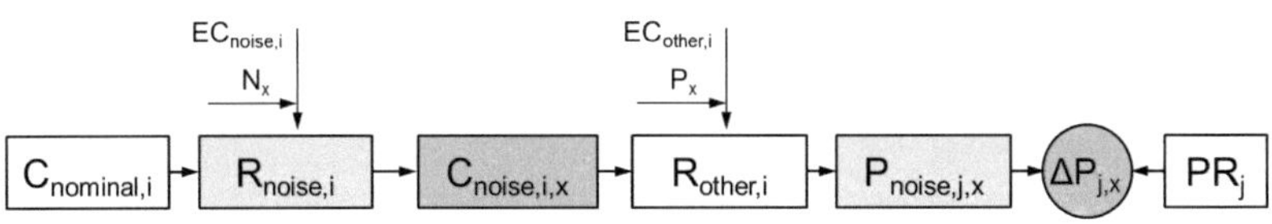

Abbildung 8.8: Struktur des erweiterten PDD-Prozessmodells

8.3 Referenzprozesse zur Ermittlung störgrößenbedingter Fehlerursachen und Festlegung ihrer Vermeidungsmaßnahmen

Dieses Kapitel entwickelt Referenzprozesse zur Ermittlung störgrößenbedingter Fehlerursachen und Festlegung von Vermeidungsmaßnahmen. Beide Referenzprozesse basieren auf dem zuvor beschriebenen erweiterten PDD-Prozessmodell. Der Referenzprozess zur Ermittlung störgrößenbedingter Fehlerursachen erhält angelehnt an die Analyserelation die Bezeichnung Analyseprozess. Der Prozess zur Festlegung von Vermeidungsmaßnahmen erhält angelehnt an die Syntheserelation die Bezeichnung Syntheseprozess.

Der Analyseprozess untersucht bei allen Merkmalen $C_{nominal,i}$ eines Wirkprinzips, wie sie sich durch Störgrößen ändern. Das Ergebnis sind die Merkmale $C_{noise,i}$. Anschließend ermittelt der Analyseprozess die Eigenschaften $P_{noise,j,x}$, welche aus den Merkmalen $C_{noise,i}$ resultieren. Danach prüft der Analyseprozess mit der Abweichung $\Delta P_{j,x}$, wie weit die Eigenschaften $P_{noise,j,x}$ von den Properties Required PR_j abweichen. Wenn eine Abweichung $\Delta P_{j,x}$ außerhalb des Toleranzbereiches der Properties Required liegt, liegt ein störgrößenbedingter Ausfall vor. Dann ändert der Syntheseprozess die nominalen Merkmale so ab, dass die Eigenschaften $P_{noise,j,x}$ den Properties Required entsprechen.

Um zu prüfen, ob Störgrößen zu Fehlerursachen führen, müssen ihre maximal zu erwartenden Werte zugrunde gelegt werden. Wenn Störgrößen mit ihren maximal zu erwartenden Werten zu Fehlerursachen führen, kann es sein, dass sie bereits mit niedrigeren Werten zu Fehlerursachen führen. Wenn Störgrößen mit ihren maximalen Werten zu Ausfällen führen, gilt es daher ebenfalls zu ermitteln, ab welchen Werten sie zu Ausfällen führen.

8.3.1 Referenzprozess zur Ermittlung störgrößenbedingter Fehlerursachen

Die folgenden Ausführungen beschreiben die Teilschritte des Analyseprozesses. Aus Gründen der Übersichtlichkeit wird der Analyseprozess in diesem Kapitel anhand eines einfachen Beispiels erläutert. Umfangreichere Beispiele für den Analyseprozess finden sich in Kapitel 9 und in Kapitel 10.

Abbildung 8.9 zeigt das CPM-Modell für das betrachtete Beispiel. Das CPM-Modell beschreibt die Realisierung einer Funktion durch ein Merkmal unter der Wirkung von einer Störgröße. Die Funktion hat eine Eingangsgröße und eine Soll-Ausgangsgröße. Das CPM-Modell besteht somit aus einem Merkmal C_1, der Eigenschaft P_1 (Soll-Ausgangsgröße), der Eigenschaft P_2 (Eingangsgröße), der Eigenschaft P_3 (Störgröße) sowie der Relation R_1.

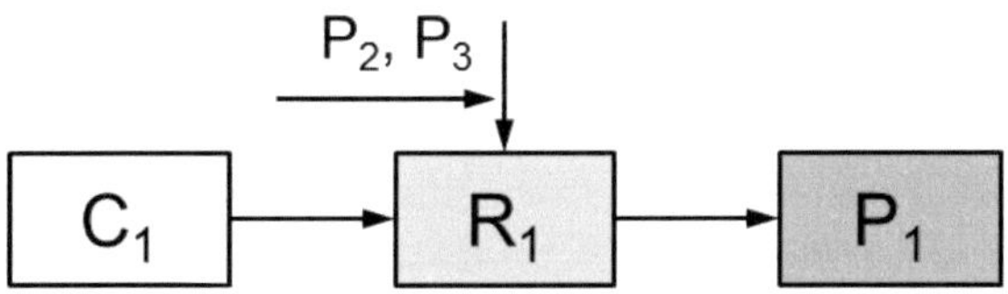

Abbildung 8.9: Exemplarisches CPM-Modell zur Beschreibung einer Teilfunktion

Um mit dem Analyseprozess starten zu können, müssen den Symbolen aus dem CPM-Modell die Symbole des erweiterten PDD-Prozessmodells zugeordnet werden. Das Merkmal C_1 erhält im erweiterten PDD-Prozessmodell das Symbol $C_{nominal,1}$. Die Eigenschaft P_1 entspricht der Soll-Ausgangsgröße des Wirkprinzips und erhält daher das Symbol PR_1. Diesem Property Required wird hinzukommend der Toleranzbereich ξ zugeordnet. Das Symbol der Eingangsgröße P_2 bleibt im erweiterten PDD-Prozessmodell gleich. Der Störgröße P_3 wird das Symbol N_1 zugeordnet. Der Relation R_1 wird das Symbol $R_{other,1}$ zugeordnet.

Der Analyseprozess besteht aus den folgenden vier Teilschritten. Abbildung 8.10 stellt die vier Teilschritte des Analyseprozesses grafisch dar.

- *Ermittlung der Merkmale $C_{noise,i,x}$:*
  Der erste Teilschritt ermittelt das Merkmal $C_{noise,1,1}$. Dafür wird mit der Relation $R_{noise,1}$ untersucht, wie sich das Merkmal $C_{nominal,1}$ durch die Störgröße N_1 zum Merkmal $C_{noise,1,1}$ ändert. Hierfür wird der maximal zu erwartende Wert der Störgröße $N_{1,max}$ benutzt.

- *Ermittlung der Eigenschaften $P_{noise,j,x}$:*
  Der zweite Teilschritt ermittelt mit dem Merkmal $C_{noise,1,1}$, der Eingangsgröße P_2 und der Relation $R_{other,1}$ die Eigenschaft $P_{noise,1,1}$.

- *Vergleich der Eigenschaften $P_{noise,j,x}$ mit Properties Required PR_j:*
  Der dritte Teilschritt ermittelt die Abweichung $\Delta P_{1,1}$. Die Abweichung zeigt, wie sich die Eigenschaft $P_{noise,1,1}$ vom Property Required PR_1 unterscheidet. Die Abweichung berechnet sich mit dem Betrag $| PR_j - P_{noise,1,1} |$.

- *Bewertung, ob es sich bei den Eigenschaften $P_{noise,j,x}$ um Ausfälle handelt:*
  Der vierte Teilschritt prüft, ob es sich bei der Eigenschaft $P_{noise,1,1}$ um einen Ausfall handelt. Dafür wird die Abweichung $\Delta P_{1,1}$ mit dem Toleranzbereich ξ des Property Required PR_1 verglichen. Die folgenden drei Fälle sind als Ergebnis des Vergleichs möglich:

  1. *$\Delta P_{1,1} = 0$:*
     In diesem Fall entspricht die Eigenschaft $P_{noise,1,1}$ dem Property Required PR_1. Somit ist das Merkmal $C_{nominal,1}$ invariant gegenüber der Störgröße N_1. Daher kann in diesem Fall keine Fehlerursache vorliegen.

  2. *$\Delta P_{1,1} \neq 0$ und $\Delta P_{1,1}$ innerhalb des Toleranzbereichs ξ:*
     In diesem Fall entspricht die Eigenschaft $P_{noise,1,1}$ nicht mehr dem Property Required PR_1. Allerdings ist $\Delta P_{1,1}$ kleiner als der Toleranzbereich des Property Required. Somit liegen in diesem Fall kein Ausfall und keine Fehlerursache vor.

3. *$\Delta P_{1,1} \neq 0$ und $\Delta P_{1,1}$ außerhalb des Toleranzbereichs ξ:*
   Auch in diesem Fall entspricht die Eigenschaft $P_{noise,1,1}$ nicht mehr dem Property Required PR_1. Allerdings ist $\Delta P_{1,1}$ größer als der Toleranzbereich des Property Required PR_1. Somit handelt es sich bei der Eigenschaft $P_{noise,1,1}$ um einen Ausfall. Das bedeutet, dass es sich beim Merkmal $C_{noise,1,1}$ um eine Fehlerursache handelt.[33]

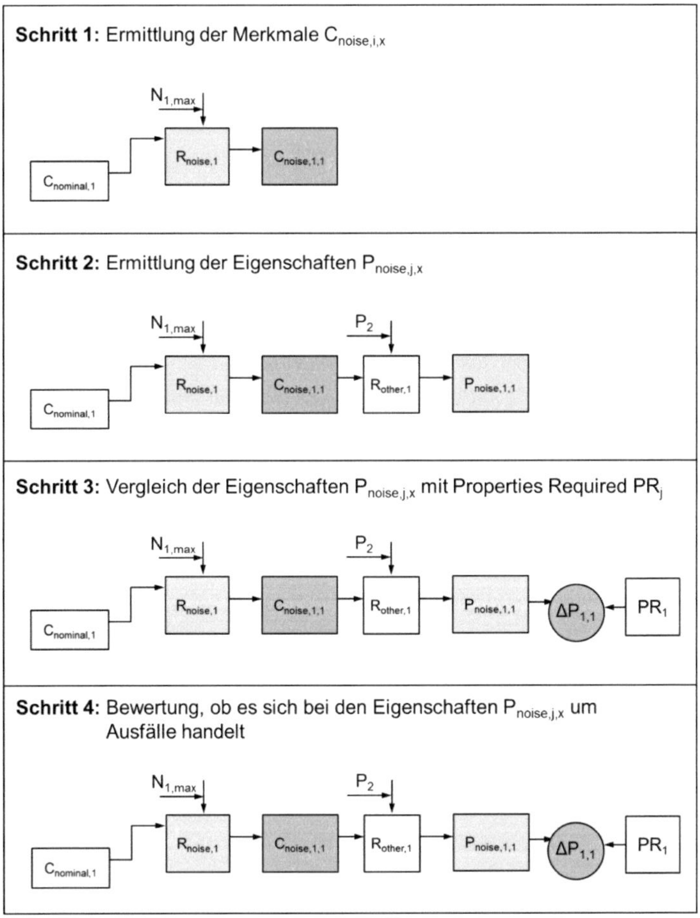

Abbildung 8.10: Die vier Teilschritte des Analyseprozesses

[33] Auch die FMEA versteht unter einer Fehlerursache, dass ein Merkmal nicht wie erforderlich vorliegt (vgl. Kapitel 4.3).

8.3.2 Referenzprozess zur Festlegung von Vermeidungsmaßnahmen

Falls der Analyseprozess Fehlerursachen findet, kann der Syntheseprozess für jede Fehlersache eine Vermeidungsmaßnahme festlegen. Die folgenden Ausführungen beschreiben prinzipiell die Teilschritte des Syntheseprozesses. Dies erfolgt ebenfalls anhand eines einfachen Beispiels. Das Beispiel greift den Ausfall $P_{noise,1,1}$ aus dem zuvor beschriebenen Analyseprozess auf. Umfangreichere Beispiele für den Syntheseprozess finden sich in Kapitel 9 und in Kapitel 10.

Der Syntheseprozess besteht aus den folgenden vier Teilschritten. Abbildung 8.11 stellt die Teilschritte des Syntheseprozesses grafisch dar.

- *Ermittlung der Merkmale $C_{noise,i,x}$*:*
  Der erste Teilschritt ändert zunächst den Wert der Eigenschaft $P_{noise,1,1}$ aus dem Analyseprozess in den Wert des zugehörigen Property Required PR_1 ab. Bei der Eigenschaft $P_{noise,1,1}$ handelt es sich dann nicht mehr um einen Ausfall. Zwecks Unterscheidbarkeit erhält die Eigenschaft $P_{noise,1,1}$ nach ihrer Änderung das Symbol $P_{noise,1,1}{}^*$. Anschließend legt der Teilschritt das Merkmal $C_{noise,1,1}{}^*$ mit der Eigenschaft P_2 und der Relation $R_{other,1}{}^{-1}$ fest. Dieses Merkmal wird so gewählt, dass die Eigenschaft $P_{noise,1,1}{}^*$ unter der Wirkung der Störgröße $N_{1,max}$ dem Property Required PR_1 entspricht.[34]

- *Ermittlung der Merkmale $C_{nominal,i,x}$*:*
  Der zweite Teilschritt bereinigt das Merkmal $C_{noise,1,1}{}^*$ mit der Relation $R_{noise,1}{}^{-1}$ um den Einfluss der Störgröße N_1. Das Ergebnis ist das nominale Merkmal $C_{nominal,1,1}{}^*$. Für die Ermittlung des Merkmals $C_{nominal,1,1}{}^*$ wird der maximale Wert der Störgröße $N_{1,max}$ benutzt.

- *Vergleich der Merkmale $C_{nominal,i}$ mit den Merkmalen $C_{nominal,i,x}$*:*
  Der dritte Teilschritt ermittelt mit der Abweichung $\Delta C_{1,1}$, wie weit sich der Wert des Merkmals $C_{nominal,1,1}{}^*$ vom Wert des Merkmals $C_{nominal,1}$ unterscheidet. Die Abweichung $\Delta C_{1,1}$ berechnet sich mit dem Betrag | $C_{nominal,1}$ -

[34] Falls eine Eigenschaft dem Ergebnis einer Differentialgleichung entspricht, welche nur numerisch gelöst werden kann, lässt sich kein unmittelbarer Zusammenhang zwischen Eigenschaften und Merkmalen darstellen. In diesem Fall muss iterativ ermittelt werden, mit welchen Merkmalswerten Soll-Eigenschaften realisiert werden können.

$C_{nominal,1,1}$* |. Die Abweichung zeigt, wie das Merkmal $C_{nominal,1}$ geändert werden muss, so dass die Eigenschaft $P_{noise,1,1}$* unter der Wirkung der Störgröße $N_{1,max}$ dem Property Required PR_1 entspricht. Unter der Abweichung $\Delta C_{1,1}$ lässt sich somit eine Vermeidungsmaßnahme für die Fehlerursache verstehen.

- *Festlegen von Vermeidungsmaßnahmen:*
  Der vierte Teilschritt prüft, ob ein Konflikt aus der zuvor festgelegten Vermeidungsmaßnahme resultiert. Falls zwischen Vermeidungsmaßnahmen in Form von Merkmalsänderungen Konflikten bestehen, sind neben Merkmalsänderungen auch die folgenden Vermeidungsmaßnahmen möglich:

  1. *Änderung der Eingangsgrößen P_x:*
     Eine weitere Möglichkeit für die Vermeidung störgrößenbedingter Fehlerursachen besteht darin, die Eingangsgrößen einer Funktion so zu ändern, dass Properties Required trotz störgrößenbedingter Merkmalsänderungen wie erforderlich realisiert werden.

  2. *Schirmung des Wirkprinzips:*
     Eine hinzukommende Vermeidungsmaßnahme für störgrößenbedingte Fehlerursachen ist die Abschirmung eines Wirkprinzips gegenüber Störgrößen. Dies ist auch als Filter gegenüber Störgrößen interpretierbar.

  3. *Kompensation:*
     Kompensation bedeutet den Einsatz zusätzlicher Einzelteile, welche die störgrößenbedingte Änderung von Merkmalen minimieren oder ausgleichen (vgl. Kapitel 5.3).

  4. *Selektion:*
     Wenn sich unerwünschte Änderungen von Merkmalswerten durch Fertigungsstreuungen (Störgröße Teil-zu-Teil-Varianz) ergeben, lassen sich die Einzelteile mit diesen Merkmalswerten in der Produktion ausselektieren.

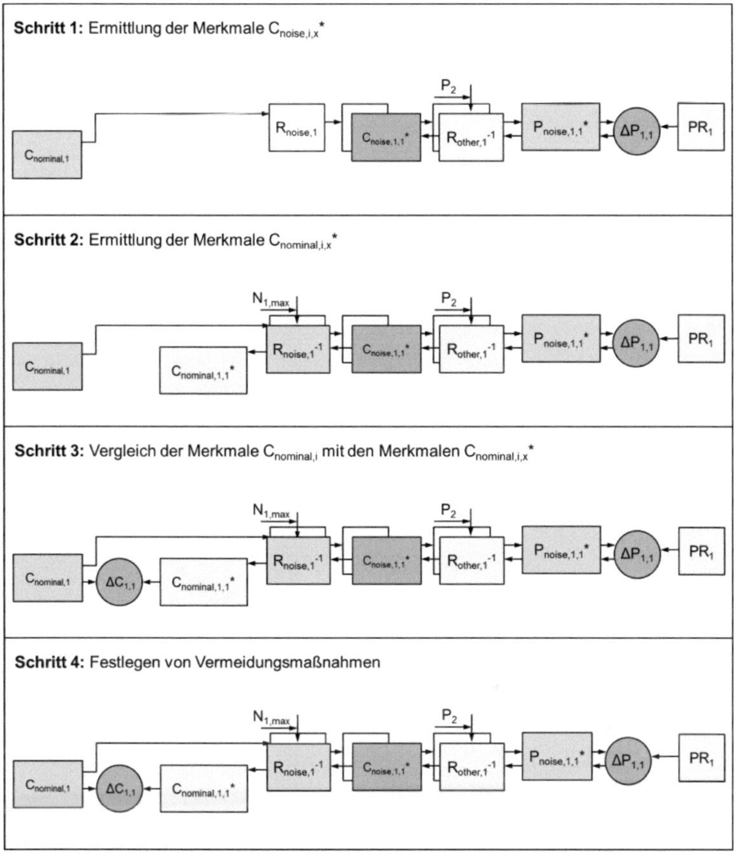

Abbildung 8.11: Die vier Teilschritte des Syntheseprozesses

Ermittlung von Konflikten bei der Definition von Vermeidungsmaßnahmen

Eine Anforderung an den Syntheseprozess ist, dass er Konflikte ermitteln kann, die zwischen Vermeidungsmaßnahmen bestehen. Die folgenden Ausführungen erläutern an zwei Beispielen, wie die Ermittlung solcher Konflikte mit dem erweiterten PDD-Prozessmodell möglich ist.

Abbildung 8.12 beschreibt mit einem ersten Beispiel, wie das erweiterte PDD-Prozessmodell Konflikte ermitteln kann, die zwischen Vermeidungsmaßnahmen bestehen. In diesem Fall hängen zwei Eigenschaften ($P_{noise,1,1}$, $P_{noise,1,2}$) vom

Merkmal $C_{nominal,1}$ ab. Wie Abbildung 8.12 zeigt, ist für das Property Required PR_1 die Merkmalsänderung $\Delta C_{1,1}$ am Merkmal $C_{nominal,1}$ festgelegt. Für das Property Required PR_2 ist die Merkmalsänderung $\Delta C_{1,2}$ am Merkmal $C_{nominal,1}$ festgelegt. Ein Konflikt liegt dann vor, wenn sich die beiden Merkmalsänderung $\Delta C_{1,1}$ und $\Delta C_{1,2}$ gegenseitig ausschließen.

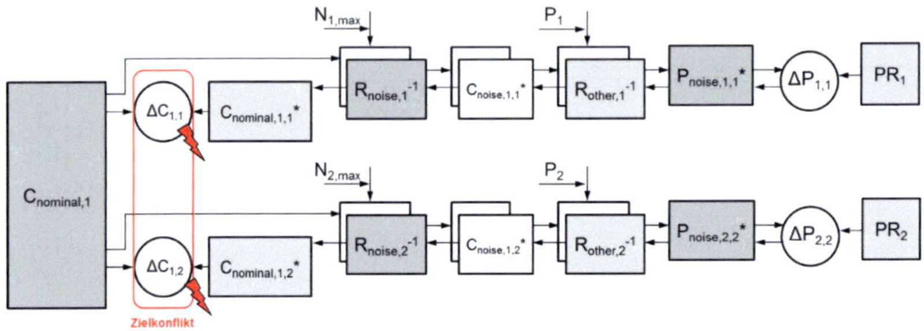

Abbildung 8.12: Darstellung eines Konflikts zwischen zwei Merkmalsänderungen

Abbildung 8.13 zeigt mit einem zweiten Beispiel, wie das erweiterte PDD-Prozessmodell Konflikte ermitteln kann. In diesem Beispiel wurde für das Property Required PR_1 die Merkmalsänderung $\Delta C_{1,1}$ am Merkmal $C_{nominal,1}$ festgelegt. Wie das erweiterte PDD-Prozessmodell zeigt, hängt auch die Ist-Eigenschaft $P_{noise,2,2}$ vom Merkmal $C_{nominal,1}$ ab. Für die Ist-Eigenschaft $P_{noise,2,2}$ ist im vorliegenden Fall aber keine Änderung des Merkmals $C_{nominal,1}$ nötig. Ein Konflikt besteht dann, wenn die Ist-Eigenschaft $P_{noise,2,2}$ durch die Merkmalsänderung $\Delta C_{1,1}$ unerwünscht geändert wird.

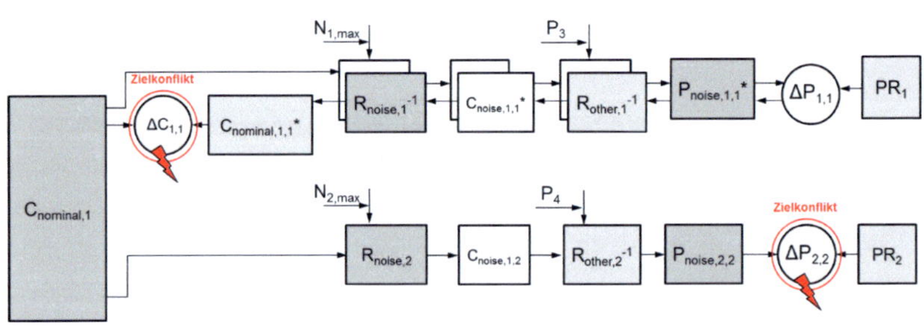

Abbildung 8.13: Darstellung eines Konflikts zwischen einer Merkmalsänderung und einer Eigenschaft

8.3.3 Fazit zu den Referenzprozessen

Dieses Kapitel hat zwei Referenzprozesse entwickelt, die störgrößenbedingte Fehlerursachen ermitteln und Vermeidungsmaßnahmen für die Fehlerursachen festlegen können. An theoretischen Beispielen wurde gezeigt, dass die beiden Referenzprozesse grundsätzlich geeignet sind, um störgrößenbedingte Fehlerursachen zu ermitteln bzw. Vermeidungsmaßnahmen für sie festzulegen. Ebenfalls konnte an theoretischen Beispielen gezeigt werden, dass der Prozess zur Definition von Vermeidungsmaßnahmen Konflikte ermitteln kann, die zwischen Vermeidungsmaßnahmen in Form von Merkmalsänderungen bestehen.

Die Ergebnisse dieses Kapitels bestätigen auf theoretischer Grundlage die Annahme, dass auf Basis des CPM/PDD-Ansatzes Referenzprozesse entwickelt werden können, welche störgrößenbedingte Fehlerursachen ermitteln und Vermeidungsmaßnahmen für sie festlegen können. Dies bildet die Grundlage, im folgenden Kapitel eine Methode zur Bewertung und Auswahl von Wirkprinzipien nach Robustheitsaspekten zu entwickeln.

9 Auswahl robuster Wirkprinzipien in der Konzeptphase

Die Ergebnisse von Kapitel 6 zeigen Bedarf an einer Methode, mit der Wirkprinzipien in der Konzeptphase nach Robustheitsaspekten bewertet und ausgewählt werden können. Dieses Kapitel entwickelt daher eine neue Methode, welche bei diesem Vorhaben anleitet. Der Analyseprozess und Syntheseprozess aus Kapitel 8 bilden die wesentlichen Grundlagen für die neue Methode.

9.1 Grundidee der Methode

Die Grundidee der neuen Methode besteht darin, dass Unterschiede in den störgrößenbedingten Fehlerursachen, Fehlerfolgen und Vermeidungsmaßnahmen von Wirkprinzipien auf Unterschiede in ihren Robustheiten hindeuten. Allein die Unterschiede in den Anzahlen ihrer störgrößenbedingten Fehlerursachen, Fehlerfolgen und Vermeidungsmaßnahmen lassen aber noch keine Unterschiede zwischen den Robustheiten von Wirkprinzipien erkennen. Es lässt sich nämlich nicht folgern, dass ein Wirkprinzip mit zwei störgrößenbedingten Fehlerursachen häufiger wegen Störgrößen ausfällt, als ein Wirkprinzip mit nur einer. Ebenfalls lässt sich nicht folgern, dass ein Wirkprinzip mit zwei Fehlerfolgen im Falle eines Ausfalls zu einer höheren Kundenverärgerung führt, als ein Wirkprinzip mit nur einer. Hinzukommend lässt sich nicht folgern, dass es z. B. aufwendiger ist, ein Wirkprinzip mit zwei Fehlerursachen robust zu machen, als ein Wirkprinzip mit nur einer. Somit müssen den Fehlerursachen, Fehlerfolgen und Vermeidungsmaßnahmen von Wirkprinzipien weitere Eigenschaftsgrößen zugeordnet werden, um Unterschiede bezüglich ihrer Robustheitsaspekte erkennen zu können.

Dieses Kapitel entwickelt auf Basis der beschriebenen Grundidee eine Methode zur Bewertung und Auswahl von Wirkprinzipien nach Robustheitsaspekten. Da die neue Methode in der Konzeptphase eingesetzt wird, kann sie Fehlerursachen, Fehlerfolgen und Vermeidungsmaßnahmen von Wirkprinzipien nur qualitativ bewerten. Daher erhält die Methode die Bezeichnung „Methode zur qualitativen Robustheitsbewertung von Wirkprinzipien" oder kurz QRBW-Methode.

9.2 Anforderungen an die Anwendung der Methode

In der Konzeptphase des Konstruktionsprozesses liegen größtenteils nur qualitative Informationen über neue Produkte vor. Daher stellt sich die Frage, von welchen Quellen die Informationen für Robustheitsbewertungen in der Konzeptphase bezogen werden können. Dafür ist zu beachten, dass Expertenwissen in frühen Konstruktionsphasen oftmals die einzige Informationsquelle ist. Expertenwissen spielt somit auch für die Bewertung der Robustheit von Wirkprinzipien in der Konzeptphase eine wichtige Rolle. Exemplarische Anwendungen der QRBW-Methode haben gezeigt, dass Expertenwissen vor allem erforderlich ist, um zu ermitteln, wie sich Merkmale durch Störgrößen ändern.

Um mit der neuen Methode effektiv arbeiten zu können, ist Expertenwissen aus den Unternehmensbereichen Konstruktion, Fertigungsplanung und Qualitätsmanagement erforderlich. Das Expertenwissen von Konstrukteuren gründet auf dem Verhalten von Produkten, mit denen sie in früheren Entwicklungsprojekten oder in der Serienbetreuung befasst waren. Konstrukteuren erschließt sich aus ihrem Expertenwissen beispielsweise, welche externen Störgrößen für ein Produkt aus seinen Anwendungsbedingungen zu erwarten sind. Ebenfalls können Konstrukteure mit ihrem Expertenwissen beurteilen, welche Merkmale neuer Produkte durch welche Störgrößen geändert werden können und wie die Merkmale von den Störgrößen abhängen. Das Expertenwissen von Fertigungsmitarbeitern basiert auf den Erfahrungen, die sie bei der Planung, der Freigabe und der Serienbetreuung von Fertigungsprozessen gesammelt haben. Mit diesem Wissen können sie abschätzen, welche Merkmalsänderungen durch Störgrößen in der Fertigung zu erwarten sind. Mitarbeiter aus dem Qualitätsmanagement haben aus der Analyse von Ausfallteilen und Ausfallstatistiken Wissen darüber, welche Wirkprinzipien aufgrund welcher Störgrößen beim Feldeinsatz ausgefallen sind. Somit können auch Mitarbeiter aus dem Qualitätsmanagement in bestimmten Fällen ableiten, welche Merkmale von Wirkprinzipien durch welche Störgrößen geändert werden.

Da Expertenwissen aus verschiedenen Unternehmensbereichen für die Anwendung der QRBW-Methode erforderlich ist, muss die QRBW-Methode in interdisziplinär besetzten Teamrunden angewendet werden. Die Experten aus den verschiedenen Unternehmensbereichen müssen in den Teamrunden zum einen ihr Expertenwissen einbringen. Ebenfalls müssen die Experten in diesen Runden offen und effizient miteinander zusammenarbeiten. Die folgenden Ausführungen erläutern weitere Gründe, warum die QRBW-Methode in interdisziplinär besetzten Teamrunden angewendet werden muss.

Teamarbeit ist bei der Anwendung der QRBW-Methode einerseits nötig, weil Expertenwissen oft in abstrakter Form in den Köpfen von Mitarbeitern gespeichert ist. Experten können in frühen Entwicklungsphasen aber nicht all ihr Wissen mit quantifizierbaren Größen beschreiben. Ebenfalls ist Experten nicht immer bewusst, welche Anteile ihres Wissens den Kollegen aus anderen Unternehmensbereichen unbekannt sind und daher noch in die Arbeit mit der QRBW-Methode eingebracht werden müssen. Um dies in Erfahrung zu bringen, sind Experten auf Diskussionen in interdisziplinären Teamrunden angewiesen.

Ein weiterer Grund, der die Anwendung der QRBW-Methode in Teamsitzungen erforderlich macht, besteht darin, dass Expertenbewertungen stets subjektiv sind. Wenn subjektive Bewertungen in interdisziplinären Sitzungen eingebracht, diskutiert und hinterfragt werden, lässt sich dennoch ein möglichst objektives Bewertungsergebnis erreichen.

Die Anwendung der QRBW-Methode in interdisziplinären Sitzungen ist auch deswegen nötig, weil Experten darin Widersprüche direkt miteinander klären können. Dies führt zum einen dazu, dass das Risiko für die Aufnahme von fehlerhaften Informationen sinkt. Hinzukommend kann dies dazu beitragen, dass sich Experten bei ihren Aussagen und Bewertungen sicherer fühlen. Dadurch steigt die Wahrscheinlichkeit, dass sie sich an Diskussionen und Bewertungen beteiligen.

Wenn die QRBW-Methode nicht in gemeinsamen Sitzungen angewendet wird, kann die Weitergabe von Expertenwissen bei der Arbeit mit der QRBW-Methode scheitern. Dies birgt die Gefahr von Informationslücken bei den Teammitgliedern. Diese Informationslücken können dazu führen, dass die Teammitglieder störgrößenbedingte Fehlerursachen nicht erkennen. Ebenfalls können die Informationslücken dazu führen, dass die Teammitglieder keine angemessenen Bewertungen für Fehlerursachen, Fehlerfolgen und Vermeidungsmaßnahmen treffen. Dadurch kann die Repräsentativität der Ergebnisse zugunsten der einfacheren Durchführung verloren gehen.

Für die Arbeit mit der QRBW-Methode wird vorgeschlagen, einen Moderator einzubinden. Dies liegt daran, dass es Mitarbeitern an Erfahrung in der Arbeit mit Methoden mangeln kann. Die Hauptaufgabe eines Moderators besteht darin, innerhalb des Arbeitsteams eine Atmosphäre des Vertrauens und der Offenheit zu schaffen. Des Weiteren soll der Moderator den Methodenanwendern die Ziele der Bewertungsschritte näherbringen. Dies ist nötig, damit die Methodenanwender angemessene Bewertungen für Fehlerursachen, Fehlerfolgen und Vermeidungsmaßnahmen treffen können. Bei den Bewertungen steuert der Moderator die Diskussionen und hilft den Teammitgliedern, sich auf Bewertungen zu einigen. Ebenfalls muss er sicherstellen, dass die Bewertungsergebnisse in ausreichendem Maße hinterfragt werden.

Aus der Erfahrung des Autors erschließt sich als ein weiterer Punkt, dass die Größe des Arbeitsteams einen Einfluss auf die Ergebnisse der QRBW-Methode haben kann. Um keinen zu großen Einfluss der Gruppendynamik auf das Ergebnis zuzulassen, darf die Arbeitsgruppe daher nicht zu groß ausfallen. Auf der anderen Seite müssen alle erforderlichen Experten in die Anwendung der Methode eingebunden werden. Als Kompromiss sollte daher nur ein Vertreter aus den Unternehmensbereichen Entwicklung, Fertigungsplanung und Qualitätsmanagement in die Arbeit mit der QRBW-Methode hinzugezogen werden. Diese Mitarbeiter bilden dann das Kernteam der QRBW-Methode.

Um das nötige Expertenwissen in die Anwendung der QRBW-Methode einzubringen, das Kernteam aber nicht zu groß werden zu lassen, schlägt der Autor vor, zusätzlich zum Kernteam ein erweitertes Team einzurichten. Die Mitglieder des erweiterten Teams nehmen nur bei Bedarf an den Arbeitsrunden mit der QRBW-Methode teil. Sie werden konsultiert, falls Fragen zu technologischen Aspekten aufkommen, die das Kernteam nicht selbst beantworten kann.

9.3 Methode zur Auswahl robuster Wirkprinzipien

Die Auswahl eines robusten Wirkprinzips mit der QRBW-Methode ist in die folgenden fünf Arbeitsschritte[35] unterteilt:

1. Suche und Beschreibung alternativer Wirkprinzipien.
2. Ermitteln der störgrößenbedingten Fehlerursachen und Fehlerfolgen von den Wirkprinzipien.
3. Festlegen von Vermeidungsmaßnahmen für die Fehlerursachen der Wirkprinzipien.
4. Bewerten der störgrößenbedingten Fehlerursachen, Fehlerfolgen und Vermeidungsmaßnahmen der Wirkprinzipien.
5. Auswahl eines Wirkprinzips.

Bevor die Arbeitsschritte der QRBW-Methode erläutert werden, geben die folgenden Ausführungen einen kurzen Überblick über ihre Ziele.

Die methodische Suche nach Wirkprinzipien geht von Teilfunktionen aus. Arbeitsschritt 1 wählt daher zunächst eine Teilfunktion des neu zu konstruierenden Produktes, für die ein robustes Wirkprinzip gesucht werden muss. Darauf aufbauend sucht und beschreibt der Arbeitsschritt alternative Wirkprinzipien, welche die Teilfunktion realisieren können.

[35] Die Schritte der QRBW-Methode werden mit Arbeitsschritte benannt, um sie von den Schritten des Analyseprozesses und Syntheseprozesses unterscheidbar zu machen, welche mit Teilschritt benannt werden.

Arbeitsschritt 2 ermittelt mit dem Analyseprozess die störgrößenbedingten Fehlerursachen, Ausfälle und Fehlerfolgen von den Wirkprinzipien.

Arbeitsschritt 3 legt mit dem Syntheseprozess Vermeidungsmaßnahmen für die Fehlerursachen von den Wirkprinzipien fest.

Arbeitsschritt 4 bewertet die störgrößenbedingten Fehlerursachen, Fehlerfolgen und Vermeidungsmaßnahmen von den Wirkprinzipien anhand vorgegebener Kriterien.

Arbeitsschritt 5 berechnet für jedes Wirkprinzip Bewertungszahlen, um sie nach verschiedenen Robustheitsaspekten zu evaluieren. Am Ende von Arbeitsschritt 5 wird anhand der Bewertungszahlen das robusteste Wirkprinzip gewählt.

Abbildung 9.1 fasst die Inhalte und die Ziele von den Arbeitsschritten der QRBW-Methode zusammen. Wie die Abbildung anhand von Pfeilen zeigt, lässt die Methode explizit Iterationen zwischen den Arbeitsschritten zu. Dies ermöglicht es, die Ergebnisse früherer Arbeitsschritte zu ergänzen oder zu korrigieren. Eine sukzessive Optimierung der Ergebnisse von den Arbeitsschritten wäre sonst nicht möglich.

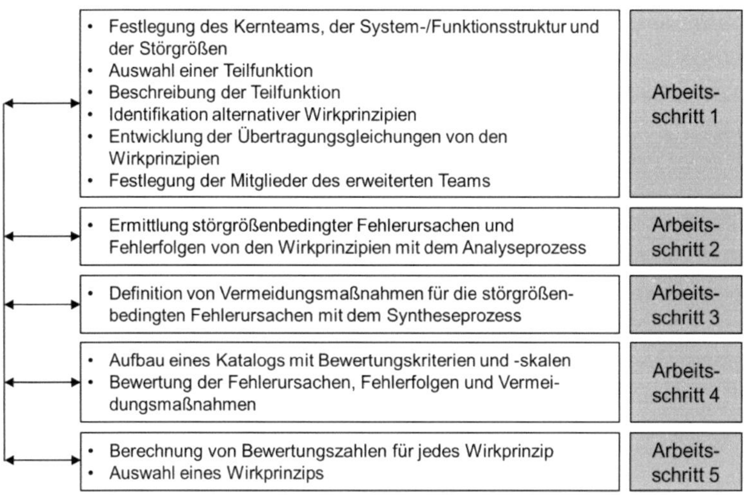

Abbildung 9.1: Die fünf Arbeitsschritte der QRBW-Methode

Es wurde ein Formblatt entwickelt, um die Ergebnisse der Arbeitsschritte der QRBW-Methode zu dokumentieren. Das Formblatt erhält die Bezeichnung QRBW-Formblatt. Das QRBW-Formblatt ist in Abbildung 9.2 dargestellt.

Das Formblatt dokumentiert zunächst die Bezeichnung des neuen Produktes, die gewählte Teilfunktion, die Mitglieder des Kernteams und des erweiterten Teams, das Datum der Bearbeitung sowie die zu erwartenden Störgrößen. Ebenfalls dokumentiert das Formblatt die Wirkprinzipien, welche für die Realisierung der Teilfunktion gefunden wurden. Darüber hinaus zeigt das Formblatt die Übertragungsgleichungen der Wirkprinzipien. Zusätzlich gibt das Formblatt die durch Störgrößen hervorgerufene Ausfälle, deren Fehlerursachen und Fehlerfolgen ebenso wie die zugehörigen Vermeidungsmaßnahmen von den Wirkprinzipien an. Zudem sind die Eigenschaftsgrößen der Fehlerursachen und Vermeidungsmaßnahmen ebenso wie deren Punktwerte angegeben. Zuletzt zeigt das Formblatt die Bewertungszahlen für die Robustheitsaspekte von den Wirkprinzipien.

Im Formblatt sind einige Symbole (A_S, W_M, A_M, B_K, $B_{w,r}$, $B_{w,a}$) enthalten, die bislang noch nicht erläutert wurden. Die Bedeutungen der Symbole werden erst im Rahmen der Methodenbeschreibung beschrieben.

<table>
<tr><td colspan="2">Produkt:</td><td colspan="11"></td></tr>
<tr><td colspan="2">Arbeitsteam:</td><td colspan="2"></td><td colspan="3">Erweitertes Arbeitsteam:</td><td colspan="6"></td></tr>
<tr><td colspan="2">Teilfunktion:</td><td colspan="2"></td><td colspan="3">Störgrößen:</td><td colspan="6"></td></tr>
<tr><td>Wirkprinzip</td><td>Übertragungs-gleichung</td><td>Ausfall</td><td>Fehlerur-sache</td><td>A_S</td><td>Fehlerfolge</td><td>B_K</td><td>Vermeidungs-maßnahme</td><td>A_M</td><td>W_M</td><td>S_U</td><td>$B_{w,r}$</td><td>$B_{w,a}$</td></tr>
<tr><td></td><td></td><td></td><td></td><td></td><td></td><td></td><td></td><td></td><td></td><td></td><td></td><td></td></tr>
<tr><td></td><td></td><td></td><td></td><td></td><td></td><td></td><td></td><td></td><td></td><td></td><td></td><td></td></tr>
<tr><td></td><td></td><td></td><td></td><td></td><td></td><td></td><td></td><td></td><td></td><td></td><td></td><td></td></tr>
</table>

Abbildung 9.2: Formblatt der QRBW-Methode

9.3.1 Suche und Beschreibung alternativer Wirkprinzipien

Der erste Arbeitsschritt der QRBW-Methode ist in die folgenden sechs Arbeitsschritte untergliedert:

- Arbeitsschritt 1.1: Festlegen der Kernteammitglieder, der System-/Funktionsstruktur und der Störgrößen
- Arbeitsschritt 1.2: Auswahl einer Teilfunktion
- Arbeitsschritt 1.3: Beschreibung der gewählten Teilfunktion
- Arbeitsschritt 1.4: Identifikation alternativer Wirkprinzipien
- Arbeitsschritt 1.5: Entwicklung der Übertragungsgleichungen von den Wirkprinzipien
- Arbeitsschritt 1.6: Festlegung der Mitglieder des erweiterten Teams

Arbeitsschritt 1.1: Festlegen der Kernteammitglieder, der System-/Funktionsstruktur und der Störgrößen

Dieser Arbeitsschritt legt die Mitglieder des Kernteams fest. Ebenfalls erstellt der Arbeitsschritt die System-/Funktionsstruktur des neuen Produktes. Darüber hinaus ermittelt der Arbeitsschritt die externen Störgrößen, die für das neue Produkt zu erwarten sind.

Es existieren mehrere Randbedingungen für die Auswahl der Kernteammitglieder. Erstens müssen die Mitglieder aus dem Entwicklungsprojekt stammen, in dem die QRBW-Methode angewendet wird. Zweitens muss jeweils ein Mitarbeiter aus den Unternehmensbereichen Konstruktion, Fertigung und Qualitätsmanagement im Kernteam vertreten sein.

Die QRBW-Methode soll Konstrukteure bei der Auswahl von Wirkprinzipien für die Auslegung vorgegebener Einzelteile bzw. Baugruppen unterstützen. Dafür bildet dieser Arbeitsschritt die Einzelteile und Baugruppen des neuen Produktes in einer Systemstruktur ab. Anschließend ermittelt der Arbeitsschritt die Teilfunktionen der Einzelteile und Baugruppen und ordnet sie den Einzelteilen und Baugruppen in der Systemstruktur zu. Dadurch entsteht aus der Systemstruktur die System-/Funktionsstruktur des neuen Produktes. Abbildung 9.3 zeigt exemplarisch dafür die System-/Funktionsstruktur eines Produktes bestehend aus drei Baugruppen und sieben Einzelteilen.[36]

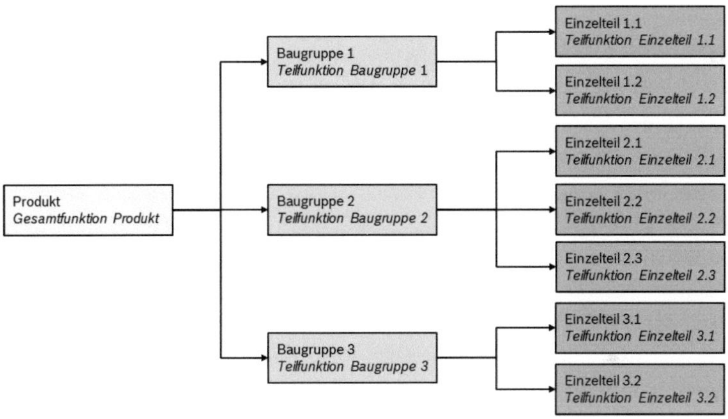

Abbildung 9.3: System-/Funktionsstruktur eines exemplarisch betrachteten Produktes

Externe Störgrößen lassen sich in der Konzeptphase z. B. mit Lastenheften des Kunden, Normen oder Erfahrungswissen von den Mitgliedern des Kernteams ermitteln. Da externe Störgrößen von außen auf ein Produkt wirken, muss in diesem Arbeitsschritt ebenfalls untersucht werden, bis zu welchen Einzelteilen sich die Störgrößen innerhalb des Produktes fortpflanzen und mit welchen Werten die Störgrößen dort ankommen. Dies zeigt, welche Störgrößen für die Wirkprinzipien zu erwarten sind, welche die Einzelteile realisieren.

[36] Die System-/Funktionsstruktur in der QRBW-Methode entspricht der Funktionsstruktur der FMEA nach [VDA-4 2012]. Bei der Funktionsstruktur nach [VDA-4 2012] besteht das Defizit, dass sie jede Teilfunktion nur einem Einzelteil zuordnet, auch wenn die Teilfunktion durch mehrere Teile realisiert wird. Dieses Defizit wird behoben, indem in den folgenden Schritten Wirkprinzipien gesucht werden, die entweder durch ein Einzelteil oder mehrere Einzelteile realisiert werden.

Arbeitsschritt 1.2: Auswahl einer Teilfunktion

Nicht für alle Funktionen aus der Funktionsstruktur müssen robuste Wirkprinzipien gesucht werden. Dieser Arbeitsschritt wählt daher eine Teilfunktion aus der System-/Funktionsstruktur, für deren Realisierung ein robustes Wirkprinzip gesucht werden muss. Teilfunktionen befinden sich in der System-/Funktionsstruktur auf verschiedenen Ebenen. Daher muss festgelegt werden, von welcher Ebene der System-/Funktionsstruktur eine Teilfunktion gewählt werden soll.

Der Aufwand für Robustheitsbewertungen soll in der QRBW-Methode überschaubar gehalten werden. Dieser Aufwand hängt maßgeblich von der Ermittlung und Bewertung der störgrößenbedingten Fehlerursachen und ihrer Vermeidungsmaßnahmen ab. Die Anzahl der Fehlerursachen und ihrer Vermeidungsmaßnahmen hängt wiederum davon ab, wie viele Merkmale von Wirkprinzipien durch Störgrößen unerwünscht verändert werden. Die QRBW-Methode wählt daher eine Teilfunktion von den untersten Ebenen der System-/Funktionsstruktur. Diese Funktionen erfordern für ihre Realisierung weniger Wirkprinzipien und somit auch weniger Merkmale als Teilfunktionen von den höheren Ebenen. Welche Ebenen der Funktionsstruktur zu den untersten Ebenen zählen, gilt es fallweise festzulegen.[37]

Es können sich viele Teilfunktionen auf den untersten Ebenen der System-/Funktionsstruktur befinden. Daher müssen die Funktionen von diesen Ebenen priorisiert werden. Die Priorisierung der Funktionen erfolgt nach den Bedeutungen, welche ihre Ausfälle für den Kunden haben. Denn je höher die Bedeutung eines Funktionsausfalls ist, umso dringender ist ein robustes Wirkprinzip für die Realisierung einer Funktion erforderlich. Die Bedeutungen der Funktionsausfälle sind zu diesem Zeitpunkt aber noch nicht genau quantifizierbar. Die Bedeutungen lassen sich daher nur relativ zueinander vergleichen. Dies ist mit einem paarweisen Vergleich möglich. Die Teilfunktionen lassen sich mit den Ergebnissen des paarweisen Vergleichs nach den Bedeutungen ihrer Ausfälle in einer Reihenfolge anordnen. Die Funktionen sind in dieser Reihenfolge dann nach den Bedeutungen ihrer Ausfälle absteigend angeordnet.

[37] Das Vorgehen für die Festlegung der untersten Ebenen wird in Kapitel 10 exemplarisch erläutert.

Für eine Teilfunktion muss nur dann nach robusten Wirkprinzipien gesucht werden, wenn noch kein robustes Wirkprinzip für ihre Realisierung unter den erwarteten Störgrößen bekannt ist. Wenn für die erste Teilfunktion in der Reihenfolge bereits ein robustes Wirkprinzip bekannt ist, und sich die externen Störgrößen für dieses Wirkprinzip im neuen Produkt nicht ändern, kann man daher zur zweiten Teilfunktion in der Reihenfolge übergehen. Hier wird dann wieder untersucht, ob robuste Wirkprinzipien bereits bekannt sind und ob sich die externen Störgrößen für diese Wirkprinzipien im neuen Produkt ändern.

Arbeitsschritt 1.3: Beschreibung der gewählten Teilfunktion

Die Suche nach geeigneten Wirkprinzipien setzt eine angemessene Beschreibung der zuvor gewählten Teilfunktion aus. Dieser Arbeitsschritt beschreibt die gewählte Teilfunktion daher so, dass das Kernteam geeignete und möglichst viele verschiedene Wirkprinzipien für ihre Realisierung finden kann. Die QRBW-Methode stellt dafür die folgenden Anforderungen an die Funktionsbeschreibung:

- *Anforderung 1: Nachvollziehbarkeit*
  Die Funktionsbeschreibung muss für alle Mitglieder des Kernteams nachvollziehbar sein. Somit können sich alle Mitglieder des Kernteams an der Suche nach geeigneten Wirkprinzipien beteiligen.

- *Anforderung 2: Lösungsneutralität*
  Die Funktionsbeschreibung muss weitgehend lösungsneutral sein. Somit lassen sich Wirkprinzipien mit verschiedenen physikalischen Effekten und einer unterschiedlichen Wirkgeometrie für die Realisierung der Teilfunktion finden.

- *Anforderung 3: Benennung der Eingangsgrößen und der Ausgangsgröße*
  Die Funktionsbeschreibung muss die Eingangsgrößen und die Ausgangsgröße der Teilfunktion benennen. Somit lassen sich Wirkprinzipien finden, die sich sowohl den Eingangsgrößen als auch der Ausgangsgröße der Teilfunktion zuordnen lassen. Ebenfalls lassen sich somit Hilfsmittel wie z. B. Funktionsgrößenmatrizen für die Ermittlung geeigneter Wirkprinzipien benutzen.

Teilfunktionen sind in System-/Funktionsstrukturen meist in der Form „Substantiv, Verb“ beschrieben. Dies entspricht einer verbalen Funktionsbeschreibung. Die verbale Form der Funktionsbeschreibung soll für die gewählte Teilfunktion beibehalten werden. Denn damit lässt sich die Funktion mit natürlicher Sprache und somit für alle Teammitglieder nachvollziehbar formulieren.

Die verbale Funktionsbeschreibung in der Form „Substantiv, Verb“ gibt von den Funktionsgrößen der Funktion nur die Eingangsgrößen an. Um Wirkprinzipien zu finden, die allen Funktionsgrößen der Funktion zuordenbar sind, muss die verbale Funktionsbeschreibung daher so geändert werden, dass sie neben den Eingangsgrößen auch die Ausgangsgröße der Funktion benennt. Die Funktionsbeschreibung wird dafür in die Form „Substantiv, Verb, Substantiv“ überführt. Das erste Substantiv entspricht dabei den Eingangsgrößen und das zweite Substantiv der Ausgangsgröße der gewählten Funktion. Das Verb gibt den Zusammenhang zwischen den Eingangsgrößen und der Ausgangsgröße an.

Für die Eingangsgrößen und die Ausgangsgröße der Teilfunktion werden in der QRBW-Methode die Zustände einzelner physikalischer Größen oder die Zustände von Objekten angegeben. Die Zustände der physikalischen Größen bzw. der Objekte müssen dafür mit einem Nominalwert quantifiziert werden.[38] Der Wert der Ausgangsgröße erhält zusätzlich einen Toleranzbereich, um einen Bereich für zulässige Abweichungen festzulegen. Somit lässt sich die nötige Lösungsneutralität für die Funktionsbeschreibung erreichen.

Die folgenden Regeln ergeben sich aus den beschriebenen Festlegungen für die Beschreibung der gewählten Teilfunktion:

- Die Teilfunktion hat eine oder mehrere Eingangsgrößen (Substantive).
- Die Teilfunktion hat eine Ausgangsgröße (Substantiv).
- Die Teilfunktion hat genau ein Verb.
- Bei den Eingangsgrößen und der Ausgangsgröße handelt es sich um die Zustände physikalischer Größen oder von Objekten.
- Die Eingangsgrößen und die Ausgangsgröße müssen quantifiziert werden.
- Für die Ausgangsgröße muss zusätzlich ein Toleranzbereich festgelegt werden.

[38] Wie bereits Kapitel 8.2 erläutert hat, werden die Schwankungen funktionaler Eingangsgrößen in Anlehnung an [Krause 2000] nicht als Störgrößen berücksichtigt.

Arbeitsschritt 1.4: Identifikation alternativer Wirkprinzipien

Dieser Arbeitsschritt sucht verschiedene Wirkprinzipien, welche geeignet sind, die Eingangsgrößen der gewählten Teilfunktion in ihre Ausgangsgröße umzusetzen. Da sich die QRBW-Methode an den gewohnten Denk- und Arbeitsweisen[39] von Konstrukteuren orientieren soll, sucht die Methode zunächst nach Einzelteilen oder Baugruppen, welche die gewählte Teilfunktion realisieren können.[40] Danach lassen sich die Wirkprinzipien analysieren, welche die Einzelteile/Baugruppen für die Realisierung der Teilfunktion erfüllen.

Mit der QRBW-Methode sollen neue und bekannte Wirkprinzipien nach ihren Robustheiten bewertet werden. Die QRBW-Methode muss daher nach neuen und nach bekannten Einzelteilen/Baugruppen suchen. Für die Suche nach neuen Einzelteilen/ Baugruppen lassen sich z. B. Kreativitätsmethoden benutzen. Für die Suche nach bekannten Einzelteilen/Baugruppen ist z. B. eine systematische Suche in bereits existierenden Produkten des Unternehmens möglich.

Um die Wirkprinzipien zu analysieren, mit denen die Einzelteile/Baugruppen die gewählte Teilfunktion realisieren, werden Skizzen von den Einzelteilen/Baugruppen angefertigt. Die Skizzen müssen die Geometrie der Einzelteile/Baugruppen, ebenso wie ihre Werkstoffe, Kopplungen und Anordnungen zeigen. In die Skizzen der Einzelteile/ Baugruppen werden zunächst die Eingangsgrößen und die Ausgangsgröße der Teilfunktion eingezeichnet.[41] Anschließend lässt sich in die Skizzen der Energie-, Stoff- bzw. Signalumsatz einzeichnen, welcher die Eingangsgrößen in die Ausgangsgröße umsetzt. Somit lässt sich aus den Skizzen ablesen, welche Geometrie der Einzelteile/Baugruppen am Umsatz der Energie-, Stoff-, Signalgrößen beteiligt ist. Diese Geometrie entspricht ihrer Wirkgeometrie. Ausgehend von der Wirkgeometrie der Einzelteile/ Baugruppen lassen sich auch ihre stofflichen Merkmale ermitteln.

---

[39] Wie Kapitel 6.1 beschrieben hat, greifen Konstrukteure in der Praxis auf bestehende Einzelteile bzw. Baugruppen zurück und passen deren Geometrie/Werkstoffe bei der Konstruktion neuer Produkte an neue Aufgabenstellungen an.

[40] Kapitel 6.1 hat gezeigt, dass für die Realisierung einer Teilfunktion mindestens ein Einzelteil erforderlich ist. Wenn zwei Einzelteile ein Wirkprinzip gemeinsam realisieren, um eine Funktion zu erfüllen, bilden sie eine Baugruppe.

[41] Wie zuvor erläutert, handelt es sich bei den Eingangsgrößen und der Ausgangsgröße um die Zustände einzelner physikalischer Größen oder die Zustände von Objekten.

Sobald die Wirkgeometrie der Einzelteile/Baugruppen bekannt ist, können die physikalischen Effekte ermittelt werden, welche an der Wirkgeometrie wirken. Hilfestellungen für die Ermittlung der physikalischen Effekte können z. B. Erfahrungswissen von Kernteammitgliedern, Funktionsgrößenmatrizen oder das Wissen von Experten sein, welche nicht zum Kernteam gehören. Auch die Gleichungen der physikalischen Effekte lassen sich aus diesen Quellen beziehen.

Abbildung 9.4 zeigt das beschriebene Vorgehen für die Analyse der Wirkprinzipien von Einzelteilen/Baugruppen grafisch. Zuerst wird die Wirkgeometrie der Einzelteile/Baugruppen identifiziert. Danach werden die physikalischen Effekte ermittelt, welche gemeinsam mit der Wirkgeometrie die Realisierung der Teilfunktion erzwingen. Die physikalischen Effekte erfüllen zusammen mit der jeweiligen Wirkgeometrie die Wirkprinzipien, welche die Einzelteile/Baugruppen realisieren.

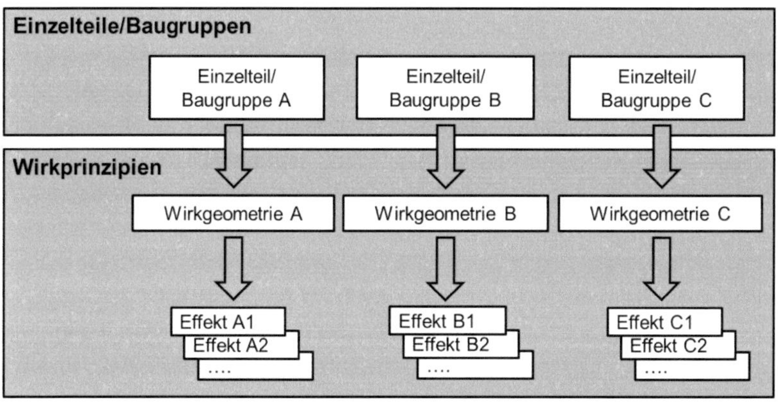

Abbildung 9.4: Prinzipieller Ablauf zur Analyse von Wirkprinzipien und physikalischen Effekten von Einzelteilen/Baugruppen

Arbeitsschritt 1.5: Entwicklung der Übertragungsgleichungen von den Wirkprinzipien

Arbeitsschritt 1.5 entwickelt die Übertragungsgleichungen der zuvor ermittelten Wirkprinzipien. Darüber hinaus legt der Arbeitsschritt Werte für die geometrischen und stofflichen Merkmale von den Wirkprinzipien fest.

Es gibt verschiedene Möglichkeiten, die Übertragungsgleichungen von Wirkprinzipien zu entwickeln. Dies hängt z. B. davon ab, ob Wirkprinzipien auf einem oder mehreren Effekten basieren oder ob sie statisch oder dynamisch sind. Wenn Wirkprinzipien beispielsweise auf mehreren statischen physikalischen Effekten basieren, lassen sich ihre Übertragungsgleichungen z. B. aus einer Verkettung ihrer Effektgleichungen herleiten. Im Falle der Dynamik lassen sich die Übertragungsgleichungen von Wirkprinzipien z. B. aus den Lösungsfunktionen ihrer Bewegungsgleichungen herleiten. Um zu den Übertragungsgleichungen der Wirkprinzipien zu gelangen, müssen den Parametern in den Effektgleichungen bzw. den Parametern in den Lösungsfunktionen der Bewegungsgleichungen noch die geometrischen und stofflichen Merkmale der Wirkgeometrie von ihren Einzelteilen/Baugruppen zugeordnet werden.

Sobald die Übertragungsgleichungen von den Wirkprinzipien vorliegen, werden die Werte der darin enthaltenen geometrischen und stofflichen Merkmale so festgelegt, dass sie die Eingangsgrößen der Teilfunktion in ihre Ausgangsgröße umsetzen. Bei einigen Wirkprinzipien kann es sein, dass sich die Ausgangsgröße mit den gewählten Merkmalswerten exakt erzielen lässt. Bei anderen Wirkprinzipien kann es sein, dass die Ausgangsgröße nicht genau erzielt werden kann. Dann müssen die Werte der Merkmale so festgelegt werden, dass die Ausgangsgröße möglichst nahe angenähert wird.

Arbeitsschritt 1.6: Festlegung der Mitglieder des erweiterten Teams

Das Ziel von Arbeitsschritt 1.6 ist, die Mitglieder des erweiterten Teams auszuwählen. Die Auswahl der Mitglieder richtet sich nach technologischen Aspekten, wie z. B. dem Neuheitsgrad des Werkstoffes oder der physikalischen Effekte von den Wirkprinzipien.

Am Ende von Arbeitsschritt 1 der QRBW-Methode lassen sich die Beschreibung der gewählten Teilfunktion ebenso wie die gefundenen Wirkprinzipien, ihre Übertragungsgleichungen, die Mitglieder des Kernteams und des erweiterten Teams ebenso wie die erwarteten Störgrößen in das QRBW-Formblatt eintragen. Abbildung 9.5 zeigt dafür ein Beispiel.

Produkt:		Produkt A										
Arbeitsteam:		Mitglied 1, Mitglied 2, etc.		**Erweitertes Arbeitsteam:**			Mitglied A, Mitglied B, etc.					
Teilfunktion:		Teilfunktion A		**Störgrößen:**			Störgröße 1, Störgröße 2					
Wirkprinzip	**Übertragungsgleichung**	**Ausfall**	**Fehlerursache**	**A_S**	**Fehlerfolge**	**B_K**	**Vermeidungsmaßnahme**	**A_M**	**W_M**	**S_U**	**$B_{w,r}$**	**$B_{w,a}$**
Wirkprinzip 1	A_1											

Abbildung 9.5: QRBW-Formblatt mit den Ergebnissen aus Arbeitsschritt 1 der QRBW-Methode

9.3.2 Ermittlung der Fehlerursachen von den Wirkprinzipien

Dieser Arbeitsschritt ermittelt mit dem Analyseprozess die störgrößenbedingten Fehlerursachen der zuvor gefundenen Wirkprinzipien. Ebenfalls leitet der Arbeitsschritt die Fehlerfolgen ab, die aus den störgrößenbedingten Fehlerursachen der Wirkprinzipien resultieren.

Kapitel 5 hat den Analyseprozess anhand von Netzwerkdarstellungen beschrieben. Die Darstellung des Analyseprozesses mit Netzwerkstrukturen birgt allerdings einige Nachteile. Zum einen wäre es zu aufwendig, für jedes Wirkprinzip eine eigene Netzwerkstruktur aufzubauen. Zum anderen erweisen sich die Blöcke in der Netzwerkstruktur wegen Platzmangel als ungeeignet, die Werte der Symbole des Analyseprozesses zu dokumentieren. Daher werden die Teilschritte des Analyseprozesses in der QRBW-Methode mit Tabellen dargestellt. Bei der tabellarischen Darstellung darf allerdings der wesentliche Vorteil des erweiterten PDD-Prozessmodells nicht verloren gehen. Dieser Vorteil besteht darin, dass das PDD-Prozessmodell die Abhängigkeiten verschiedener Eigenschaften von denselben Merkmalen darstellen kann. Dies ist erforderlich, um Konflikte ermitteln zu können, die zwischen Vermeidungsmaßnahmen bestehen.

Abbildung 9.6 zeigt die Tabelle, welche die Teilschritte des Analyseprozesses darstellt. Die Tabelle benennt im Kopfteil das neue Produkt, die gewählte Teilfunktion, das betrachtete Wirkprinzip und das Einzelteil bzw. die Baugruppe, welche das Wirkprinzip realisieren. Im Bereich „Übersetzung CPM-Produktmodell → Erweitertes PDD-Prozessmodell" zeigt die Tabelle die Eingangsgrößen und die Ausgangsgröße der gewählten Funktion, ebenso wie die Merkmale der Wirkprinzipien und die erwarteten externen Störgrößen. Die Tabelle stellt im unteren Abschnitt die Teilschritte des Analyseprozesses mit den Symbolen des erweiterten PDD-Prozessmodells dar und dokumentiert ihre Ergebnisse. Die Tabelle erhält die Bezeichnung Analyseprozesstabelle.

Produkt		**Funktion**	
Wirkprinzip		**Einzelteil/Baugruppe**	
Datum		**Revisionsstand**	
Übersetzung CPM-Produktmodell → Erweitertes PDD-Prozessmodell			
Eingangsgrößen	P_x		
Soll-Ausgangsgröße	PR_j		
Merkmale	$C_{nominal,i}$		
Übertragungsgleichung	$R_{other,i}$		
Störgröße	N_x		
Ermittlung störgrößenbedingter Ausfälle und Fehlerursachen			
Teilschritt 1			
Störgrößenbedingte Merkmalsänderungen	$R_{noise,i}$		
Merkmale unter Störgrößen	$C_{noise,i,x}$		
Teilschritt 2			
Übertragungsgleichung des Wirkprinzips	$R_{other,i}$		
Ausgangsgröße unter der Wirkung von Störgrößen	$P_{noise,j,x}$		
Teilschritt 3			
Abweichung $P_{noise,j,x}$ von PR_i	$\Delta P_{j,x}$		
Teilschritt 4			
Handelt es sich bei der Eigenschaft $P_{noise,j,x}$ um einen Ausfall?	ja / nein		

Abbildung 9.6: Aufbau der Analyseprozesstabelle

Die folgenden Ausführungen erläutern die Ermittlung störgrößenbedingter Fehlerursachen mit dem Analyseprozess an einem Beispiel. Abbildung 9.7 zeigt das CPM-Modell des Wirkprinzips, welches im vorliegenden Beispiel betrachtet wird. Die Symbole im CPM-Modell in der Abbildung haben die folgenden Bedeutungen:

- *Merkmale C_1, C_2 und C_3:*
  Die Merkmale C_1, C_2 und C_3 entsprechen den geometrischen bzw. stofflichen Merkmalen des Wirkprinzips. Diese Merkmale und ihre Werte werden mit Arbeitsschritt 1.4 und Arbeitsschritt 1.5 der QRBW-Methode ermittelt bzw. definiert.

- *Eigenschaften P_1, P_2:*
  Die Eigenschaft P_1 entspricht der Soll-Ausgangsgröße (Property Required) der Funktion, welche das Wirkprinzip realisiert. Die Ausgangsgrößen von Funktionen ebenso wie ihre Werte und Toleranzbereiche werden mit Arbeitsschritt 1.3 ermittelt bzw. festgelegt. Die Eigenschaft P_2 entspricht einer weiteren Eigenschaft des Wirkprinzips.

- *Eigenschaften P_3, P_4, P_5, P_6:*
  Die Eigenschaft P_3 entspricht der Eingangsgröße der Funktion des Wirkprinzips. Eingangsgrößen und ihre Werte werden in Arbeitsschritt 1.3 ermittelt. Bei den Eigenschaften P_4 und P_5 handelt es sich um externe Störgrößen. Externe Störgrößen und ihre maximalen Werte, mit denen sie an Wirkprinzipien ankommen, werden mit Arbeitsschritt 1.1 ermittelt. Die Eigenschaft P_6 bestimmt, wie die Eigenschaft P_2 des Wirkprinzips vom Merkmal C_2 abhängt.

- *Relationen R_1 und R_2:*
  Die Relation R_1 entspricht der Übertragungsgleichung A_1 des Wirkprinzips. Die Übertragungsgleichungen von Wirkprinzipien werden mit Arbeitsschritt 1.5 ermittelt. Die Relation R_2 gibt den Zusammenhang zwischen dem Merkmal C_3, der Eigenschaft P_6 und der Eigenschaft P_2 des Wirkprinzips an.

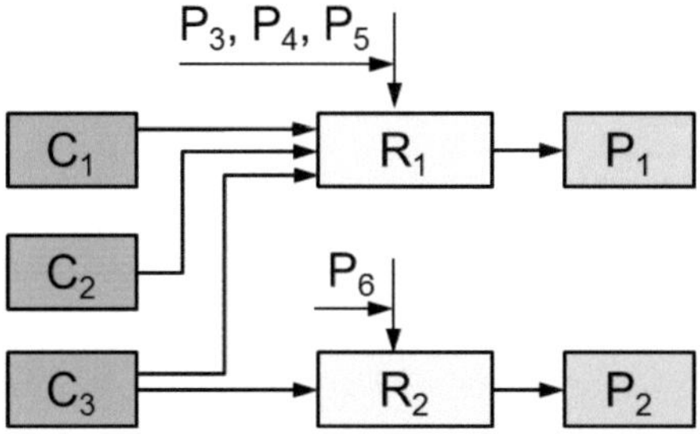

Abbildung 9.7: CPM-Modell eines exemplarisch betrachteten Wirkprinzips

Die folgenden Ausführungen erläutern den Analyseprozess für die Eigenschaft P_1, weil das Wirkprinzip für die Realisierung dieser Eigenschaft eingesetzt wird. Abbildung 9.8 zeigt das CPM-Modell für diese Eigenschaft.[42]

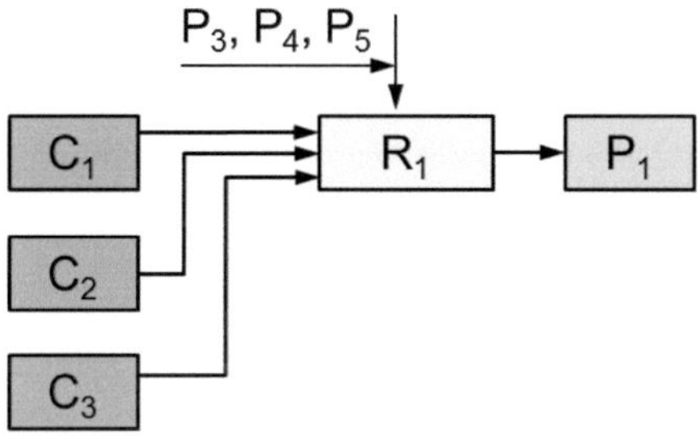

Abbildung 9.8: CPM-Modell für die Eigenschaft P_1 des exemplarisch betrachteten Wirkprinzips

Um die Analyseprozesstabelle für die Eigenschaft P_1 aufzubauen, werden den Symbolen aus dem CPM-Modell des Wirkprinzips die Symbole des erweiterten PDD-Prozessmodells wie folgt zugeordnet:

- *Merkmale C_1, C_2 und C_3:*
  Den Merkmalen C_1, C_2 und C_3 werden im erweiterten PDD-Prozessmodell die Symbole $C_{nominal,1}$, $C_{nominal,2}$ bzw. $C_{nominal,3}$ zugeordnet.

[42] Die Eigenschaft P_1 lässt sich getrennt von der Eigenschaft P_2 darstellen, weil der CPM/PDD-Ansatz davon ausgeht, dass Eigenschaften voneinander unabhängig sind.

- *Eigenschaft P_1 (Soll-Ausgangsgröße):*
  Der Eigenschaft P_1 wird im erweiterten PDD-Prozessmodell das Symbol PR_1 zugeordnet.

- *Eigenschaften P_3, P_4, P_5:*
  Das Symbol der Eigenschaft P_3 bleibt im erweiterten PDD-Prozessmodell gleich, da es sich bei ihr um keine Störgröße handelt. Der Störgröße P_4 wird das Symbol N_1 zugeordnet. Der Störgröße P_5 wird das Symbol N_2 zugeordnet.

- *Relation R_1:*
  Der Relation R_1 wird das Symbol $R_{other,1}$ zugeordnet.

Die zuvor beschriebenen Symbole des erweiterten PDD-Prozessmodells werden in den Bereich der Analyseprozesstabelle namens „Übersetzung CPM-Produktmodell → Erweitertes PDD-Prozessmodell" eingetragen. Abbildung 9.9 zeigt den entsprechenden Ausschnitt aus der Analyseprozesstabelle für die Soll-Ausgangsgröße (Property Required) PR_1 des Wirkprinzips.

Übersetzung CPM-Produktmodell → Erweitertes PDD-Prozessmodell		
Eingangsgrößen	P_x	P_3
Soll-Ausgangsgröße	PR_j	PR_1
Merkmale	$C_{nominal,i}$	$C_{nominal,1}$ $C_{nominal,2}$ $C_{nominal,3}$
Übertragungsgleichung	$R_{other,i}$	A_1
Störgrößen	N_x	$N_{1,max}$, $N_{2,max}$

Abbildung 9.9: Ausschnitt aus der Analyseprozesstabelle des exemplarisch betrachteten Wirkprinzips

Die folgenden Ausführungen beschreiben die vier Teilschritte des Analyseprozesses für das Property Required PR_1.

- *Ermittlung der Merkmale $C_{noise,i,x}$:*
  Dieser Teilschritt ermittelt mit der Relation $R_{noise,1}$ die Merkmale $C_{noise,i,x}$, die aus den Störgrößen N_1 und N_2 resultieren. Im vorliegenden Beispiel können die beiden Störgrößen alle Merkmale des Wirkprinzips verändern. Ebenfalls treten die Störgrößen unabhängig voneinander auf. Somit führen

die Störgrößen N_1 und N_2 zu unterschiedlichen Merkmalen $C_{noise,i,x}$. Diese Merkmale werden in den Spalten von den Störgrößen in der Matrix von der Relation $R_{noise,1}$ dokumentiert (vgl. Abbildung 9.10).[43]

	Externe Störgrößen	
$C_{nominal,i}$	$N_{1,max}$	$N_{2,max}$
$C_{nominal,1}$	$C_{noise,1,1}$	$C_{noise,1,2}$
$C_{nominal,2}$	$C_{noise,2,1}$	$C_{noise,2,2}$
$C_{nominal,3}$	$C_{noise,3,1}$	$C_{noise,3,2}$

Abbildung 9.10: Ermittlung von Merkmalen $C_{noise,i,x}$ mit der Relation $R_{noise,i}$

Die Merkmale $C_{noise,i,x}$ aus der Matrix werden in die Analyseprozesstabelle geschrieben. Weil die Störgrößen N_1 und N_2 unabhängig voneinander auftreten und jeweils zu unterschiedlichen Merkmalen $C_{noise,i,x}$ führen, ist eine eigene Analyseprozesstabelle für jede der beiden Störgrößen erforderlich. Abbildung 9.11 zeigt die zugehörigen Ausschnitte aus den Analyseprozesstabellen von der Störgröße N_1 und der Störgröße N_2.

Teilschritt 1		
Störgrößenbedingte Merkmalsänderungen	$R_{noise,i}$	$C_{noise,i,1} = f(C_{nominal,i}, N_{1,max})$
Merkmale unter Störgrößen	$C_{noise,i,x}$	$C_{noise,1,1}$ $C_{noise,2,1}$ $C_{noise,3,1}$

Teilschritt 1		
Störgrößenbedingte Merkmalsänderungen	$R_{noise,i}$	$C_{noise,i,2} = f(C_{nominal,i}, N_{2,max})$
Merkmale unter Störgrößen	$C_{noise,i,x}$	$C_{noise,1,2}$ $C_{noise,2,2}$ $C_{noise,3,2}$

Abbildung 9.11: Darstellung der Symbole $R_{noise,i}$ und $C_{noise,i,x}$ in der Analyseprozesstabelle

- *Ermittlung der Eigenschaften $P_{noise,j,x}$:*

  Weil die Störgrößen N_1 und N_2 unabhängig voneinander auftreten, führen sie auch zu unterschiedlichen Eigenschaften $P_{noise,j,x}$. Diese Eigenschaften berechnen sich mit der Relation $R_{other,1}$, der Eingangsgröße der Teilfunktion P_3 und den Merkmalen, welche in der Matrix von der Relation $R_{noise,1}$ stehen. Mit allen Merkmalen aus der Spalte von der Störgröße N_1 berechnet sich die Eigenschaft $P_{noise,1,1}$. Mit allen Merkmalen aus der Spalte von der

[43] Falls sich nominale Merkmale durch Störgrößen nicht ändern, entsprechen die Merkmale $C_{nominal,i}$ den Merkmalen $C_{noise,i,x}$. Somit werden in diesen Fällen die Merkmale $C_{nominal,i}$ in die Zellen der Matrix eingetragen.

Störgröße N_2 berechnet sich die Eigenschaft $P_{noise,1,2}$. Abbildung 9.12 zeigt die entsprechenden Ausschnitte aus den Analyseprozesstabellen von den Störgrößen N_1 und N_2.

Teilschritt 2		
Übertragungsgleichung des Wirkprinzips	$R_{other,i}$	$P_{noise,1,1} = f(C_{noise,1,1}, C_{noise,2,1}, C_{noise,3,1}, P_3)$
Ausgangsgröße unter der Wirkung von Störgrößen	$P_{noise,j,x}$	$P_{noise,1,1}$

Teilschritt 2		
Übertragungsgleichung des Wirkprinzips	$R_{other,i}$	$P_{noise,1,2} = f(C_{noise,1,2}, C_{noise,2,2}, C_{noise,3,2}, P_3)$
Ausgangsgröße unter Störgrößen	$P_{noise,j,x}$	$P_{noise,1,2}$

Abbildung 9.12: Darstellung der Symbole $R_{other,i}$ und $P_{noise,j,x}$ in der Analyseprozesstabelle

- *Vergleich der Eigenschaften $P_{noise,j,x}$ mit Soll-Eigenschaften PR_j:*
  Dieser Teilschritt ermittelt die Abweichungen $\Delta P_{1,1}$ und $\Delta P_{1,2}$. Die beiden Abweichungen zeigen, wie weit sich die Eigenschaften $P_{noise,1,1}$ und $P_{noise,1,2}$ vom Property Required PR_1 unterscheiden. Die Abweichungen $\Delta P_{1,1}$ bzw. $\Delta P_{1,2}$ werden in die Analyseprozesstabellen der beiden Störgrößen eingetragen. Abbildung 9.13 zeigt die entsprechenden Ausschnitte aus den Analyseprozesstabellen des exemplarisch betrachteten Wirkprinzips.

Teilschritt 3		
Abweichung $P_{noise,j,x}$ von PR_i	$\Delta P_{j,x}$	$\Delta P_{1,1} = \lvert PR_1 - P_{noise,1,1}\rvert$

Teilschritt 3		
Abweichung $P_{noise,j,x}$ von PR_i	$\Delta P_{j,x}$	$\Delta P_{1,2} = \lvert PR_1 - P_{noise,1,2}\rvert$

Abbildung 9.13: Darstellung der Abweichungen $\Delta P_{j,x}$ in der Analyseprozesstabelle

- *Bewertung, ob es sich bei den Eigenschaften $P_{noise,j,x}$ um Ausfälle handelt:*
  Dieser Teilschritt prüft, ob die Abweichungen $\Delta P_{1,1}$ und $\Delta P_{1,2}$ außerhalb des Toleranzbereiches vom Property Required PR_1 liegen. Im vorliegenden Beispiel zeigt sich, dass dies bei beiden Abweichungen der Fall ist. Die Eigenschaften $P_{noise,1,1}$ und $P_{noise,1,2}$ entsprechen somit Ausfällen. Diese Erkenntnis wird in den beiden Analyseprozesstabellen festgehalten. Abbildung 9.14 zeigt die zugehörigen Ausschnitte aus den Analyseprozesstabellen des exemplarisch betrachteten Wirkprinzips.

Teilschritt 4		
Handelt es sich bei der Eigenschaft $P_{noise,j,x}$ um einen Ausfall?	ja / nein	ja

Teilschritt 4		
Handelt es sich bei der Eigenschaft $P_{noise,j,x}$ um einen Ausfall?	ja / nein	ja

Abbildung 9.14: Darstellung der Feststellung über das Vorliegen von Ausfällen in der Analyseprozesstabelle

Ausgehend von den störgrößenbedingten Fehlerursachen und Ausfällen lassen sich die störgrößenbedingten Fehlerfolgen des Wirkprinzips ableiten. Die Fehlerfolgen werden am Ende dieses Arbeitsschrittes zusammen mit den zugehörigen Ausfällen und Fehlerursachen in das QRBW-Formblatt eingetragen. Abbildung 9.15 zeigt dies für das exemplarisch betrachtete Wirkprinzip.

Wirkprinzip	Übertragungs-gleichung	Ausfall	Fehlerur-sache	A_S	Fehlerfolge	B_K	Vermeidungs-maßnahme	A_M	W_M	S_U	$B_{w,r}$	$B_{w,a}$
Wirk-prinzip 1	A_1	$P_{noise,1,1}$	$C_{noise,1,1}$ $C_{noise,2,1}$ $C_{noise,3,1}$		Fehlerfolge durch Störgröße N_1							
		$P_{noise,1,2}$	$C_{noise,1,2}$ $C_{noise,2,2}$ $C_{noise,3,2}$		Fehlerfolge durch Störgröße N_2							

Abbildung 9.15: QRBW-Formblatt ergänzt um die Ergebnisse aus Arbeitsschritt 2 der QRBW-Methode

9.3.3 Festlegung von Vermeidungsmaßnahmen

Dieser Arbeitsschritt der QRBW-Methode legt mit dem Syntheseprozess Vermeidungsmaßnahmen für die zuvor ermittelten Fehlerursachen fest. Auch die Beschreibung des Syntheseprozesses erfolgt am Beispiel des Wirkprinzips aus dem vorherigen Kapitel.

Ebenfalls der Syntheseprozess wird in der QRBW-Methode mit einer Tabelle dargestellt. Die Tabelle erhält die Bezeichnung Syntheseprozesstabelle. Abbildung 9.16 zeigt den Aufbau der Syntheseprozesstabelle. Die Tabelle benennt im Kopfteil das betrachtete Produkt, den betrachteten Ausfall und seine Fehlerursache ebenso wie das betrachtete Wirkprinzip. Die Tabelle stellt im unteren Abschnitt die Teilschritte des Syntheseprozesses mit den Symbolen des erweiterten PDD-Prozessmodells dar und dokumentiert ihre Ergebnisse.

Produkt		Ausfall	
Fehlerursache		Wirkprinzip	
Datum		Revisionsstand	
Ermittlung störgrößenbedingter Ausfälle und Fehlerursachen			
Teilschritt 1			
Angepasste Ausgangsgröße unter Störgrößen		$P_{noise,j,x}{}^*$	
Übertragungsgleichung des Wirkprinzips		$R_{other,i}{}^{-1}$	
Angepasste Merkmale unter Störgrößen		$C_{noise,i,x}{}^*$	
Teilschritt 2			
Bereinigung der Merkmale von Störgrößen		$R_{noise,i}{}^{-1}$	
Angepasste nominale Merkmale		$C_{nominal,i,x}{}^*$	
Teilschritt 3			
Vermeidungsmaßnahmen		$\Delta C_{nominal,i,x}$	
Teilschritt 4			
Liegt ein Konflikt aus den Merkmalsänderungen $\Delta C_{nominal,i,x}$ vor?		ja/nein	

Abbildung 9.16: Aufbau der Syntheseprozesstabelle

Die folgenden Ausführungen beschreiben die vier Teilschritte des Syntheseprozesses für die Eigenschaften $P_{noise,1,1}$ und $P_{noise,1,2}$ aus dem Analyseprozess. Für die Eigenschaften $P_{noise,1,1}$ und $P_{noise,1,2}$ sind dazu eigene Syntheseprozesstabellen erforderlich, weil sie voneinander unabhängig sind.

- *Ermittlung der Merkmale $C_{noise,i,x}{}^*$:*
  Dieser Teilschritt ändert die Werte der Eigenschaften $P_{noise,1,1}$ und $P_{noise,1,2}$ zunächst in den Wert des Property Required PR_1 ab und ordnet ihnen zwecks Unterscheidbarkeit die neuen Symbole $P_{noise,1,1}{}^*$ bzw. $P_{noise,1,2}{}^*$ zu. Anschließend legt der Teilschritt die erforderlichen Merkmale $C_{noise,i,x}{}^*$ für die Eigenschaften $P_{noise,1,1}{}^*$ und $P_{noise,1,2}{}^*$ mit der Eingangsgröße der Teilfunktion P_3 und der Relation $R_{other,1}{}^{-1}$ fest. Die Merkmale $C_{noise,i,x}{}^*$ werden in den Syntheseprozesstabellen von den Eigenschaften $P_{noise,1,1}{}^*$ und $P_{noise,1,2}{}^*$ dokumentiert. Abbildung 9.17 zeigt die zugehörigen Ausschnitte aus den Syntheseprozesstabellen.

Teilschritt 1		
Angepasste Ausgangsgröße unter Störgrößen	$P_{noise,j,x}^*$	$P_{noise,1,1}^*$
Übertragungsgleichung des Wirkprinzips	$R_{other,i}^{-1}$	$P_{noise,1,1}^* = f(C_{noise,1,1}^*, C_{noise,2,1}^*, C_{noise,3,1}^*, P_3)$
Angepasste Merkmale unter Störgrößen	$C_{noise,i,x}^*$	$C_{noise,1,1}^*$ $C_{noise,2,1}^*$ $C_{noise,3,1}^*$

Teilschritt 1		
Angepasste Ausgangsgröße unter Störgrößen	$P_{noise,j,x}^*$	$P_{noise,1,2}^*$
Übertragungsgleichung des Wirkprinzips	$R_{other,i}^{-1}$	$P_{noise,1,2}^* = f(C_{noise,1,2}^*, C_{noise,2,2}^*, C_{noise,3,2}^*, P_3)$
Angepasste Merkmale unter Störgrößen	$C_{noise,i,x}^*$	$C_{noise,1,2}^*$ $C_{noise,2,2}^*$ $C_{noise,3,2}^*$

Abbildung 9.17: Darstellung der Symbole $P_{noise,j,x}^*$, R_{other}^{-1} und $C_{noise,i,x}^*$ in der Syntheseprozesstabelle

- *Ermittlung der Merkmale $C_{nominal,i,x}^*$*

  Dieser Teilschritt ermittelt die neuen nominalen Merkmale $C_{nominal,i,x}^*$ für die Eigenschaften $P_{noise,1,1}^*$ und $P_{noise,1,2}^*$. Dafür werden die zuvor ermittelten Merkmale $C_{noise,i,x}^*$ mit der Relation $R_{noise,1}^{-1}$ um die Wirkung der Störgrößen N_1 bzw. N_2 bereinigt. Hierfür werden wieder die maximalen Werte der Störgrößen $N_{1,max}$ bzw. $N_{2,max}$ benutzt. Die Merkmale $C_{nominal,i,x}^*$ werden in die Syntheseprozesstabellen der Eigenschaften $P_{noise,1,1}^*$ bzw. $P_{noise,1,2}^*$ eingetragen. Abbildung 9.18 zeigt die entsprechenden Ausschnitte aus den Syntheseprozesstabellen.

Teilschritt 2		
Bereinigung der Merkmale von Störgrößen	$R_{noise,i}^{-1}$	$C_{nominal,i,1}^* = f(C_{noise,i,1}^*, N_{1,max})$
Angepasste nominale Merkmale	$C_{nominal,i,x}^*$	$C_{nominal,1,1}^*$ $C_{nominal,2,1}^*$ $C_{nominal,3,1}^*$

Teilschritt 2		
Bereinigung der Merkmale von Störgrößen	$R_{noise,i}^{-1}$	$C_{nominal,i,2}^* = f(C_{noise,i,2}^*, N_{2,max})$
Angepasste nominale Merkmale	$C_{nominal,i,x}^*$	$C_{nominal,1,2}^*$ $C_{nominal,2,2}^*$ $C_{nominal,3,2}^*$

Abbildung 9.18: Darstellung der Symbole $R_{noise,i}^{-1}$ und $C_{nominal,i,x}^*$ in der Syntheseprozesstabelle

- *Vergleich der Merkmale $C_{nominal,i}$ mit den Merkmalen $C_{nominal,i,x}^*$:*

  Dieser Teilschritt untersucht mit den Abweichungen $\Delta C_{nominal,i,x}$, wie weit sich die Werte der Merkmale $C_{nominal,i,x}^*$ von den Werten der ursprünglich festgelegten Merkmale $C_{nominal,i}$ unterscheiden. Abbildung 9.19 zeigt diese Abweichungen mit Ausschnitten aus den Syntheseprozesstabellen von den Eigenschaften $P_{noise,1,1}^*$ und $P_{nose,1,2}^*$.

Teilschritt 3		
Vermeidungs-Maßnahmen	$\Delta C_{nominal,i,x}$	$\Delta C_{nominal,1,1}$ $\Delta C_{nominal,2,1}$ $\Delta C_{nominal,3,1}$

Teilschritt 3		
Vermeidungs-maßnahmen	$\Delta C_{nominal,i,x}$	$\Delta C_{nominal,1,2}$ $\Delta C_{nominal,2,2}$ $\Delta C_{nominal,3,2}$

Abbildung 9.19: Darstellung der Symbole $\Delta C_{nominal,i,x}$ in der Syntheseprozesstabelle

- *Festlegen von Vermeidungsmaßnahmen*

  Kapitel 8.3.2 hat zwei Arten von Konflikten gezeigt, die zwischen Vermeidungsmaßnahmen in Form von Merkmalsänderungen bestehen können. Dieser Teilschritt prüft, ob solche Konflikte beim betrachteten Wirkprinzip vorliegen.

  Um zu prüfen, ob Konflikte zwischen den zuvor festgelegten Merkmalsänderungen bestehen, müssen die neu festgelegten Merkmale $C_{nominal,i,x}$* für jedes Merkmal $C_{nominal,i}$ einander gegenübergestellt werden. Dafür kann eine Tabelle wie in Abbildung 9.20 dargestellt benutzt werden. Die Spalte „$C_{nominal,i}$" listet die nominalen Merkmale des Wirkprinzips auf. Die Spalte „$C_{nominal,i,x}$*" zeigt für jedes Merkmal $C_{nominal,i}$ die neu festgelegten nominalen Merkmale. Die Spalte „Vergleich" gibt für jedes Merkmal $C_{nominal,i}$ an, ob sich die Merkmale $C_{nominal,i,x}$* gegenseitig ausschließen und somit Konflikte zwischen ihnen bestehen. Im vorliegenden Beispiel zeigen sich keine Konflikte zwischen den Merkmalen (vgl. Abbildung 9.20).

$C_{nominal,i}$	$C_{nominal,i,x}$*	Vergleich
$C_{nominal,1}$	$C_{nominal,1,1}$*	Keine Konflikte ermittelt
	$C_{nominal,1,2}$*	
$C_{nominal,2}$	$C_{nominal,2,1}$*	Keine Konflikte ermittelt
	$C_{nominal,2,2}$*	
$C_{nominal,3}$	$C_{nominal,3,1}$*	Keine Konflikte ermittelt
	$C_{nominal,3,2}$*	

Abbildung 9.20: Tabelle zur Ermittlung von Konflikten aus der Festlegung von Merkmalsänderungen

Das Wirkprinzip aus dem vorliegenden Beispiel hat neben der Eigenschaft P_1 ebenfalls die Eigenschaft P_2 (vgl. Abbildung 9.7). Daher gilt es zu prüfen, ob die Eigenschaft P_2 durch die Merkmalsänderungen, welche für die Eigenschaft P_1 festgelegt wurden, unerwünscht geändert wird. Die Eigenschaft P_2 hängt vom Merkmal $C_{nominal,3}$ ab, für welches die Merkmale

$C_{nominal,3,1}$* bzw. $C_{nominal,3,2}$* neu festgelegt wurden. Daher muss geprüft werden, ob sich die Eigenschaft P_2 durch diese Merkmale unerwünscht verändert. Dafür wird mit den Merkmalen $C_{nominal,3,1}$* bzw. $C_{nominal,3,2}$* jeweils eine Ist-Eigenschaft $P_{noise,2,1}$ bzw. $P_{noise,2,2}$ ermittelt und mit dem Property Required PR_2 verglichen. Das Ergebnis zeigt im vorliegenden Fall, dass kein Konflikt zwischen den Merkmalsänderungen aus dem Syntheseprozess und der Eigenschaft P_2 besteht.

Nun lässt sich in den Syntheseprozesstabellen der beiden Eigenschaften $P_{noise,1,1}$* und $P_{noise,1,2}$* festhalten, ob aus den Merkmalsänderungen Konflikte entstehen (vgl. Abbildung 9.21).

Teilschritt 4		
Liegt ein Konflikt aus den Merkmalsänderungen $\Delta C_{nominal,i,x}$ vor?	ja/nein	nein

Teilschritt 4		
Liegt ein Konflikt aus den Merkmalsänderungen $\Delta C_{nominal,i,x}$ vor?	ja/nein	Nein

Abbildung 9.21: Darstellung des Analyseergebnisses über das Vorliegen von Konflikten

Im vorliegenden Beispiel können nur die Merkmalsänderungen für eine der beiden Fehlerursachen an den nominalen Merkmalen umgesetzt werden. Im vorliegenden Fall sollen die Merkmalsänderungen $\Delta C_{nominal,1,1}$, $\Delta C_{nominal,2,1}$, $\Delta C_{nominal,3,1}$ umgesetzt werden. Jene Merkmalsänderungen sind geeignet, beide störgrößenbedingte Fehlerursachen zu vermeiden. Abbildung 9.22 zeigt den zugehörigen Ausschnitt aus dem QRBW-Formblatt.

Wirkprinzip	**Übertragungs-gleichung**	**Ausfall**	**Fehlerur-sache**	**A_S**	**Fehlerfolge**	**B_K**	**Vermeidungs-maßnahme**	**A_M**	**W_M**	**S_U**	**$B_{w,r}$**	**$B_{w,a}$**
Wirk-prinzip 1	A_1	$P_{noise,1,1}$	$C_{noise,1,1}$ $C_{noise,2,1}$ $C_{noise,3,1}$		Fehlerfolge durch Störgröße N_1		$\Delta C_{nominal,1,1}$ $\Delta C_{nominal,2,1}$ $\Delta C_{nominal,3,1}$					
		$P_{noise,1,2}$	$C_{noise,1,2}$ $C_{noise,2,2}$ $C_{noise,3,2}$		Fehlerfolge durch Störgröße N_2		$\Delta C_{nominal,1,1}$ $\Delta C_{nominal,2,1}$ $\Delta C_{nominal,3,1}$					

Abbildung 9.22: QRBW-Formblatt ergänzt um die Ergebnisse aus Arbeitsschritt 3 der QRBW-Methode

9.3.4 Bewertung der Fehlerursachen, Fehlerfolgen und Vermeidungsmaßnahmen

Die QRBW-Methode benutzt die störgrößenbedingten Fehlerursachen sowie die zugehörigen Fehlerfolgen und Vermeidungsmaßnahmen von Wirkprinzipien, um sie nach Robustheitsaspekten zu bewerten. Um eine qualitative Bewertung zu ermöglichen, ordnet dieses Kapitel den Fehlerursachen, Fehlerfolgen und Vermeidungsmaßnahmen Eigenschaftsgrößen und Bewertungsskalen zu. Anschließend gibt das Kapitel Empfehlungen für die Durchführung der Bewertungen.

Zuordnung von Eigenschaftsgrößen zu den Bewertungskriterien

Abbildung 9.23 zeigt die Eigenschaftsgrößen, welche den Fehlerursachen, Fehlerfolgen und Vermeidungsmaßnahmen in der QRBW-Methode zugeordnet werden. Ebenfalls ordnet die Abbildung den Eigenschaftsgrößen Symbole zu, mit denen die Eigenschaftsgrößen im QRBW-Formblatt erscheinen. Die folgenden Ausführungen gehen näher auf die Eigenschaftsgrößen und ihre Bewertungsskalen ein.

Bewertungskriterien für Robustheit	Zugeordnete Eigenschafts-größen	Symbole im QRBW-Formblatt
Störgrößenbedingte Fehlerursachen	Auftretenshäufigkeiten der Fehlerursachen	A_S
Vermeidungsmaßnahmen für störgrößenbedingte Fehlerur-sachen	Wirksamkeit der Vermeidungsmaßnahmen	W_M
	Prognoseunsicherheit	S_U
	Aufwand zur Realisierung der Vermeidungsmaßnahmen	A_M
Störgrößenbedingte Fehlerfolgen	Bedeutungen für den Kunden	B_K

Abbildung 9.23: Bewertungskriterien und Eigenschaftsgrößen für Robustheit in der QRBW-Methode

Auftretenshäufigkeiten der störgrößenbedingten Fehlerursachen

Die QRBW-Methode bewertet störgrößenbedingte Fehlerursachen nach ihren Auftretenshäufigkeiten. Der Analyseprozess hat untersucht, ob Störgrößen mit ihren maximal zu erwartenden Werten zu Fehlerursachen führen. Wenn dies der

Fall ist, kann es sein, dass die Störgrößen bereits mit niedrigeren Werten zu Fehlerursachen führen. Die Bewertung der Auftretenshäufigkeiten von störgrößenbedingten Fehlerursachen muss daher abschätzen, wie häufig Störgrößen in einem Wertebereich auftreten, in welchem sie zu Ausfällen führen.

Abbildung 9.24 zeigt die Bewertungsskala für die Auftretenshäufigkeiten A_S, die angeben, wie häufig Störgrößen voraussichtlich mit jenen Werten auftreten, die zu Ausfällen führen.

Auftretenshäufigkeit der Störgröße	**A_S**
Die Störgröße tritt mit Werten auf, die häufig zu Ausfällen führen.	4
Die Störgröße tritt mit Werten auf, die manchmal zu Ausfällen führen.	3
Die Störgröße tritt mit Werten auf, die selten zu Ausfällen führen.	2

Abbildung 9.24: Bewertungsskala für die Auftretenshäufigkeit von Störgrößen

Bewertung der störgrößenbedingten Fehlerfolgen für den Kunden

Die QRBW-Methode bewertet störgrößenbedingte Fehlerfolgen nach ihren Bedeutungen für den Kunden. Wirkprinzipien lassen sich auf diese Weise nach den Folgen ihrer mangelnden Robustheit bewerten. Die Bedeutungen von Fehlerfolgen B_K werden mit der Skala aus Abbildung 9.25 bewertet.

Bedeutung für den Kunden	**B_K**
Die Fehlerfolge hat eine hohe Bedeutung für den Kunden	4
Die Fehlerfolge hat eine mittlere Bedeutung für den Kunden	3
Die Fehlerfolge hat eine gringe Bedeutung für den Kunden	2

Abbildung 9.25: Bewertungsskala für die Bedeutung von störgrößenbedingten Fehlerfolgen

Wirksamkeit, Prognoseunsicherheit und Aufwand von Vermeidungsmaßnahmen

Die QRBW-Methode bewertet Vermeidungsmaßnahmen zum einen nach ihrer Wirksamkeit. Je höher die Wirksamkeit von Vermeidungsmaßnahmen ist, umso niedriger werden die Auftretenshäufigkeiten der zugehörigen Fehlerursachen. Die

Wirksamkeiten der Vermeidungsmaßnahmen W_M werden mit der Bewertungsskala aus Abbildung 9.26 evaluiert.

Maßnahmenwirksamkeit	W_M
Die Maßnahme hat keine Wirksamkeit	1
Die Maßnahme hat eine geringe Wirksamkeit	0,75
Die Maßnahme hat eine mittlere Wirksamkeit	0,5
Die Maßnahme hat eine hohe Wirksamkeit	0,25
Die Maßnahme kann den Ausfall sicher vermeiden	0

Abbildung 9.26: Bewertungsskala für die Wirksamkeit von Vermeidungsmaßnahmen

Die Wirksamkeit von Vermeidungsmaßnahmen kann zum Zeitpunkt der Konzeptphase nicht immer mit Sicherheit angegeben werden. Dies hängt davon ab, ob die Wirksamkeit empirisch oder theoretisch abgesichert, geschätzt oder geraten ist. Der Bewertungskatalog muss daher die Möglichkeit geben, die Maßnahmenwirksamkeiten mit einer Prognoseunsicherheit S_U zu mindern. Abbildung 9.27 zeigt die Skala, auf der sich die Prognoseunsicherheit bewegt.[44]

Prognoseunsicherheit der Maßnahmenwirksamkeit	S_U
Die Wirksamkeit der Maßnahme ist empirisch abgesichert	0,25
Die Wirksamkeit der Maßnahme ist theoretisch abgesichert	0,5
Die Wirksamkeit der Maßnahme ist geschätzt	0,75
Die Wirksamkeit der Maßnahme ist geraten	1

Abbildung 9.27: Bewertungsskala für die Prognoseunsicherheit der Wirksamkeit von Vermeidungsmaßnahmen

Die QRBW-Methode bewertet Vermeidungsmaßnahmen ebenfalls nach ihrem Realisierungsaufwand A_M. Je höher der Realisierungsaufwand für Vermeidungsmaßnahmen ist, umso höher ist der Aufwand, um ein Wirkprinzip robust gegenüber Störgrößen zu machen. Abbildung 9.28 zeigt die Skala, mit welcher der Aufwand für die Realisierung von Vermeidungsmaßnahmen bewertet wird.

[44] Es bleibt anzumerken, dass eine Vermeidungsmaßnahme eine Fehlerursache nicht sicher verhindern kann, wenn ihre Wirksamkeit nur geschätzt oder geraten ist. Eine Kombination der Bewertungen $W_M = 0$ mit $S_U = 1$ bzw. $S_U = 0,75$ ist für eine Vermeidungsmaßnahme somit nicht möglich.

Aufwand für die Vermeidungsmaßnahme	A_M
Die Maßnahme hat einen hohen Realisierungs-aufwand	4
Die Maßnahme hat einen mittleren Realisierungs-aufwand	3
Die Maßnahme hat einen geringen Realisierungs-aufwand	2

Abbildung 9.28: Bewertungsskala für den Aufwand für die Realisierung von Vermeidungsmaßnahmen

Arbeitsschritt 4: Bewerten der Fehlerursachen, Vermeidungsmaßnahmen und Fehlerfolgen

Das Kernteam ordnet in diesem Arbeitsschritt den Eigenschaftsgrößen der Fehlerursachen, Fehlerfolgen und Vermeidungsmaßnahmen mit den zuvor beschriebenen Bewertungsskalen Punktwerte zu. Die Vergabe der Punktwerte richtet sich nach den Ausprägungen der Eigenschaftsgrößen.

Für die Bewertung der Ausprägungen von den Eigenschaftsgrößen empfehlen sich Iterationen. Bei diesen Iterationen hinterfragt und reflektiert das Kernteam die eigenen Bewertungen. Dies ermöglicht realistischere Bewertungsergebnisse. Iterative Bewertungen bieten sich insbesondere für Wirkprinzipien an, die für das Unternehmen neu sind. Nach Abschluss der Bewertungen werden die Punktwerte der Eigenschaftsgrößen in das QRBW-Formblatt geschrieben.

Der Moderator hat beim Bewertungsprozess eine besondere Rolle. Er muss darauf achten, dass die Bewertungen auf Basis von inhaltlichen Diskussionen durchgeführt werden. Dazu muss er mit gezieltem Nachfragen die Bewertungen auf ihre Plausibilität und Annahmen hinterfragen. Falls sich das Kernteam nicht auf Bewertungen einigen kann, kann der Moderator Mitglieder aus dem erweiterten Team in die Bewertungen hinzuzuziehen, um zusätzliches Wissen einzubringen.

Am Ende von Arbeitsschritt 4 der QRBW-Methode werden die Punktwerte von den Eigenschaftsgrößen in das QRBW-Formblatt eingetragen. Im vorliegenden Beispiel ist die Wirksamkeit der Vermeidungsmaßnahme für beide Fehlerursachen separat zu bewerten. Abbildung 9.29 zeigt den entsprechenden Ausschnitt aus dem QRBW-Formblatt des exemplarisch betrachteten Wirkprinzips.

Wirkprinzip	Übertragungs-gleichung	Ausfall	Fehlerur-sache	A_S	Fehlerfolge	B_K	Vermeidungs-maßnahme	A_M	W_M	S_U	$B_{w,r}$	$B_{w,a}$
Wirk-prinzip 1	A_1	$P_{noise,1,1}$	$C_{noise,1,1}$ $C_{noise,2,1}$ $C_{noise,3,1}$	3	Fehlerfolge durch Störgröße N_1	2	$\Delta C_{nominal,1,1}$ $\Delta C_{nominal,2,1}$ $\Delta C_{nominal,3,1}$	4	3	0,5		
		$P_{noise,1,2}$	$C_{noise,1,2}$ $C_{noise,2,2}$ $C_{noise,3,2}$	2	Fehlerfolge durch Störgröße N_2	3	$\Delta C_{nominal,1,1}$ $\Delta C_{nominal,2,1}$ $\Delta C_{nominal,3,1}$		3	0,5		

Abbildung 9.29: QRBW-Formblatt ergänzt um die Ergebnisse aus Arbeitsschritt 4 der QRBW-Methode

9.3.5 Auswahl eines Wirkprinzips

Dieser Arbeitsschritt berechnet für jedes Wirkprinzip Bewertungszahlen, die ihre Robustheit beschreiben. Anhand der Bewertungszahlen lässt sich ein Wirkprinzip aus den vorliegenden Alternativen wählen. Dafür besteht dieser Arbeitsschritt aus den beiden folgenden Arbeitsschritten:

- Arbeitsschritt 5.1: Berechnen von Bewertungszahlen für jedes Wirkprinzip.
- Arbeitsschritt 5.2: Auswahl eines Wirkprinzips.

Arbeitsschritt 5.1: Berechnen von Bewertungszahlen für jedes Wirkprinzip
Die Bewertungszahlen, welche die Robustheiten der Wirkprinzipien in der QRBW-Methode beschreiben, lauten $B_{w,r}$ und $B_{w,a}$. Die Bewertungszahl $B_{w,r}$ quantifiziert das Risiko, das aus mangelnder Robustheit eines Wirkprinzips entsteht. Die Bewertungszahl $B_{w,a}$ quantifiziert den Aufwand, der erforderlich ist, um ein Wirkprinzip robust zu machen. Der Index w steht dabei für das Wirkprinzip, für welches die Bewertungszahl gilt.

Wenn N die Zahl der Fehlerursachen eines gegebenen Wirkprinzips w ist, dann berechnet sich $B_{w,r}$, indem man für jede Fehlerursache des Wirkprinzips die Auftretenshäufigkeit der Fehlerursache A_S mit der Bedeutung der zugehörigen Fehlerfolge B_K, der Wirksamkeit der zugehörigen Vermeidungsmaßnahme W_M und der zugehörigen Prognoseunsicherheit S_U multipliziert und über die N Ergebnisse addiert. Für ein Wirkprinzip w berechnet sich die Bewertungszahl $B_{w,r}$ folglich mit

$$B_{w,r} = \sum_{j=1}^{N} (A_S \cdot B_K \cdot W_M \cdot S_U)_j \qquad (9.2)$$

Die Gleichung 9.2 zeigt: je höher die Bewertungszahl $B_{w,r}$ ist, desto höher ist das Risiko eines Wirkprinzips aus mangelnder Robustheit.

Für ein Wirkprinzip w berechnet sich die Bewertungszahl $B_{w,a}$, indem die Aufwände A_M für die Vermeidungsmaßnahmen seiner N Fehlerursachen addiert werden. Für ein Wirkprinzip w berechnet sich die Bewertungszahl $B_{w,a}$ folglich mit

$$B_{w,a} = \sum_{j=1}^{N} (A_M)_j \qquad (9.3)$$

Die Gleichung 9.3 zeigt: je höher die Bewertungszahl $B_{w,a}$ ist, desto höher ist der Aufwand, um ein Wirkprinzip robust gegenüber Störgrößen zu machen.

Am Ende dieses Arbeitsschrittes lassen sich die Werte der Bewertungszahlen $B_{w,r}$ und $B_{w,a}$ von Wirkprinzipien in das QRBW-Formblatt eintragen. Abbildung 9.30 zeigt den entsprechenden Ausschnitt aus dem QRBW-Formblatt des exemplarisch betrachteten Wirkprinzips.

<table>
<tr><th>Wirkprinzip</th><th>Übertragungs-gleichung</th><th>Ausfall</th><th>Fehlerur-sache</th><th>A_S</th><th>Fehlerfolge</th><th>B_K</th><th>Vermeidungs-maßnahme</th><th>A_M</th><th>W_M</th><th>S_U</th><th>$B_{w,r}$</th><th>$B_{w,a}$</th></tr>
<tr><td rowspan="2">Wirk-prinzip 1</td><td rowspan="2">A_1</td><td>$P_{noise,1,1}$</td><td>$C_{noise,1,1}$
$C_{noise,2,1}$
$C_{noise,3,1}$</td><td>3</td><td>Fehlerfolge durch Störgröße N_1</td><td>2</td><td>$\Delta C_{nominal,1,1}$
$\Delta C_{nominal,2,1}$
$\Delta C_{nominal,3,1}$</td><td rowspan="2">4</td><td>3</td><td>0,5</td><td rowspan="2">18</td><td rowspan="2">4</td></tr>
<tr><td>$P_{noise,1,2}$</td><td>$C_{noise,1,2}$
$C_{noise,2,2}$
$C_{noise,3,2}$</td><td>2</td><td>Fehlerfolge durch Störgröße N_2</td><td>3</td><td>$\Delta C_{nominal,1,1}$
$\Delta C_{nominal,2,1}$
$\Delta C_{nominal,3,1}$</td><td>3</td><td>0,5</td></tr>
</table>

Abbildung 9.30: QRBW-Formblatt ergänzt um die Ergebnisse aus Arbeitsschritt 5 der QRBW-Methode

Arbeitsschritt 5.2: Auswahl eines Wirkprinzips

Dieser Arbeitsschritt wählt aus den vorliegenden Alternativen ein Wirkprinzip anhand ihrer Bewertungszahlen $B_{w,r}$ und $B_{w,a}$. Weil die QRBW-Methode störgrößenbedingte Ausfälle vermeiden will, ist das Risiko, welches aus ihrer mangelnden Robustheit entsteht, das maßgebliche Auswahlkriterium für Wirkprinzipien. Somit fällt die Entscheidung auf das Wirkprinzip mit der niedrigsten Bewertungszahl $B_{w,r}$. Ein Vergleich der Bewertungszahlen $B_{w,r}$ von Wirkprinzipien kann allerdings nicht immer zu eindeutigen Ergebnissen führen. Je nachdem, wie sich die Bewertungszahlen $B_{w,r}$ von Wirkprinzipien unterscheiden, sind folgende drei Fälle möglich:

- *Fall 1: Die $B_{w,r}$ zweier Wirkprinzipien unterscheiden sich signifikant voneinander*
  Falls sich Wirkprinzipien deutlich in ihren Bewertungszahlen $B_{w,r}$ unterscheiden, liefert dies einen Hinweis darauf, dass sie sich ebenfalls in den Risiken aus ihrer mangelnden Robustheit deutlich unterscheiden. Dann sollte das Wirkprinzip mit der niedrigsten Bewertungszahl $B_{w,r}$ gewählt werden.

- *Fall 2: Die $B_{w,r}$ zweier Wirkprinzipien unterscheiden sich nur unwesentlich voneinander*
  Falls sich Wirkprinzipien nur wenig in ihren Bewertungszahlen $B_{w,r}$ unterscheiden, ist keine eindeutige Aussage über Unterschiede bezüglich der Risiken durch ihre mangelnde Robustheit möglich. Es wird dann empfohlen, die Bewertungszahl $B_{w,a}$ als ergänzendes Auswahlkriterium zu nutzen.

- *Fall 3: Die $B_{w,r}$ zweier Wirkprinzipien unterscheiden sich nicht voneinander*
  Wenn sich die Bewertungszahlen $B_{w,r}$ von Wirkprinzipien nicht voneinander unterscheiden, liefert dies einen Hinweis darauf, dass sich die Wirkprinzipien in den Risiken durch ihre mangelnde Robustheit nicht unterscheiden. Auch hier empfiehlt es sich, die Bewertungszahl $B_{w,a}$ als zusätzliches Auswahlkriterium heranzuziehen.

9.4 Zusammenfassende Darstellung der neuen Methode

Kapitel 9 hat eine Methode zur Bewertung und Auswahl von Wirkprinzipien nach Robustheitsaspekten entwickelt. Diese Methode erhält die Bezeichnung „qualitative Robustheitsbewertung von Wirkprinzipien" oder kurz „QRBW-Methode“.

Die neue Methode besteht aus einer Reihe von Arbeitsschritten. Die Arbeitsschritte finden für eine gewählte Teilfunktion alternative Wirkprinzipien und identifizieren ihre störgrößenbedingten Fehlerursachen, Fehlerfolgen und Vermeidungsmaßnahmen. Mit den Bewertungen ihrer störgrößenbedingten Fehlerursachen und Fehlerfolgen lassen sich die Wirkprinzipien nach dem Risiko bewerten, welches aus ihrer mangelnden Robustheit entsteht. Mit den Bewertungen ihrer Vermeidungsmaßnahmen können Wirkprinzipien nach dem Aufwand bewertet werden, der nötig ist, um sie robust gegenüber Störgrößen zu machen. Das maßgebliche Entscheidungskriterium für die Auswahl von Wirkprinzipien ist das Risiko, dass aus ihrer mangelnden Robustheit gegenüber Störgrößen resultiert. Falls keine eindeutigen Aussagen über Unterschiede in den Risiken aus mangelnder Robustheit zwischen Wirkprinzipien möglich sind, kann der Aufwand, der nötig ist, um Wirkprinzipien gegenüber Störgrößen robust zu machen, als ergänzendes Auswahlkriterium herangezogen werden.

Den Kern der QRBW-Methode bildet eine Erweiterung des PDD-Prozessmodells aus dem CPM/PDD-Ansatz. Mit einer Erweiterung des PDD-Prozessmodells wurden Referenzprozesse zur strukturierten Ermittlung störgrößenbedingter Fehlerursachen und Festlegung ihrer Vermeidungsmaßnahmen entwickelt.

10 Evaluierung der neuen Methode

Kapitel 10 evaluiert die QRBW-Methode anhand eines Anwendungsbeispiels. Das Anwendungsbeispiel dient dazu, die QRBW-Methode nach ihrer Anwendbarkeit und Tauglichkeit zu untersuchen.

10.1 Beschreibung des betrachteten Produktes

Das vorliegende Anwendungsbeispiel betrachtet ein Mikrospiegelsystem. Mikrospiegelsysteme dienen zur kontrollierten Ablenkung von Lichtstrahlen. Anwendungsgebiete von Mikrospiegelsystemen sind z. B. Light detection and ranging (Lidar) oder Head-Up Displays.

Die folgenden Ausführungen erläutern technologische Aspekte von Mikrospiegelsystemen. Diese sind z. B. in

- Dissertationen [Kießling 2008, Schenk 2000, Klose 2016],
- Lehrbüchern [Schwesinger et al. 2008], oder
- Patenten [Niendorf et al. 2004, Hofmann et al. 2010]

veröffentlicht. Das Anwendungsbeispiel greift auf diese und weitere Veröffentlichungen zurück.

Das bevorzugte Material für die Herstellung von Mikrospiegeln ist einkristallines Silizium. Ein Grund dafür sind die weit entwickelten Fertigungsprozesse für seine Verarbeitung. Beispiele für solche Prozesse sind die Schichterzeugung mit Abscheideprozessen, Strukturierungsprozesse durch Ätzen und Strukturübertragungen mit photolithographischen Prozessen. Weitere Gründe für den Einsatz von einkristallinem Silizium sind seine vorteilhaften mechanischen Eigenschaften. Beispiele dafür sind seine hohe Bruchspannung, sein ideal elastisches Verhalten und sein hoher E-Modul. Weiterhin ist Silizium durch ein fehlendes plastisches Verhalten in einem weiten Temperaturbereich charakterisiert [Over 1977]. Da keine plastische Verformung auftritt, zeigt Silizium im Bereich der elastischen Verformung keine Ermüdung [Schwesinger et al. 2008].

Die lichtablenkende Funktion von Mikrospiegelsystemen realisiert eine Spiegelplatte, die sich in ihrem Inneren befindet. Abbildung 10.1 zeigt exemplarisch dafür die Skizze einer Spiegelplatte von einem Mikrospiegelsystem sowie ihren eingehenden und ausgehenden Lichtstrahl im Querschnitt. Der Winkel φ gibt die Verdrehung der Spiegelplatte um ihre Drehachse an. Wie die Abbildung zeigt, ist der Abstrahlwinkel des Lichtstrahles doppelt so groß wie der Verdrehwinkel φ der Spiegelplatte.

Die Drehachse für die Spiegelplatte kann zum einen durch Torsionsbalken gebildet werden. Jene Torsionsbalken sind meist mittig an der Spiegelplatte angebracht. Für die Torsionsbalken können unterschiedliche Querschnitte gewählt werden, um ihre Steifigkeit einzustellen. Beispiele für solche Querschnittsformen sind die Trapezform oder die Rechteckform. Neben Torsionsbalken sind weiterhin auch andere Federstrukturen für die Aufhängung von Spiegelplatten möglich, z. B. vierseitig angeordnete oder kardanisch aufgehängte Spiegelplatten. Beispiele dafür finden sich bei [Gu-Stoppel 2016].

Die Oberfläche der Spiegelplatten von Mikrospiegelsystemen kann mit einer Metallisierung (z. B. Aluminium, Silber) versehen werden. Dies dient zur Realisierung einer reflektierenden Oberfläche.[45] Angestrebt wird ein Reflexionsgrad > 90% für den benutzten Wellenlängenbereich.

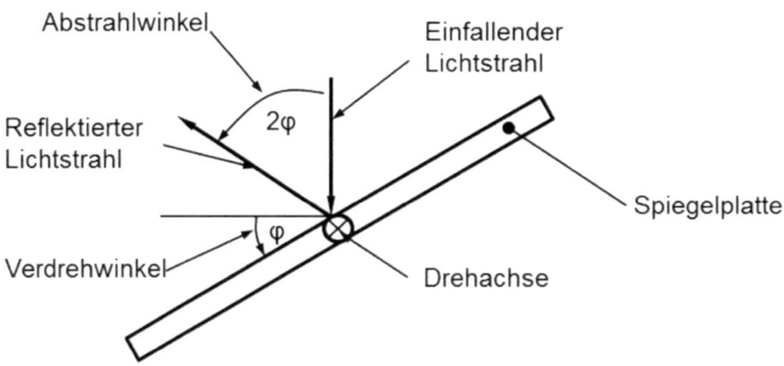

Abbildung 10.1: Winkeldefinition einer Spiegelplatte von einem Mikrospiegel mit ausgelenkter Spiegelplatte

[45] Alternativ kann auch ein Distributed Bragg Reflektor (DBR) genutzt werden.

Zwei bekannte Betriebsarten von Mikrospiegeln sind der resonante und der quasistatische Betrieb. Bei einem resonanten Betrieb führt eine zeitabhängige Spannung Energie zur Aufrechterhaltung der Spiegelplattenschwingung zu. Die Frequenz der Anregung befindet sich dabei bevorzugt in der Nähe der ersten Resonanzfrequenz der Spiegelplatte. Damit lässt sich eine kontinuierliche Lichtablenkung mit hohen Auslenkungen erreichen. Bei einem quasistatischen Betrieb folgt die Bewegung der Spiegelplatte der Auslenkung des Antriebs. Damit kann die Spiegelplatte für eine vorgegebene Zeit in einer definierten Auslenkung gehalten werden. Dieser Betriebsmodus wird größtenteils für die statische Ablenkung von Licht benutzt, z. B. für Materialabtrag mit Laserstrahlen.

Abbildung 10.2 zeigt exemplarisch eine Explosionsdarstellung von einem Mikrospiegelsystem. Das Mikrospiegelsystem besteht aus

- einer Trägerplatte aus Silizium,
- einem Rahmen mit Torsionsbalken und Spiegelplatte aus Silizium ebenso wie
- einem Glasdeckel.

Die Einzelteile sind in der Abbildung vereinfacht und mit einem niedrigen Konkretisierungsgrad dargestellt, so wie er in der Konzeptphase des Konstruktionsprozesses gegeben ist.

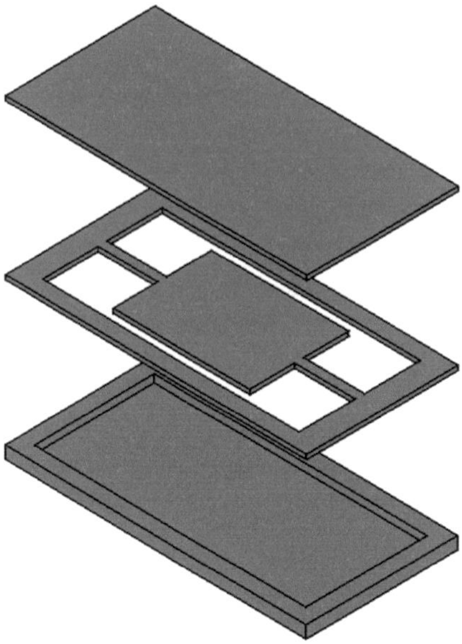

Abbildung 10.2: Exemplarische Explosionsdarstellung von einem Mikrospiegelsystem

Die Spiegelplatte ist über die Torsionsbalken am Rahmen aufgehängt. Die Spiegelplatte und die Torsionsbalken lassen sich dafür aus einem Siliziumwafer herausstrukturieren. Dazu sind eine Reihe von Ätztechniken und oberflächenmikromechanischen Strukturierungsverfahren bekannt. Die Abmessungen der Spiegelplatten von Mikrospiegeln bewegen sich im Bereich von wenigen bis mehreren hundert Mikrometern. [Niendorf et al. 2004] zeigen Spiegelplatten in Rechteckform mit einer Fläche von 100 x 100 μm^2 bis 400 um x 400 μm^2. [Schiffer et al. 2002] zeigen Mikrospiegel, bei denen sich die Flächen der Spiegelplatten in einem Bereich von 500 x 500 μm^2 bis 3000 x 5000 μm^2 bewegen.

Die Trägerplatte und der Glasdeckel sind über Bonding-Verbindungen am Rahmen befestigt. Hierfür kommen z. B. anodisches Bonding, Bonding mit Glaslot oder eutektisches Bonding in Frage. Die Bonding-Verbindungen dienen zur Abdichtung des Mikrospiegelsystems gegenüber Luft und anderen Medien. Das hermetische Abdichten ist vor allem für resonant betriebene Mikrospiegel erforderlich. Denn diese benötigen für eine Schwingungsdämpfung ein Arbeitsgas (z. B. Luft oder Stickstoff) oder einen definierten Umgebungsdruck innerhalb des Mikrospiegelsystems.

An den optischen Grenzflächen des Glasdeckels entstehen in Wechselwirkung mit dem Lichtstrahl unerwünschte Reflektionen. Der Glasdeckel kann daher mit einer antireflektiven Schicht versehen werden.

Im Glasdeckel und in der Trägerplatte sind Kavitäten ausgeformt, um eine Rotation der Spiegelplatte zwischen diesen Einzelteilen zu ermöglichen.

Um einerseits eine ausreichende Vibrationsunempfindlichkeit des Mikrosystems im mobilen Einsatz und andererseits ein ausreichend schnelles Rückstellen des Spiegels zu erreichen, sollte die unterste Eigenresonanz 1000 Hz nicht unterschreiten [Hofmann et al. 2010].

Für die Auslegung von Mikrospiegelsystemen sind einige Kundenvorgaben zu berücksichtigen. Typische Kundenvorgaben für Mikrospiegelsysteme sind z. B. der Durchmesser des abzulenkenden Laserstrahls, der zu erzielende maximale Verdrehwinkel der Spiegelplatte und die minimal zu erreichende Auflösung. Angestrebt wird weiterhin eine sehr hohe Positioniergenauigkeit der Spiegelplatte im Bereich weniger Milligrad.

Folgende Festlegungen werden für das vorliegende Anwendungsbeispiel getroffen:

- Betrachtet wird ein Mikrospiegelsystem mit den Einzelteilen wie in Abbildung 10.2 dargestellt.
- Die Spiegelplatte hat eine quadratische Fläche.
- Der zu erzielende maximale Verdrehwinkel φ der Spiegelplatte beträgt 3° mit einer Toleranz von ± 0,03°.
- Die Torsionsbalken haben einen rechteckigen Querschnitt.
- Die Drehachse der Torsionsbalken entspricht der Drehachse der Spiegelplatte.
- Die Spiegelplatte und die Torsionsbalken bestehen aus einkristallinem Silizium.
- Die Dämpfung innerhalb des Mikrospiegelsystems erfolgt über einen Druck von 1 bar mit dem Medium Luft.
- Die unterste Eigenfrequenz des schwingenden Systems soll 2000 Hz betragen.
- Die Anregung erfolgt periodisch mit einer Frequenz von 50 Hz.

- Der Durchmesser des abzulenkenden Laserstrahls beträgt 0,5 mm.
- Der abzulenkende Lichtstrahl ist von roter Farbe und hat eine Wellenlänge von λ = 650 nm.

10.2 Suche und Beschreibung alternativer Wirkprinzipien

Arbeitsschritt 1 der QRBW-Methode besteht aus den folgenden Arbeitsschritten:

- Arbeitsschritt 1.1: Festlegen der Kernteammitglieder, der System-/Funktionsstruktur und der Störgrößen
- Arbeitsschritt 1.2: Auswahl einer Teilfunktion
- Arbeitsschritt 1.3: Beschreibung der gewählten Teilfunktion
- Arbeitsschritt 1.4: Identifikation alternativer Wirkprinzipien
- Arbeitsschritt 1.5: Entwicklung der Übertragungsgleichungen von den Wirkprinzipien
- Arbeitsschritt 1.6: Festlegung der Mitglieder des erweiterten Teams

Arbeitsschritt 1.1: Festlegen der Kernteammitglieder, der System-/Funktionsstruktur und der Störgrößen

Da es sich im vorliegenden Fall um ein Anwendungsbeispiel handelt, müssen keine Teammitglieder für das Kernteam festgelegt werden. Allerdings gilt es in diesem Schritt, die System-/Funktionsstruktur des Mikrospiegelsystems aufzustellen und die zu erwartenden externen Störgrößen zu bestimmen.

Abbildung 10.3 zeigt die System-/Funktionsstruktur des Mikrospiegelsystems. Auf der obersten Ebene der System-/Funktionsstruktur werden das Mikrospiegelsystem und seine Gesamtfunktion benannt. Die zweite Ebene zeigt die Einzelteile des Mikrospiegelsystems und benennt ihre Teilfunktionen. Vom Einzelteil Rahmen ist schon in der Konzeptphase bekannt, dass es sich aus einer Spiegelplatte und zwei Torsionsbalken zusammensetzt. Der Rahmen lässt sich daher bereits zu diesem Zeitpunkt in diese Bestandteile untergliedern. Dies erfolgt auf der dritten Ebene der System-/Funktionsstruktur.

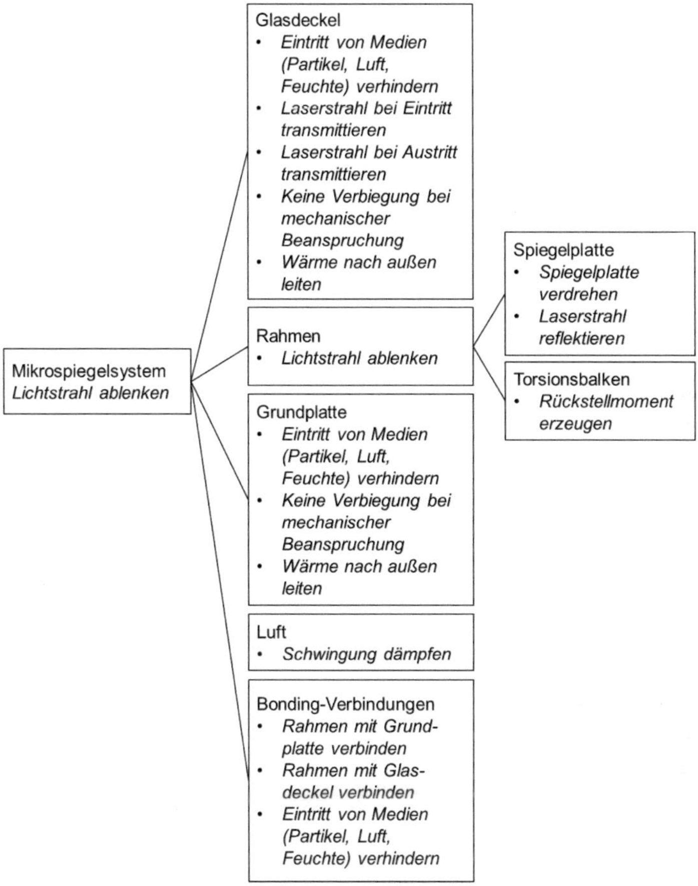

Abbildung 10.3: System-/Funktionsstruktur eines exemplarisch betrachteten Mikrospiegelsystems

Aus dem Lastenheft des Kunden und den Fertigungsbedingungen sind die folgenden externen Störgrößen für das Mikrospiegelsystem bekannt:

1. *Umgebungstemperatur T_{Um} beim Betrieb des Mikrospiegelsystems:*
   Laut Lastenheft des Kunden ist für das Mikrospiegelsystem im Betrieb eine Umgebungstemperatur von maximal T_{Um} = 60°C zu erwarten. Es kann davon ausgegangen werden, dass die Umgebungstemperatur in Höhe von 60°C alle Einzelteile innerhalb des Mikrospiegelsystems erreicht.

2. *Temperatur T_{Kl} beim Kleben des Mikrospiegelsystems:*
   Die Befestigung des Mikrospiegelsystems in das übergeordnete System erfolgt mit thermischen Kleben. Dabei wird das Mikrospiegelsystem anhand eines Mehrkomponentenklebstoffes mit dem übergeordneten System verbunden. Der Mehrkomponentenklebstoff härtet unter der Klebetemperatur T_{Kl} innerhalb weniger Minuten aus. Die Klebetemperatur T_{Kl} beträgt 130°C. Auch hier kann davon ausgegangen werden, dass die Klebetemperatur in Höhe von 130°C alle Einzelteile innerhalb des Mikrospiegelsystems erreicht.

Arbeitsschritt 1.2: Auswahl einer Teilfunktion

Dieser Arbeitsschritt sucht nach einer Teilfunktion des Mikrospiegelsystems, für deren Realisierung ein robustes Wirkprinzip gefunden werden muss. Dafür betrachtet die QRBW-Methode nur die Teilfunktionen von den untersten Ebenen der System-/Funktionsstruktur. Dafür gilt es zu klären, welche Ebenen der System-/Funktionsstruktur im vorliegenden Beispiel zu den untersten Ebenen zählen.

Im vorliegenden Beispiel hat die System-/Funktionsstruktur lediglich drei Ebenen. Weil die Teilfunktionen von den beiden untersten Ebenen erfahrungsgemäß durch wenige Wirkprinzipien realisiert werden, soll eine Funktion von diesen Ebenen gewählt werden.

Die QRBW-Methode sucht nur für jene Teilfunktionen robuste Wirkprinzipien, deren Ausfälle eine vergleichsweise hohe Bedeutung für den Kunden haben. Arbeitsschritt 1.2 ordnet die Teilfunktionen der unteren beiden Ebenen daher nach den Bedeutungen ihrer Ausfälle in einer Reihenfolge an. Dies erfolgt mit einem paarweisen Vergleich. Die Funktion „Lichtstrahl ablenken“ wird für den paarweisen Vergleich mit ihren beiden Teilfunktionen „Rotation um Drehachse“ und „Spiegelplatte aufhängen“ dargestellt, um Doppelzählungen dieser Funktion zu vermeiden.

Abbildung 10.4 zeigt die Umsetzung des paarweisen Vergleichs mit einer Matrix. In den Zeilen und Spalten der Matrix stehen die Ausfälle der Teilfunktionen von den beiden untersten Ebenen der System-/Funktionsstruktur. In den Zellen der Matrix werden die Ausfälle aus den Zeilen mit den Ausfällen aus den Spalten nach ihren Bedeutungen für den Kunden verglichen. Dabei stellt sich jeweils die Frage, ob der Ausfall aus der Zeile eine höhere, gleiche oder geringere Bedeutung als der Ausfall aus der Spalte hat. Abhängig davon werden die folgenden Zahlen in die Zellen geschrieben:

- 2 : Der Ausfall aus der Zeile hat eine höhere Bedeutung als der Ausfall aus der Spalte.
- 1 : Der Ausfall aus der Zeile hat die gleiche Bedeutung wie der Ausfall aus der Spalte
- 0 : Der Ausfall aus der Zeile eine geringere Bedeutung als der Ausfall aus der Spalte.

Die Addition aller Zahlen aus einer Zeile der Matrix ergibt für jeden Ausfall eine Zeilensumme. Eine Teilfunktion, deren Ausfall eine höhere Zeilensumme hat, erfordert dringender ein robustes Wirkprinzip als eine Teilfunktion, deren Ausfall eine niedrigere Zeilensumme hat. Die Funktionen lassen sich somit anhand der Zeilensummen ihrer Ausfälle in einer Reihenfolge anordnen. In dieser Reihenfolge steht die Teilfunktion, deren Ausfall die höchste Zeilensumme hat, an der ersten Stelle.

	Glasdeckel verhindert Eintritt von Medien nicht	Glasdeckel transmittiert Laserstrahl bei Einritt nicht	Glasdeckel transmittiert Laserstrahl bei Austritt nicht	Deckel verbiegt bei mechanischer Beanspruchung	Deckel leitet Wärme wird nicht nach außen	Spiegelplatte verkippt nicht um Drehachse	Torsionsbalken erzeugt Rückstellmoment nicht	Grundplatte verhindert Eintritt von Medien nicht	Grundplatte verbiegt bei mechanischer Belastung	Grundplatte leitet Wärme nicht nach außen	Luft dämpft die Schwingung nicht ausreichend	Bonding-Verbindung verbindet Rahmen mit Grundplatte nicht ausreichend	Bonding-Verbindung verbindet Rahmen mit Glasdeckel nicht ausreichend	Bonding-Verbindung verhindert Eintritt von Medien nicht	Zeilensumme	Reihenfolge
Glasdeckel verhindert Eintritt von Medien nicht		1	1	2	2	1	1	2	2	1	1	1	1	1	17	6
Glasdeckel transmittiert Laserstrahl bei Einritt nicht	3		2	3	3	2	2	3	3	3	3	3	3	3	36	1
Glasdeckel transmittiert Laserstrahl bei Austritt nicht	3	2		3	3	2	2	3	3	3	3	3	3	3	36	1
Deckel verbiegt bei mechanischer Beanspruchung	2	1	1		1	1	1	2	2	1	1	2	2	2	19	5
Deckel leitet Wärme wird nicht nach außen	2	1	1	2		1	1	2	2	1	1	2	2	2	20	4
Spiegelplatte verkippt nicht um Drehachse	3	2	2	3	3		2	3	3	3	3	3	3	3	36	1
Torsionsbalken erzeugt Rückstellmoment nicht	3	2	2	3	3	2		3	3	3	3	3	3	3	36	1
Grundplatte verhindert Eintritt von Medien nicht	2	1	1	2	1	1	1		2	2	1	2	2	2	20	4
Grundplatte verbiegt bei mechanischer Belastung	2	1	1	2	1	1	1	2		2	1	2	2	2	20	4
Grundplatte leitet Wärme nicht nach außen	2	1	1	2	2	1	1	2	2		1	2	2	2	21	3
Luft dämpft die Schwingung nicht ausreichend	3	1	1	3	3	1	1	3	2	3		2	2	2	27	2
Bonding-Verbindung verbindet Rahmen mit Grundplatte nicht ausreichend	2	1	1	2	2	1	1	2	2	2	1		2	2	21	3
Bonding-Verbindung verbindet Rahmen mit Glasdeckel nicht ausreichend	2	1	1	2	2	1	1	2	2	2	1	2		2	21	3
Bonding-Verbindung verhindert Eintritt von Medien nicht	2	1	1	2	2	1	1	2	2	2	1	2	2		21	3

Abbildung 10.4: Ergebnis eines paarweisen Vergleichs zur Priorisierung von Teilfunktionen

Im vorliegenden Beispiel haben die Funktionen „Spiegelplatte verdrehen“, „Laserstrahl bei Eintritt transmittieren“, „Laserstrahl bei Austritt transmittieren“ und „Rückstellmoment erzeugen“ die Ausfälle mit der höchsten Zeilensumme.[46] Dies liegt daran, dass sie unmittelbar zur Realisierung der Hauptaufgabe des Mikrospiegelsystems, nämlich der kontrollieren Reflektion eines Lichtstrahls, beitragen. Somit stehen die vier Teilfunktionen in der Reihenfolge auf dem ersten Platz. Daher bleibt zu untersuchen, ob für die Realisierung aller dieser Teilfunktionen robuste Wirkprinzipien gesucht werden müssen.

Die Funktion „Rückstellmoment erzeugen“ hängt von der Dimensionierung der Torsionsbalken und den stofflichen Eigenschaften von Silizium ab. Hier bleibt zu beachten, dass der Querschnitt der Torsionsbalken qualitativ schon festgelegt ist, nämlich mit einem rechteckigen Querschnitt. Für die Realisierung der Teilfunktion „Rückstellmoment erzeugen“ müssen daher lediglich die Höhe und die Breite von den Torsionsbalken festgelegt werden.

Die Funktionen „Laserstrahl bei Eintritt transmittieren“ und „Laserstrahl bei Austritt transmittieren“ hängen von den Lichtbrechungseigenschaften des Glasdeckels ab. Um unerwünschte Reflektionen zu vermeiden, ist der Glasdeckel schon von vornherein mit einer antireflektiven Schicht versehen. Nach der Erfahrung des Unternehmens sind unter dem Einfluss der vorgegebenen externen Störgrößen keine Probleme mit der Realisierung beider Teilfunktionen mit derartigen Glasdeckeln und antireflektiven Schichten bekannt.

Für die Realisierung der Funktion „Spiegelplatte verdrehen“ sind Mikrospiegelantriebe auf Basis verschiedener Wirkprinzipien bekannt. Aus der Erfahrung heraus ist aber nicht bekannt, welches dieser Wirkprinzipien sich unter den gegebenen Störgrößen robuster verhält. Daher soll im Folgenden ein robustes Wirkprinzip für die Realisierung der Funktion „Spiegelplatte verdrehen“ gefunden werden.

Arbeitsschritt 1.3: Beschreibung der Teilfunktion

In Arbeitsschritt 1.3 wird die gewählte Funktion in die Form „Substantiv, Verb, Substantiv“ überführt und ihre Eingangs- ebenso wie ihre Ausgangsgröße quantifiziert. Die gewählte Teilfunktion lautet in der Form „Substantiv, Verb,

[46] Abbildung 10.4 zeigt, dass diese Zeilensumme 36 beträgt.

Substantiv“ wie folgt:

- Spiegelplatte ausgehend von einer Auslenkung von 0° verdrehen auf eine Auslenkung von 3° mit einer Toleranz von ± 0,03°.

Mit der Angabe des Winkels im Bogenmaß lautet die gewählte Teilfunktion wie folgt:

- Spiegelplatte ausgehend von einer Auslenkung von 0 rad verdrehen auf eine Auslenkung von 0,0523599 rad mit einer Toleranz von ± 0,000523599 rad.

Die Weiterarbeit erfolgt mit dem Winkel im Bogenmaß, da es anstelle des Gradmaßes von gängigen Berechnungsprogrammen verwendet wird.

Arbeitsschritt 1.4: Identifikation alternativer Wirkprinzipien
Arbeitsschritt 1.4 sucht nach Wirkprinzipien, welche die gewählte Teilfunktion realisieren können. Die Suche geht von bestehenden Mikrospiegelantrieben aus, deren Wirkprinzipien in diesem Schritt analysiert werden. Die folgenden Ausführungen erläutern dafür zwei unterschiedliche Mikrospiegelantriebe, ebenso wie ihre Wirkprinzipien und physikalischen Effekte.

Für Mikrospiegelsysteme kommen in erster Linie Antriebe auf Basis des

- elektrostatischen und
- magnetischen

Wirkprinzips zum Einsatz.[47]

Aufgrund ihrer unterschiedlichen Wirkprinzipien unterscheiden sich der elektrostatische und magnetische Mikrospiegelantrieb in ihrer Struktur und in Folge auch in ihren Vor- und Nachteilen. Ein wesentlicher Vorteil des elektrostatisch angetriebenen Mikrospiegels ist, dass er mit standardisierten Fertigungsverfahren aus der Mikroelektronik herstellbar ist. Ein wesentlicher Nachteil des elektrostatisch angetriebenen Mikrospiegels ist, dass oft mit sehr hohen Antriebsspannungen im Bereich von mehreren hundert Volt gearbeitet

[47] Neben dem elektrostatischen und dem magnetischen Wirkprinzip sind für Mikrospiegelantriebe noch weitere Wirkprinzipien bekannt. Beispiele sind das thermoelektrische und das piezoelektrische Wirkprinzip. Weil das elektrostatische und das magnetische Wirkprinzip für Mikrospiegelantriebe am weitesten verbreitet sind, beschränkt sich das vorliegende Beispiel auf diese beiden Wirkprinzipien.

werden muss, um bei großen Auslenkungen relevante Kräfte für die Auslenkung zu erreichen [Klose 2016]. Ein Vorteil des magnetisch angetriebenen Mikrospiegels ist, dass auch mit kleinen Stromstärken große Kräfte für die Auslenkung der Spiegelplatte realisierbar sind. Ein Nachteil des magnetischen Mikrospiegelantriebs ist seine relativ komplexe Aufbau- und Verbindungstechnik.

Die folgenden Ausführungen erläutern die beiden Mikrospiegelantriebe ebenso wie ihre Wirkprinzipien und physikalischen Effekte. Abbildung 10.5 zeigt dafür zunächst die schematische Darstellung eines elektrostatischen Mikrospiegelantriebs. Auf der Trägerplatte des elektrostatisch angetriebenen Mikrospiegels sind zwei elektrisch voneinander isolierte Elektroden angeordnet. Eine weitere Elektrode befindet sich auf der Unterseite der Spiegelplatte. Die Elektroden bestehen im vorliegenden Beispiel aus Aluminium. Zwischen der Elektrode auf der Spiegelplatte und den Elektroden auf der Trägerplatte befindet sich ein Spalt mit der Größe S.

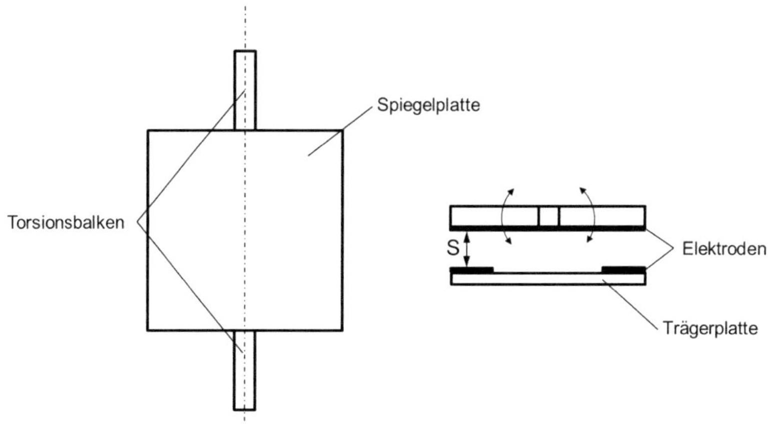

Abbildung 10.5: Schematische Darstellung eines elektrostatisch angetriebenen Mikrospiegels, angelehnt an [Schenk 2000]

Der elektrostatische Mikrospiegelantrieb basiert auf dem physikalischen Effekt der elektrostatischen Anziehung und dem Effekt der Kapazität. Die Elektrode auf der Spiegelplatte und die Elektroden auf der Trägerplatte bilden die Kapazität C. Um die Spiegelplatte zu verdrehen, wird eine Potentialdifferenz (Spannung U) zwischen der Elektrode auf der Spiegelplatte und einer der Elektroden auf der Trägerplatte angelegt. Dies erzeugt eine elektrostatische Anziehungskraft zwischen der Elektrode auf der Spiegelplatte und der darunterliegenden

Elektrode. Abhängig davon, zwischen welcher der beiden Elektroden auf der Trägerplatte und der Elektrode auf der Spiegelplatte eine Potentialdifferenz angelegt wird, wird die Spiegelplatte in oder gegen den Uhrzeigersinn verdreht. Durch abwechselndes Anlegen einer Spannung zwischen der Elektrode auf der Spiegelplatte und der rechten bzw. linken Elektrode auf der Trägerplatte wird eine Schwingung der Spiegelplatte um die Drehachse erzwungen.

Abbildung 10.6 zeigt die schematische Darstellung eines Mikrospiegelantriebs auf Basis des magnetischen Wirkprinzips. Auf der Oberseite der Spiegelplatte ist eine Leiterbahn angeordnet, die einen elektrischen Strom führt. Die Leiterbahn besteht im vorliegenden Beispiel aus Gold und wird über eine der Torsionsbalken auf die Spiegelplatte zu- und von der Spiegelplatte wieder abgeführt. Die Leiterbahn ist in der Abbildung gedanklich in vier Segmente eingeteilt. Die vier Leiterbahnsegmente sind in der Abbildung durch vier Punkte (1, 2, 3, 4) abgegrenzt. Um die Leiterbahn zu führen und gleichzeitig die geforderte Spiegelfläche für die Reflexion des Lichtstrahls zu erreichen, muss die Fläche der Spiegelplatte größer ausfallen als beim elektrostatischen Antrieb. Rechts und links neben der Spiegelplatte befinden sich Permanentmagnete. Diese erzeugen ein magnetisches Feld mit der magnetischen Flussdichte B. Die Feldlinien des magnetischen Feldes liegen im Winkel β = 90° zum Leiterbahnsegment zwischen den Punkten 1 und 2 und zum Leiterbahnsegment zwischen den Punkten 3 und 4 auf der Spiegelplatte. Zwischen der Spiegelplatte und der Trägerplatte befindet sich ein Spalt mit der Größe S.

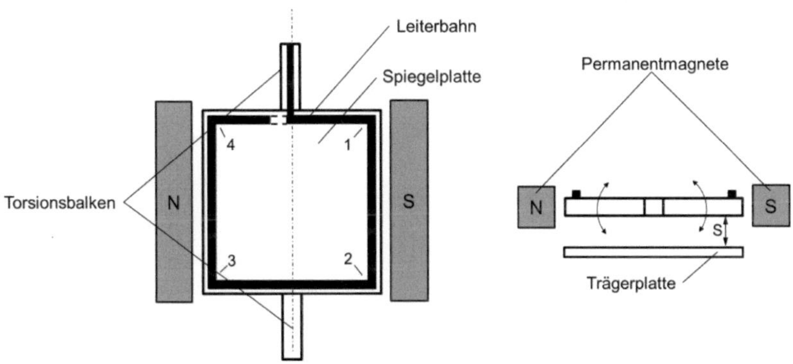

Abbildung 10.6: Schematische Darstellung eines magnetisch angetriebenen Mikrospiegels, angelehnt an [Schenk 2000]

Der magnetische Mikrospiegelantrieb basiert auf dem physikalischen Effekt der Lorentzkraft. Die Lorentzkraft wirkt auf einen stromdurchflossenen Leiter, der sich in einem Magnetfeld befindet. Wird ein elektrischer Strom durch die Leiterbahnsegmente geschickt, überlagert sich das Magnetfeld des elektrischen Stroms mit dem äußeren Magnetfeld der Permanentmagnete. Dies übt auf das Leiterbahnsegment zwischen den Punkten 1 und 2 sowie das Leiterbahnsegment zwischen den Punkten 3 und 4 jeweils eine Lorentzkraft aus. Die Richtungen der Lorentzkräfte stehen senkrecht zur Stromrichtung und senkrecht zur Richtung des magnetischen Feldes. Die beiden Lorentzkräfte sind daher senkrecht zur Fläche der Spiegelplatte gerichtet. Sie zeigen in entgegengesetzte Richtungen und üben in Folge ein Drehmoment auf die Spiegelplatte aus. Je nach Stromrichtung kann das Drehmoment im oder gegen den Uhrzeigersinn gerichtet sein.

Arbeitsschritt 1.5: Entwicklung der Übertragungsgleichungen von den Wirkprinzipien

Bei der gewählten Teilfunktion geht es um die Realisierung einer Schwingung von der Spiegelpatte. Schwingungen technischer Systeme werden mit den Lösungsfunktionen ihrer Bewegungsgleichungen mathematisch beschrieben. Die Lösungsfunktionen der Bewegungsgleichungen von den Spiegelplatten beschreiben die zeitliche Änderung ihrer Verdrehwinkel $\varphi(t)$, welche durch die Mikrospiegelantriebe erzwungen werden.

Gleichung 10.1 entspricht der Bewegungsgleichung der elektrostatisch angetriebenen Spiegelplatte.[48]

$$J_{Pl}\,\ddot{\varphi} + D\,\dot{\varphi} + K\,\varphi = \frac{\varepsilon_r\,\varepsilon_0 \quad b_{Pl}\,\hat{U}^2\,\sin^2(\omega\,t)}{2\,\varphi^2}\left(\frac{1}{1-\frac{l_{Pl}\,\varphi}{2\,S}} - 1 + \ln\left[1 - \frac{l_{Pl}\,\varphi}{2\,S}\right]\right) \tag{10.1}$$

Der Parameter J_{Pl} in Gleichung 10.1 entspricht dem Massenträgheitsmoment der Spiegelplatte. Der Parameter D entspricht der Dämpfungskonstante des Dämpfungsmediums. Der Parameter K entspricht der Federkonstante der Torsionsbalken. Tabelle 10.1 zeigt die geometrischen und stofflichen Merkmale des elektrostatischen Mikrospiegelantriebs, von denen das Massenträgheitsmoment, die Dämpfungskonstante und die Federkonstante

[48] Die Herleitung der Bewegungsgleichung ist im Anhang dieser Arbeit erläutert. Auf der rechten Seite der Bewegungsgleichung befindet sich das elektrostatische Antriebsmoment. Die Herleitung der Gleichung des elektrostatischen Antriebsmoments ist aus Gründen der Übersichtlichkeit im Anhang beschrieben.

abhängen. Die Abhängigkeiten des Massenträgheitsmoments, der Dämpfungskonstante und der Federkonstante von den Merkmalen sind im Anhang erläutert. Darüber hinaus zeigt Tabelle 10.1 die Eingangsgrößen des elektrostatischen Mikrospiegelantriebs aus der Bewegungsgleichung. Die Werte der Eingangsgrößen und Merkmale sind in der Tabelle so festgelegt, dass die Amplitude der Spiegelplattenschwingung wie erforderlich realisiert wird.

Geometrische und stoffliche Merkmale des elektrostatisch angetriebenen Mikrospiegels			
Merkmal	**Parameter**	**Wert**	**Einheit**
Permittivität der Luft	ε_r	1,00059	
Elektrische Feldkonstante	ε_0	$8{,}85 \cdot 10^{-12}$	F/m
Dynamische Viskosität der Luft	η_L	$18{,}6 \cdot 10^{-6}$	$N\ s / m^2$
Dichte von Silizium	ρ	2330	kg/m^3
Breite der Torsionsbalken	b_{Ba}	$5 \cdot 10^{-6}$	m
Höhe der Torsionsbalken	h_{Ba}	$10 \cdot 10^{-6}$	m
Länge der Torsionsbalken	l_{Ba}	$884 \cdot 10^{-6}$	m
Spalt zwischen Spiegelplatte und Trägerplatte	S	$90 \cdot 10^{-6}$	m
Länge der Spiegelplatte	l_{Pl}	$622 \cdot 10^{-6}$	m
Breite der Spiegelplatte	b_{Pl}	$622 \cdot 10^{-6}$	m
Dicke der Spiegelplatte	d_{Pl}	$10 \cdot 10^{-6}$	m
Eingangsgrößen der Teilfunktion			
Merkmal	**Parameter**	**Wert**	**Einheit**
Antriebsspannung	$\hat{U}$	237	V
Frequenz der Antriebsspannung	ω	50	Hz

Tabelle 10.1: Eingangsgrößen und Merkmale des elektrostatischen Mikrospiegelantriebs

Die Bewegungsgleichung wurde mit der Software Matlab R2013b numerisch gelöst. Das Ergebnis der numerischen Lösung ist der Funktionsgraph der Lösungsfunktion[49] von der Bewegungsgleichung.[50] Abbildung 10.7 zeigt diesen Funktionsgraph. Für die numerische Ermittlung des Funktionsgraphen mit der Software Matlab R2013b wurden die nominalen Merkmale des elektrostatischen Mikrospiegelantriebs aus Tabelle 10.1 benutzt.

---

[49] Es handelt sich um die Lösungsfunktion der Bewegungsgleichung 10.1 unter den gewählten Randbedingungen. Die Randbedingungen sind im Anhang dieser Arbeit beschrieben.

[50] Die Graphen, die sich aus den numerischen Lösungen aller Differentialgleichungen in dieser Arbeit ergeben, finden sich im Anhang.

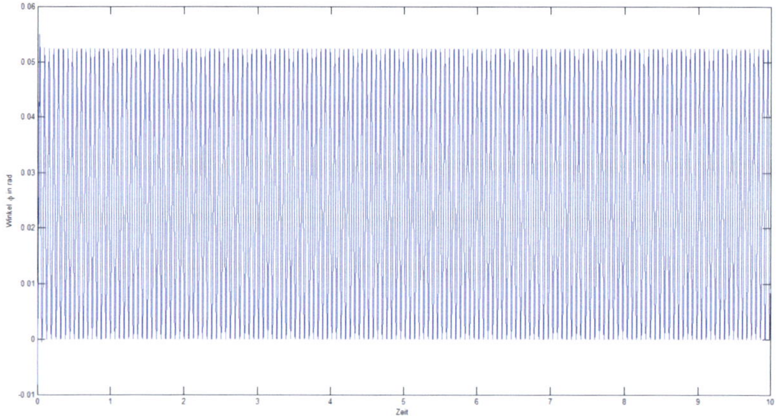

Abbildung 10.7: Graph der Lösungsfunktion von der Bewegungsgleichung der elektrostatisch angetriebenen Spiegelplatte

Gleichung 10.2 entspricht der Bewegungsgleichung der magnetisch angetriebenen Spiegelplatte.[51]

$$J_{Pl}\,\ddot{\varphi} + D\dot{\varphi} + K\,\varphi = 2\,B\,\hat{I}\,\sin(\omega\,t)\;l_{seg}\,r_0\cos(\varphi)\,\sin(\beta) \tag{10.2}$$

Tabelle 10.2 zeigt die geometrischen und stofflichen Merkmale des magnetischen Mikrospiegelantriebs, von denen sein Massenträgheitsmoment, die Dämpfungskonstante und die Federkonstante abhängen. Tabelle 10.2 zeigt ebenfalls die Eingangsgrößen des magnetischen Mikrospiegelantriebs aus der Bewegungsgleichung. Die Werte der Eingangsgrößen und Merkmale sind in der Tabelle so gewählt, dass die Amplitude der Spiegelplattenschwingung wie erforderlich realisiert wird.

[51] Die Herleitung der Bewegungsgleichung findet sich im Anhang. Das magnetische Antriebsmoment befindet sich in der Gleichung auf der rechten Seite. Aus Gründen der Übersichtlichkeit sind die Herleitung der Gleichung des magnetischen Antriebsmoments und die darin enthaltenen Parameter im Anhang erläutert.

Geometrische und stoffliche Merkmale des magnetisch angetriebenen Mikrospiegels			
Merkmal	**Parameter**	**Wert**	**Einheit**
Magnetische Flussdichte	B	0,6	T
Dynamische Viskosität der Luft	η_L	$18{,}6 \cdot 10^{-6}$	N s / m²
Winkel zwischen Permanentmagneten und Spiegelplatte	β	90	°
Länge der Leiterbahn auf der Spiegelplatte	l_L	$688 \cdot 10^{-6}$	m
Abstand zwischen Leiterbahn und Drehachse	r_0	$344 \cdot 10^{-6}$	m
Dichte von Silizium	ρ	2330	kg/m³
Breite der Torsionsbalken	b_{Ba}	$5 \cdot 10^{-6}$	m
Höhe der Torsionsbalken	h_{Ba}	$10 \cdot 10^{-6}$	m
Länge der Torsionsbalken	l_{Ba}	$416 \cdot 10^{-6}$	m
Spalt zwischen Spiegelplatte und Trägerplatte	S	$100 \cdot 10^{-6}$	m
Länge der Spiegelplatte	l_{Pl}	$751 \cdot 10^{-6}$	m
Breite der Spiegelplatte	b_{Pl}	$751 \cdot 10^{-6}$	m
Dicke der Spiegelplatte	d_{Pl}	$10 \cdot 10^{-6}$	m
Eingangsgrößen der Teilfunktion			
Eingangsgröße	**Parameter**	**Wert**	**Einheit**
Antriebsstrom	$\hat{I}$	$9 \cdot 10^{-3}$	A
Frequenz der Antriebsspannung	ω	50	Hz

Tabelle 10.2: Eingangsgrößen und Merkmale des magnetischen Mikrospiegelantriebs

Auch diese Bewegungsgleichung wurde mit der Berechnungssoftware Matlab R2013b numerisch gelöst. Abbildung 10.8 zeigt den Funktionsgraph der Lösungsfunktion.[52] Für die numerische Ermittlung des Funktionsgraphen mit Matlab R2013b wurden die nominalen Merkmale des magnetischen Mikrospiegelantriebs aus Tabelle 10.2 benutzt.

[52] Es handelt sich um die Lösungsfunktion der Bewegungsgleichung 10.2 unter den gewählten Randbedingungen. Die Randbedingungen sind im Anhang dieser Arbeit beschrieben.

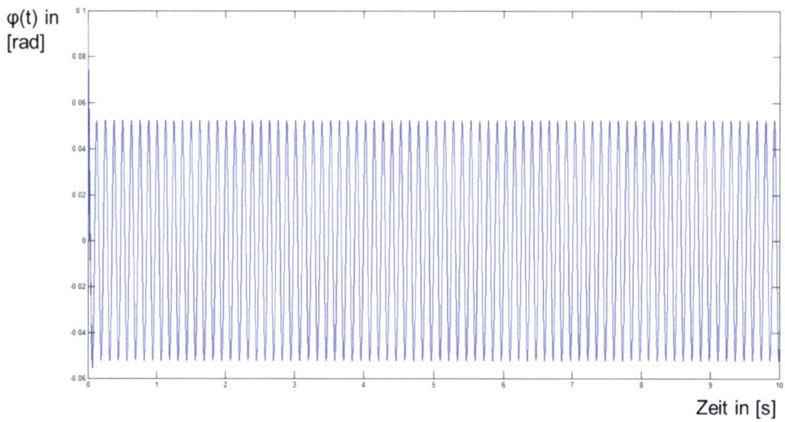

Abbildung 10.8: Graph der Lösungsfunktion von der Bewegungsgleichung der magnetisch angetriebenen Spiegelplatte

Arbeitsschritt 1.6: Festlegung der Mitglieder des erweiterten Teams

Da es sich im vorliegenden Fall um ein Anwendungsbeispiel der QRBW-Methode handelt, ist die Festlegung eines erweiterten Teams nicht erforderlich.

10.3 Ermittlung der Fehlerursachen von den Wirkprinzipien

Die QRBW-Methode untersucht mit dem Analyseprozess, ob die erwarteten Störgrößen zu Ausfällen der gewählten Teilfunktion von den beiden Mikrospiegelantrieben führen. Der Analyseprozess beginnt damit, den Kopfteil der Analyseprozesstabelle ebenso wie den Teil „Übersetzung CPM-Produktmodell → Erweitertes PDD-Prozessmodell“ auszufüllen. Abbildung 10.9 zeigt dies für den elektrostatischen Mikrospiegelantrieb.

Produkt	Mikrospiegel-system	**Funktion**	Spiegelplatte ausgehend von einer Auslenkung von 0 rad verdrehen auf eine Auslenkung von 0,0523599 rad mit einer Toleranz von ± 0,000523599 rad.
Wirkprinzip	Elektrostatisch	**Einzelteil/Baugruppe**	Spiegelplatte mit Elektrode, Trägerplatte mit Elektroden
Datum	13.08.2017	**Revisionsstand**	1
Übersetzung CPM-Produktmodell → Erweitertes PDD-Prozessmodell			
Eingangsgrößen		P_x	$\hat{U}$ = 237 V ω = 50 Hz
Soll-Ausgangsgröße		PR_i	φ = 0,0523599 ± 0,000523599 rad
Merkmale		$C_{nominal,i}$	ε_r = 1,00059 ε_0 = 8,85 • 10^{-12} F/m η_L = 18,6 • 10^{-6} N s / m² ρ = 2330 kg/m³ b_{Ba} = 5 • 10^{-6} m h_{Ba} = 10 • 10^{-6} m l_{Ba} = 884 • 10^{-6} m S = 90 • 10^{-6} m l_{Pl} = 622 • 10^{-6} m b_{Pl} = 622 • 10^{-6} m d_{Pl} = 10 • 10^{-6} m
Übertragungsgleichung		$R_{other,i}$	siehe Abbildung 10.7
Störgröße		N_x	T_{Kl} = 130°C T_{Um} = 60°C

Abbildung 10.9: Auszug aus der Analyseprozesstabelle des elektrostatisch angetriebenen Mikrospiegels

Abbildung 10.10 zeigt in entsprechender Weise den Kopfteil der Analyseprozesstabelle und den Teil „Übersetzung CPM-Produktmodell → Erweitertes PDD-Prozessmodell“ für den magnetischen Mikrospiegelantrieb.

Produkt	Mikrospiegelsystem	**Funktion**	Spiegelplatte ausgehend von einer Auslenkung von 0 rad verdrehen auf eine Auslenkung von 0,0523599 rad mit einer Toleranz von ± 0,000523599 rad.
Wirkprinzip	Magnetisch	**Einzelteil/Baugruppe**	Spiegelplatte mit Leiterbahn, Trägerplatte, Permanentmagnete
Datum	13.08.2017	**Revisionsstand**	1

Übersetzung CPM-Produktmodell → Erweitertes PDD-Prozessmodell		
Eingangsgrößen	P_x	$\hat{I}$ = 9 mA ω = 50 Hz
Soll-Ausgangsgröße	PR_i	φ = 0,0523599 ± 0,000523599 rad
Merkmale	$C_{nominal,i}$	B = 0,6 T η_L = 18,6 • 10^{-6} N s / m² β = 90 ° l_L = 688 • 10^{-6} m r_0 = 344 • 10^{-6} m ρ = 2330 kg/m³ b_{Ba} = 5 • 10^{-6} m h_{Ba} = 10 • 10^{-6} m l_{Ba} = 416 • 10^{-6} m S = 100 • 10^{-6} m l_{Pl} = 751 • 10^{-6} m b_{Pl} = 751 • 10^{-6} m d_{Pl} = 10 • 10^{-6} m
Übertragungsgleichung	$R_{other,i}$	Siehe Abbildung 10.8
Störgröße	N_x	T_{Kl} = 130°C T_{Um} = 60°C

Abbildung 10.10: Auszug aus der Analyseprozesstabelle des magnetisch angetriebenen Mikrospiegels

Tabelle 10.3 zeigt die Matrixdarstellung von der Relation $R_{noise,i}$ des elektrostatischen Mikrospiegelantriebs. Die Klebetemperatur T_{KL} und die Umgebungstemperatur T_{Um} haben in der Matrix eine eigene Spalte, da sie unabhängig voneinander auftreten. Die Merkmale, welche durch die Temperaturen geändert werden, sind in den Spalten grau hervorgehoben.[53] Die übrigen Merkmale werden zwar nicht durch die Störgrößen geändert. Die Merkmale sind aber dennoch für die Berechnung der Spiegelplattenschwingung erforderlich und daher mit ihren Nominalwerten in die Matrix eingetragen.

[53] Die Ergebnisse der störgrößenbedingten Merkmalsänderungen sind in der Tabelle auf eine Nachkommastelle gerundet.

Im vorliegenden Fall sind die geometrischen Merkmale der Spiegelplatte, der Torsionsbalken und des Glasdeckels temperaturabhängig. Die temperaturbedingten Änderungen der geometrischen Merkmale werden durch den Ausdehnungskoeffizienten von Silizium und Glas beschrieben. Der Ausdehnungskoeffizient von Silizium beträgt 2,6 * 10^{-6} K^{-1}. Der Ausdehnungskoeffizient von Glas beträgt 0,5 * 10^{-6} K^{-1}. Die temperaturbedingten Änderungen der Permittivität der Luft und der Dichte sind im vorliegenden Beispiel vernachlässigbar klein und werden daher nicht berücksichtigt. Die temperaturbedingte Änderung der dynamischen Viskosität der Luft ist bei [Sigloch 2017] beschrieben.[54]

		Externe Störgrößen			
		Umgebungstemperatur T_{Um}		Klebetemperatur T_{Kl}	
Permittivität der Luft	ε_r	1,00059		1,00059	
Elektrische Feldkonstante	ε_0	$8{,}85 \cdot 10^{-12}$	F/m	$8{,}85 \cdot 10^{-12}$	F/m
Dynamische Viskosität der Luft	η_L	$20{,}0 \cdot 10^{-6}$	N s / m²	$23{,}3 \cdot 10^{-6}$	N s / m²
Dichte von Silizium	ρ	2330	kg/m³	2330	kg/m³
Breite der Torsionsbalken	b_{Ba}	$5{,}0 \cdot 10^{-6}$	m	$5{,}0 \cdot 10^{-6}$	m
Höhe der Torsionsbalken	h_{Ba}	$10{,}0 \cdot 10^{-6}$	m	$10{,}0 \cdot 10^{-6}$	m
Länge der Torsionsbalken	l_{Ba}	$884{,}1 \cdot 10^{-6}$	m	$884{,}3 \cdot 10^{-6}$	m
Spalt zwischen Spiegelplatte und Trägerplatte	S	$90{,}0 \cdot 10^{-6}$	m	$90{,}0 \cdot 10^{-6}$	m
Länge der Spiegelplatte	l_{Pl}	$622{,}1 \cdot 10^{-6}$	m	$622{,}2 \cdot 10^{-6}$	m
Breite der Spiegelplatte	b_{Pl}	$622{,}1 \cdot 10^{-6}$	m	$622{,}2 \cdot 10^{-6}$	m
Dicke der Spiegelplatte	d_{Pl}	$10{,}0 \cdot 10^{-6}$	m	$10{,}0 \cdot 10^{-6}$	m

Tabelle 10.3: Relation zur Ermittlung der störgrößenbedingten Merkmalsänderungen des elektrostatischen Mikrospiegelantriebs

Tabelle 10.4 zeigt die Matrixdarstellung von der Relation $R_{noise,i}$ des magnetischen Mikrospiegelantriebs. Auch in dieser Matrix sind die Merkmale, welche durch die Klebetemperatur und die Umgebungstemperatur geänderten werden, grau hervorgehoben.[55] Neben den geometrischen Merkmalen der Spiegelplatte, der Torsionsbalken und des Glasdeckels ist bekannt, dass auch die magnetische Flussdichte B der Permanentmagnete über deren Temperaturkoeffizient temperaturabhängig ist.

[54] Im Anhang befindet sich in Kapitel A.5 ein Diagramm nach [Sigloch 2017], welches die Abhängigkeit der dynamischen Viskosität der Luft und weiterer Gase von der Temperatur beschreibt.

[55] Die Ergebnisse der störgrößenbedingten Merkmalsänderungen sind in der Tabelle auf eine Nachkommastelle gerundet.

Beim magnetischen Mikrospiegelantrieb sind aufgrund seines komplexen Aufbaus zusätzlich Montagetoleranzen als Störgröße zu berücksichtigen. Die Montagetoleranzen betreffen die Toleranzen für den Einbau der Permanentmagnete in das Mikrospiegelsystem. Diese Toleranzen bewirken Streuungen des Winkels β, mit denen die Permanentmagnete relativ zur Spiegelplatte ausgerichtet sind. Die Höhe der Streuungen des Winkels β sind aus der Serienproduktion eines anderen vergleichbaren Mikrospiegelsystems bekannt. Die Montagetoleranzen treten unabhängig von der Klebetemperatur und der Umgebungstemperatur auf und erhalten daher eine eigene Spalte in der Matrix.

		Umgebungstemperatur T_{Um}		Klebetemperatur T_{Kl}		Montagetoleranzen	
Magnetische Flussdichte	B	0,595	T	0,55	T	0,6	T
Dynamische Viskosität der Luft	η_L	$20{,}0 \cdot 10^{-6}$	N s / m²	$23{,}3 \cdot 10^{-6}$	N s / m²	$18{,}6 \cdot 10^{-6}$	N s / m²
Winkel zwischen Magnetfeld und Leiterbahnsegmenten	B	90	°	90	°	80,0	°
Länge der Leiterbahn auf der Spiegelplatte	l_L	$688{,}1 \cdot 10^{-6}$	m	$688{,}2 \cdot 10^{-6}$	m	$688 \cdot 10^{-6}$	m
Abstand zwischen Leiterbahn und Drehachse	r_0	$344{,}0\ 10^{-6}$	m	$344{,}1 \cdot 10^{-6}$	m	$344 \cdot 10^{-6}$	m
Dichte von Silizium	P	2330	kg/m³	2330	kg/m³	2330	kg/m³
Breite der Torsionsbalken	b_{Ba}	$5{,}0 \cdot 10^{-6}$	m	$5{,}0 \cdot 10^{-6}$	m	$5 \cdot 10^{-6}$	m
Höhe der Torsionsbalken	h_{Ba}	$10{,}0 \cdot 10^{-6}$	m	$10{,}0 \cdot 10^{-6}$	m	$10 \cdot 10^{-6}$	m
Länge der Torsionsbalken	l_{Ba}	$416{,}0 \cdot 10^{-6}$	m	$416{,}1 \cdot 10^{-6}$	m	$416 \cdot 10^{-6}$	m
Spalt zwischen Spiegelplatte und Trägerplatte	S	$100{,}0 \cdot 10^{-6}$	m	$100{,}0 \cdot 10^{-6}$	m	$100 \cdot 10^{-6}$	m
Länge der Spiegelplatte	l_{Pl}	$751{,}1 \cdot 10^{-6}$	m	$751{,}2 \cdot 10^{-6}$	m	$751 \cdot 10^{-6}$	m
Breite der Spiegelplatte	b_{Pl}	$751{,}1 \cdot 10^{-6}$	m	$751{,}2 \cdot 10^{-6}$	m	$751 \cdot 10^{-6}$	m
Dicke der Spiegelplatte	d_{Pl}	$10{,}0 \cdot 10^{-6}$	m	$10{,}0 \cdot 10^{-6}$	m	$10 \cdot 10^{-6}$	m

Tabelle 10.4: Relation zur Ermittlung der störgrößenbedingten Merkmalsänderungen des magnetischen Mikrospiegelantriebs

Mit den durch Störgrößen geänderten Merkmalen der Mikrospiegelantriebe lassen sich die Schwingungsamplituden ihrer Spiegelplatten unter der Wirkung von den Störgrößen ermitteln. Abbildung 10.11 zeigt einen Ausschnitt aus der Analyseprozesstabelle, welche die Schwingungsamplitude der elektrostatisch angetriebenen Spiegelplatte unter der Wirkung der Klebetemperatur ermittelt.[56] Im Ergebnis zeigt sich, dass die Klebetemperatur zwar einige Merkmale des Mikrospiegelantriebs ändert. Allerdings liegt die Schwingungsamplitude mit den

[56] Der Funktionsgraph, welcher die Schwingung der elektrostatisch angetriebenen Spiegelplatte unter der Wirkung der Klebetemperatur zeigt, befindet sich im Anhang in Kapitel A.8.

geänderten Merkmalen noch im Toleranzbereich der Soll-Amplitude. Somit führt die Klebetemperatur beim elektrostatischen Mikrospiegelantrieb zu keinem Ausfall der betrachteten Funktion.

Ermittlung störgrößenbedingter Ausfälle und Fehlerursachen		
Teilschritt 1		
Störgrößenbedingte Merkmalsänderungen	$R_{noise,i}$	Siehe Tabelle 10.3
Merkmale unter Störgrößen	$C_{noise,i,x}$	ε_r = 1,00059 ε_0 = $8{,}85 \cdot 10^{-12}$ F/m η_L = $23{,}3 \cdot 10^{-6}$ N s / m² ρ = 2330 kg/m³ b_{Ba} = $5 \cdot 10^{-6}$ m h_{Ba} = $10 \cdot 10^{-6}$ m l_{Ba} = $884{,}3 \cdot 10^{-6}$ m S = $90 \cdot 10^{-6}$ m l_{Pl} = $622{,}2 \cdot 10^{-6}$ m b_{Pl} = $622{,}2 \cdot 10^{-6}$ m d_{Pl} = $10 \cdot 10^{-6}$ m
Teilschritt 2		
Übertragungsgleichung des Wirkprinzips	$R_{other,i}$	Siehe Funktionsgraph nach Abbildung A.7
Ausgangsgröße unter der Wirkung von Störgrößen	$P_{noise,j,x}$	0,05241 rad
Teilschritt 3		
Abweichung $P_{noise,j,x}$ von PR_i	$\Delta P_{j,x}$	0,00005 rad
Teilschritt 4		
Handelt es sich bei der Eigenschaft $P_{noise,j,x}$ um einen Ausfall?	ja / nein	nein

Abbildung 10.11: Auszug aus der Analyseprozesstabelle für den elektrostatischen Mikrospiegelantrieb und die Klebetemperatur

Abbildung 10.12 zeigt einen Ausschnitt aus der Analyseprozesstabelle, welche die Schwingungsamplitude der elektrostatisch angetriebenen Spiegelplatte unter der Wirkung der Umgebungstemperatur ermittelt. Es zeigt sich auch hier, dass die Schwingungsamplitude mit den geänderten Merkmalen noch im Toleranzbereich der Soll-Amplitude liegt.[57] Somit führt auch die Umgebungstemperatur beim elektrostatischen Mikrospiegelantrieb zu keinem Ausfall der betrachteten Funktion.

[57] Der Funktionsgraph, welcher die Schwingung der elektrostatisch angetriebenen Spiegelplatte unter der Wirkung der Umgebungstemperatur zeigt, befindet sich im Anhang in Kapitel A.8.

Ermittlung störgrößenbedingter Ausfälle und Fehlerursachen		
Teilschritt 1		
Störgrößenbedingte Merkmalsänderungen	$R_{noise,i}$	Siehe Tabelle 10.3
Merkmale unter Störgrößen	$C_{noise,i,x}$	ε_r = 1,00059 ε_0 = $8{,}85 \cdot 10^{-12}$ F/m η_L = $20 \cdot 10^{-6}$ N s / m^2 ρ = 2330 kg/m^3 b_{Ba} = $5 \cdot 10^{-6}$ m h_{Ba} = $10 \cdot 10^{-6}$ m l_{Ba} = $884{,}1 \cdot 10^{-6}$ m S = $90 \cdot 10^{-6}$ m l_{Pl} = $622{,}1 \cdot 10^{-6}$ m b_{Pl} = $622{,}1 \cdot 10^{-6}$ m d_{Pl} = $10 \cdot 10^{-6}$ m
Teilschritt 2		
Übertragungsgleichung des Wirkprinzips	$R_{other,i}$	Siehe Funktionsgraph nach Abbildung A.8
Ausgangsgröße unter der Wirkung von Störgrößen	$P_{noise,j,x}$	0,052425 rad
Teilschritt 3		
Abweichung $P_{noise,j,x}$ von PR_i	$\Delta P_{j,x}$	0,000065 rad
Teilschritt 4		
Handelt es sich bei der Eigenschaft $P_{noise,j,x}$ um einen Ausfall?	ja / nein	nein

Abbildung 10.12: Auszug aus der Analyseprozesstabelle für den elektrostatischen Mikrospiegelantrieb und die Umgebungstemperatur

Abbildung 10.13 zeigt einen Ausschnitt aus der Analyseprozesstabelle, welche die Schwingungsamplitude der magnetisch angetriebenen Spiegelplatte unter der Wirkung der Klebetemperatur ermittelt. Der Analyseprozess zeigt, dass die Schwingungsamplitude mit den geänderten Merkmalen nicht mehr im Toleranzbereich der Soll-Amplitude liegt.[58] Somit kann die Klebetemperatur beim magnetischen Mikrospiegelantrieb zu einem Ausfall der betrachteten Funktion führen. Die Fehlerfolge besteht darin, dass der abgelenkte Lichtstrahl nicht mehr die gesamte zu belichtende Fläche trifft.

[58] Der Funktionsgraph, welcher die Schwingung der magnetisch angetriebenen Spiegelplatte unter der Wirkung der Klebetemperatur zeigt, befindet sich im Anhang in Kapitel A.8.

Eine weitere Untersuchung zeigt, dass bereits eine Temperatur in Höhe von ca. 80° dazu führt, dass die Schwingungsamplitude nicht mehr im Toleranzbereich der Soll-Amplitude liegt. Um die Auftretenshäufigkeit dieser Fehlerursache zu ermitteln, bleibt zu berücksichtigen, dass ein Temperaturbereich von 80°C bis 130°C nur während des Klebeprozesses zu erwarten ist.

Ermittlung störgrößenbedingter Ausfälle und Fehlerursachen		
Teilschritt 1		
Störgrößenbedingte Merkmalsänderungen	$R_{noise,i}$	Siehe Tabelle 10.4
Merkmale unter Störgrößen	$C_{noise,i,x}$	$B =$ 0,55 T $\eta_L =$ 23,3 • 10^{-6} N s / m² $\beta =$ 90 ° $l_L =$ 688,2 • 10^{-6} m $r_0 =$ 344,1 • 10^{-6} m $\rho =$ 2330 kg/m³ $b_{Ba} =$ 5 • 10^{-6} m $h_{Ba} =$ 10 • 10^{-6} m $l_{Ba} =$ 416,1 • 10^{-6} m $S =$ 100 • 10^{-6} m $l_{Pl} =$ 751,2 • 10^{-6} m $b_{Pl} =$ 751,2 • 10^{-6} m $d_{Pl} =$ 10 • 10^{-6} m
Teilschritt 2		
Übertragungsgleichung des Wirkprinzips	$R_{other,i}$	Siehe Funktionsgraph nach Abbildung A.10
Ausgangsgröße unter der Wirkung von Störgrößen	$P_{noise,j,x}$	0,04796 rad
Teilschritt 3		
Abweichung $P_{noise,j,x}$ von PR_i	$\Delta P_{j,x}$	0,004399 rad
Teilschritt 4		
Handelt es sich bei der Eigenschaft $P_{noise,j,x}$ um einen Ausfall?	ja / nein	ja

Abbildung 10.13: Auszug aus der Analyseprozesstabelle für den magnetischen Mikrospiegelantrieb und die Klebetemperatur

Abbildung 10.14 zeigt einen Ausschnitt aus der Analyseprozesstabelle, welche die Schwingungsamplitude der magnetisch angetriebenen Spiegelplatte unter der Wirkung der Umgebungstemperatur ermittelt. Es zeigt sich, dass die Umgebungstemperatur zwar einige Merkmale des Mikrospiegelantriebs ändert. Allerdings liegt die Schwingungsamplitude mit den geänderten Merkmalen noch im Toleranzbereich der Soll-Amplitude.[59] Somit führt die Umgebungstemperatur beim magnetischen Mikrospiegelantrieb zu keinem Ausfall der betrachteten Funktion.

Ermittlung störgrößenbedingter Ausfälle und Fehlerursachen		
Teilschritt 1		
Störgrößenbedingte Merkmalsänderungen	$R_{noise,i}$	Siehe Tabelle 10.4
Merkmale unter Störgrößen	$C_{noise,i,x}$	$B = 0{,}595$ T $\eta_L = 20 \cdot 10^{-6}$ N s / m² $\beta = 90$ ° $l_L = 688{,}1 \cdot 10^{-6}$ m $r_0 = 344 \cdot 10^{-6}$ m $\rho = 2330$ kg/m³ $b_{Ba} = 5 \cdot 10^{-6}$ m $h_{Ba} = 10 \cdot 10^{-6}$ m $l_{Ba} = 416 \cdot 10^{-6}$ m $S = 100 \cdot 10^{-6}$ m $l_{Pl} = 751{,}1 \cdot 10^{-6}$ m $b_{Pl} = 751{,}1 \cdot 10^{-6}$ m $d_{Pl} = 10 \cdot 10^{-6}$ m
Teilschritt 2		
Übertragungsgleichung des Wirkprinzips	$R_{other,i}$	Siehe Funktionsgraph nach Abbildung A.11
Ausgangsgröße unter der Wirkung von Störgrößen	$P_{noise,j,x}$	0,05189 rad
Teilschritt 3		
Abweichung $P_{noise,j,x}$ von PR_i	$\Delta P_{j,x}$	0,0004699 rad
Teilschritt 4		
Handelt es sich bei der Eigenschaft $P_{noise,j,x}$ um einen Ausfall?	ja / nein	Nein

Abbildung 10.14: Auszug aus der Analyseprozesstabelle für den magnetischen Mikrospiegelantrieb und die Umgebungstemperatur

Abbildung 10.15 zeigt einen Ausschnitt aus der Analyseprozesstabelle, welche die Schwingungsamplitude der magnetisch angetriebenen Spiegelplatte unter der Wirkung der Montagetoleranzen von den Permanentmagneten ermittelt. Die Montagetoleranzen können dazu führen, dass der Winkel β im Minimum bei 80° liegt. Das Ergebnis des Analyseprozesses zeigt, dass die Schwingungsamplitude bei einem Winkel β = 80° nicht mehr im Toleranzbereich der Soll-Amplitude liegt.[60]

[59] Der Funktionsgraph, welcher die Schwingung der magnetisch angetriebenen Spiegelplatte unter der Wirkung der Umgebungstemperatur zeigt, befindet sich im Anhang in Kapitel A.8.
[60] Der Funktionsgraph, welcher die Schwingung der magnetisch angetriebenen Spiegelplatte unter der Wirkung der Montagetoleranzen zeigt, befindet sich im Anhang in Kapitel A.8.

Somit können die Montagetoleranzen beim magnetisch angetriebenen Mikrospiegel zu einem Ausfall der betrachteten Funktion führen. Auch hier besteht die Fehlerfolge darin, dass der abgelenkte Lichtstrahl die gesamte zu belichtende Fläche nicht mehr treffen kann.

Eine weitere Untersuchung zeigt, dass bereits ein Winkel β = 82° dazu führt, dass sich die Schwingungsamplitude der Spiegelplatte nicht mehr im Toleranzbereich der Soll-Amplitude befindet. Um die Auftretenshäufigkeit dieser Fehlerursache zu ermitteln, muss abgeschätzt werden, wie häufig der Winkel β aufgrund der Montagetoleranzen in einem Bereich von 80° bis 82° liegen wird.

Ermittlung störgrößenbedingter Ausfälle und Fehlerursachen		
Teilschritt 1		
Störgrößenbedingte Merkmalsänderungen	$R_{noise,i}$	Siehe Tabelle 10.4
Merkmale unter Störgrößen	$C_{noise,i,x}$	$B =$ 0,6 T $\eta_L =$ 18,6 • 10^{-6} N s / m² $\beta =$ 80 ° $l_L =$ 688 • 10^{-6} m $r_0 =$ 344 • 10^{-6} M $\rho =$ 2330 kg/m³ $b_{Ba} =$ 5 • 10^{-6} m $h_{Ba} =$ 10 • 10^{-6} m $l_{Ba} =$ 416 • 10^{-6} m $S =$ 100 • 10^{-6} m $l_{Pl} =$ 751 • 10^{-6} m $b_{Pl} =$ 751 • 10^{-6} m $d_{Pl} =$ 10 • 10^{-6} m
Teilschritt 2		
Übertragungsgleichung des Wirkprinzips	$R_{other,i}$	Siehe Funktionsgraph nach Abbildung A.12
Ausgangsgröße unter der Wirkung von Störgrößen	$P_{noise,j,x}$	0,05154 rad
Teilschritt 3		
Abweichung $P_{noise,j,x}$ von PR_i	$\Delta P_{j,x}$	0,000819 rad
Teilschritt 4		
Handelt es sich bei der Eigenschaft $P_{noise,j,x}$ um einen Ausfall?	ja / nein	ja

Abbildung 10.15: Auszug aus der Analyseprozesstabelle für den magnetischen Mikrospiegelantrieb und Montagetoleranzen der Permanentmagnete

10.4 Festlegung von Vermeidungsmaßnahmen

Der Analyseprozess hat gezeigt, dass beim elektrostatischen Mikrospiegelantrieb keine Fehlerursachen durch die gegebenen Störgrößen zu erwarten sind. Somit müssen für den elektrostatischen Mikrospiegelantrieb keine Vermeidungsmaßnahmen festgelegt werden.

Der Analyseprozess hat für den magnetischen Mikrospiegelantrieb zwei störgrößenbedingte Fehlerursachen identifiziert. Für die Vermeidung der Fehlerursache, welche durch die Klebetemperatur hervorgerufen wird, wurden die folgenden Vermeidungsmaßnahmen angedacht:

- *Einsatz von Permanentmagneten, deren magnetische Flussdichte B sich weniger durch Temperatur ändert*
  Die Fehlerursache durch die Klebetemperatur ließe sich mit dem Einsatz von Permanentmagneten vermeiden, deren magnetische Flussdichte B im Vergleich zu den bisher eingesetzten Permanentmagneten weniger oder gar nicht durch die Klebetemperatur geändert wird. Derartige Permanentmagnete sind nach Rücksprache mit den Lieferanten für Permanentmagnete allerdings nicht bekannt.

- *Abschirmung der Permanentmagnete gegenüber der Klebetemperatur*
  Die Fehlerursache durch die Klebetemperatur ließe sich ebenfalls mit einer Abschirmung der Permanentmagnete gegenüber dieser Temperatur erreichen. Mit der Abschirmung würde die magnetische Flussdichte der Permanentmagnete weniger oder gar nicht durch die Klebetemperatur reduziert. Jene Abschirmung erscheint aber nicht wirtschaftlich realisierbar.

Für die Vermeidung der Fehlerursache, welche durch die Montagetoleranzen der Permanentmagnete hervorgerufen wird, wurde die folgende Vermeidungsmaßnahme angedacht:

- *Kauf einer Montageanlage mit engeren Montagetoleranzen*
  Die Fehlerursache durch die Montagetoleranzen ließe sich mit einer Montageanlage vermeiden, die geringere Toleranzen für die Montage der Permanentmagnete aufweist. Der Kauf einer derartigen Montageanlage erweist sich bei den gegebenen Stückzahlen aber nicht als wirtschaftlich sinnvoll.

Da die angedachten Vermeidungsmaßnahmen nicht umgesetzt werden, soll bei den betroffenen Mikrospiegelsystemen der Antriebsstrom im Fertigungsprozess nachträglich so eingestellt werden, dass die erforderliche Schwingungsamplitude trotz der störgrößenbedingten Merkmalsänderungen wieder erreicht wird. Die Wirksamkeit dieser Maßnahme lässt sich empirisch bestätigen. Die nachträgliche Erhöhung des Antriebsstromes führt zu einer Erhöhung der Fertigungszeit und in Folge zu einer Erhöhung der Fertigungskosten. Dies ist bei der Abschätzung des Aufwandes zu berücksichtigen, welcher für die Realisierung der Vermeidungsmaßnahme nötig ist.

Die Ermittlung von Konflikten, die sich aus der Vermeidungsmaßnahme ergeben, ist in diesem Anwendungsbeispiel nicht erforderlich. Dies liegt daran, dass die Merkmale des Mikrospiegelantriebs nicht von seinem Antriebsstrom abhängen.

Abbildung 10.16 zeigt einen Ausschnitt aus dem QRBW-Formblatt für die beiden Mikrospiegelantriebe. Die zuvor ermittelten Fehlerursachen, Fehlerfolgen und Vermeidungsmaßnahmen der beiden Mikrospiegelantriebe sind darin eingetragen. Hierbei bleibt zu beachten, dass die gewählte Vermeidungsmaßnahme auf beide Fehlerursachen wirkt. Die Vermeidungsmaßnahme wird daher nur einmal umgesetzt. Somit muss ihr Realisierungsaufwand nur einmal bewertet werden. Die Wirksamkeit der Vermeidungsmaßnahme muss allerdings für jede Fehlerursache separat bewertet werden.

Wirkprinzip	Übertragungs-gleichung	Ausfall	Fehlerur-sache	A_S	Fehlerfolge	B_K	Vermeidungs-maßnahme	A_M	W_M	S_U	$B_{w,r}$	$B_{w,a}$
Elektro-statisches Wirkprinzip	Numerische Lösung der Bewegungs-gleichung (10.1), siehe Abbildung 10.7	-	-		-		-					
Magneti-sches Wirkprinzip	Numerische Lösung der Bewegungs-gleichung (10.2), siehe Abbildung 10.8	Die Schwingungs-amplitude der Spiegelplatte erreicht nicht mehr den Soll-Wert	Temperatur T_{Kl} ändert die Merkmale des Mikro-spiegels zu sehr		Der abgelenkte Lichtstrahl tastet die zu belichtende Fläche nicht mehr vollständig ab.		Anpassung des Antriebsstroms in der Leiterbahn beim Abgleich in der Fertigung					
		Die Schwingungs-amplitude der Spiegelplatte erreicht nicht mehr den Soll-Wert	Montage-toleranzen ändern den Winkel β zu sehr		Der abgelenkte Lichtstrahl tastet die zu belichtende Fläche nicht mehr vollständig ab.							

Abbildung 10.16: Darstellung der störgrößenbedingten Fehlerursachen, Fehlerfolgen und Vermeidungsmaßnahmen der Mikrospiegelantriebe im QRBW-Formblatt

10.5 Bewertung der Fehlerursachen, Fehlerfolgen und Vermeidungsmaßnahmen

Arbeitsschritt 4: Bewerten der Fehlerursachen, Vermeidungsmaßnahmen und Fehlerfolgen

Dieser Arbeitsschritt ordnet den Eigenschaftsgrößen der Fehlerursachen, Fehlerfolgen und Vermeidungsmaßnahmen der Mikrospiegelantriebe entsprechend ihrer Ausprägungen Punktwerte zu. Die Punktwerte sind in den Spalten der Eigenschaftsgrößen im Ausschnitt aus dem QRBW-Formblatt in Abbildung 10.17 dargestellt.

10.6 Auswahl eines Wirkprinzips

Arbeitsschritt 5.1: Berechnen von Bewertungszahlen für jedes Wirkprinzip

Die Werte der Bewertungszahlen $B_{w,r}$ und $B_{w,a}$ lassen sich für den elektrostatischen und magnetischen Mikrospiegelantrieb mit den zuvor festgelegten Punktwerten berechnen. Die Werte der Bewertungszahlen werden im QRBW-Formblatt dokumentiert (vgl. Abbildung 10.17).

Der Wert der Bewertungszahl $B_{w,r}$ des elektrostatischen Mikrospiegelantriebs ist null, weil von ihm keine Fehlerursachen durch mangelnde Robustheit in Bezug auf die gewählte Teilfunktion zu erwarten sind. Der Wert der Bewertungszahl $B_{w,a}$ des elektrostatischen Mikrospiegelantriebs ist null, da keine Vermeidungsmaßnahmen für ihn festgelegt werden müssen, um die gewählte Teilfunktion robust zu realisieren.

Der Wert der Bewertungszahl $B_{w,r}$ für den magnetischen Mikrospiegelantrieb ist null, weil seine beiden Fehlerursachen mit der Erhöhung des Antriebsstromes sicher vermieden werden können. Allerdings führt die Vermeidungsmaßnahme dazu, dass der Wert der Bewertungszahl $B_{w,a}$ des magnetischen Mikrospiegelantriebs größer als null ist.

<table>
<tr><th>Wirkprinzip</th><th>Übertragungs-gleichung</th><th>Ausfall</th><th>Fehlerur-sache</th><th>A_S</th><th>Fehlerfolge</th><th>B_K</th><th>Vermeidungs-maßnahme</th><th>A_M</th><th>W_M</th><th>S_U</th><th>$B_{w,r}$</th><th>$B_{w,a}$</th></tr>
<tr><td>Elektro-statisches Wirkprinzip</td><td>Numerische Lösung der Bewegungs-gleichung (10.1), siehe Abbildung 10.7</td><td>-</td><td>-</td><td>0</td><td>-</td><td>0</td><td>-</td><td>0</td><td>0</td><td>0</td><td>0</td><td>0</td></tr>
<tr><td rowspan="2">Magneti-sches Wirkprinzip</td><td rowspan="2">Numerische Lösung der Bewegungs-gleichung (10.2), siehe Abbildung 10.8</td><td>Die Schwingungs-amplitude der Spiegelplatte erreicht nicht mehr den Soll-Wert</td><td>Temperatur T_{KI} ändert die Merkmale des Mikro-spiegels zu sehr</td><td>3</td><td>Der abgelenkte Lichtstrahl tastet die zu belichtende Fläche nicht mehr vollständig ab.</td><td>4</td><td rowspan="2">Anpassung des Antriebsstroms in der Leiterbahn beim Abgleich in der Fertigung</td><td rowspan="2">3</td><td>0</td><td>0,25</td><td rowspan="2">0</td><td rowspan="2">3</td></tr>
<tr><td>Die Schwingungs-amplitude der Spiegelplatte erreicht nicht mehr den Soll-Wert</td><td>Montage-toleranzen ändern den Winkel β zu sehr</td><td>3</td><td>Der abgelenkte Lichtstrahl tastet die zu belichtende Fläche nicht mehr vollständig ab.</td><td>2</td><td>0</td><td>0,25</td></tr>
</table>

Abbildung 10.17: Darstellung der Bewertungszahlen $B_{w,a}$ und $B_{w,r}$ der Mikrospiegelantriebe im QRBW-Formblatt

Arbeitsschritt 5.2: Auswahl eines Wirkprinzips

Die Werte der Bewertungszahlen $B_{w,r}$ von den Mikrospiegelantrieben sind nach der Festlegung von Vermeidungsmaßnahmen in Bezug auf die gewählte Teilfunktion gleich hoch. Dies zeigt, dass der elektrostatische und magnetische Mikrospiegelantrieb nach der Festlegung von Vermeidungsmaßnahmen dasselbe Risiko aufgrund mangelnder Robustheit in Bezug auf die gewählte Teilfunktion haben. Die Bewertungszahl $B_{w,a}$ zeigt allerdings, dass es mit einem höheren Aufwand verbunden ist, den magnetischen Mikrospiegelantrieb gegenüber den Störgrößen robust zu machen. Daher fällt die Auswahl im vorliegenden Fall auf den elektrostatischen Mikrospiegelantrieb.

10.7 Evaluierung der QRBW-Methode

Das Anwendungsbeispiel des Mikrospiegelsystems hat gezeigt, dass der Analyseprozess in der Lage ist, realistisch auftretende störgrößenbedingte Fehlerursachen zu ermitteln. Das Anwendungsbeispiel hat darüber hinaus gezeigt, dass die QRBW-Methode mit den gewählten Bewertungskriterien Unterschiede zwischen verschiedenen Robustheitsaspekten von Wirkprinzipien ermitteln kann.

Das Beispiel des Mikrospiegelsystems hat gezeigt, dass bereits mit den Informationen, die in der Konzeptphase des Konstruktionsprozesses vorliegen, störgrößenbedingte Änderungen von Merkmalen und Ausgangsgrößen von Wirkprinzipien ermittelt werden können. Die Abhängigkeiten der geometrischen und stofflichen Merkmale der Mikrospiegelantriebe von Störgrößen ließen sich z. B. anhand von weiterer Literatur ermitteln.

Die Bewertungszahlen $B_{w,r}$ und $B_{w,a}$ erscheinen im vorliegenden Beispiel dazu geeignet, eine Aussage über Unterschiede bezüglich verschiedener Robustheitsaspekte von Wirkprinzipien treffen zu können. Die Matrixdarstellung der Relation $R_{noise,i}$ erweist sich in diesem Zusammenhang als übersichtliches Werkzeug, um störgrößenbedingte Änderungen der Merkmale von Wirkprinzipien transparent zu machen und zu dokumentieren. Die tabellarische Darstellung des Analyseprozesses und des Syntheseprozesses hat sich als geeignet erwiesen, die Ergebnisse der Prozesse zu dokumentieren.

Die Berechnung von $\Delta P_{j,x}$ konnte im Anwendungsbeispiel zeigen, in welcher Ordnung sich die Schwingungsamplitude der elektrostatisch und magnetisch angetriebenen Spiegelplatte unter Wirkung der vorgegebenen Störgrößen ändert. Dies zeigt, dass der Analyseprozess in der Lage ist, zu prüfen, ob Wirkprinzipien invariant oder innozent gegenüber Störgrößen sind, bzw. ob sie Störgrößen kompensieren können.

Aus der Praxis ist bekannt, dass sich der elektrostatische Mikrospiegelantrieb ohne weitere Vermeidungsmaßnahmen gegenüber den beschriebenen Störgrößen robuster als der magnetische Mikrospiegelantrieb verhält. Das Ergebnis des Anwendungsbeispiels gibt diesen Umstand wieder. Somit konnte mit der QRBW-Methode im vorliegenden Beispiel ein aussagefähiger Vergleich über die Unterschiede zwischen verschiedenen Robustheitsaspekten eines Mikrospiegelantriebs auf Basis des elektrostatischen und auf Basis des magnetischen Wirkprinzips getroffen werden.

11 Zusammenfassung der Dissertation, Diskussion und Ausblick

11.1 Zusammenfassung der Ergebnisse der Arbeit

Zwar werden in der Industrie weitverbreitet Qualitätsmethoden wie die FMEA zur präventiven Vermeidung von Ausfällen eingesetzt. Dennoch zeigen Statistiken, dass die Zahl der Ausfälle neuer Produkte weiter zunimmt.

Das Ergebnis einer Studie von [Lönnqvist et al. 2008] zu den Ursachen von Ausfällen deutet darauf hin, dass die meisten Ausfälle auftreten, weil Störgrößen in der Konzeptphase des Konstruktionsprozesses unzureichend beachtet werden. Weil in der Konzeptphase Wirkprinzipien gewählt werden, und Wirkprinzipien die Teilfunktionen eines Produktes realisieren, lässt sich daraus folgern, dass Wirkprinzipien heute nicht ausreichend nach Robustheitsaspekten gewählt werden.

Zum Stand der Technik der beschriebenen Problemstellung gehören die Konzeptphase der Konstruktionsmethodik, die methodische Vermeidung von Ausfällen sowie das Konstruktionsprinzip der fehlerarmen Anordnungen. Das Konstruktionsprinzip der fehlerarmen Anordnungen beinhaltet die Prinzipien Invarianz, Innozenz und Kompensation. Als wesentliches Defizit des Standes der Technik konnte abgeleitet werden, dass es an einer Methode fehlt, mit der man Wirkprinzipien in der Konzeptphase nach Robustheitsaspekten bewerten und auswählen kann. Daher wurde im Rahmen dieser Arbeit eine neue Methode zur Bewertung und Auswahl von Wirkprinzipien nach Robustheitsaspekten mit den Prinzipien fehlerarmer Anordnungen entwickelt.

Die neue Methode benutzt als Bewertungskriterien für die Robustheit von Wirkprinzipien ihre störgrößenbedingten Fehlerursachen, Fehlerfolgen und Vermeidungsmaßnahmen. Anhand der Bewertungsergebnisse lassen sich Bewertungszahlen berechnen, mit denen sich Wirkprinzipien nach ihren Risiken aus mangelnder Robustheit und dem Aufwand, um sie robust zu machen, vergleichen lassen. Bei der Ermittlung von Fehlerursachen erfasst die Methode, ob Wirkprinzipien invariant oder innozent gegenüber den zu erwartenden Störgrößen sind, oder ob sie Störgrößen kompensieren können.

Die neue Methode hat die Bezeichnung QRBW-Methode. Die QRBW-Methode ist branchen- und anwendungsneutral aufgebaut. Dies macht es möglich, die QRBW-Methode innerhalb unterschiedlicher ingenieurwissenschaftlicher Domänen (z. B. dem mechanischen Maschinenbau oder der Mechatronik) anzuwenden. Ein weiterer Punkt ist, dass die Arbeitsschritte der QRBW-Methode in einzelne Arbeitsschritte untergliedert und Schritt für Schritt erläutert wurden. Auf diese Weise wird die Anwendung der Methode im Sinne der Denkpsychologie erleichtert und das Risiko von Fehlbewertungen reduziert.

11.2 Diskussion der Ergebnisse der Arbeit

Um die Ergebnisse der vorliegenden Arbeit diskutieren zu können, müssen mehrere Gesichtspunkte berücksichtigt werden. Diese lauten wie folgt:

- *Gesichtspunkt 1:*
  Zunächst stellt sich die Frage, in wie fern die eingangs formulierte Forschungsfrage durch die vorliegende Arbeit beantwortet wird.

- *Gesichtspunkt 2:*
  Es muss erläutert werden, in wie fern die vorliegende Arbeit den Stand der Technik erweitert.

- *Gesichtspunkt 3:*
  Die Grenzen und Prämissen der QRBW-Methode müssen aufgezeigt werden.

Aufbauend auf diesen Erkenntnissen geht das Kapitel auf die Hypothese ein, die in Kapitel 7.5 aufgestellt wurde.

11.2.1 Beantwortung der Forschungsfrage

Die Forschungsfrage der vorliegenden Arbeit wurde in der Einleitung erläutert:

> *Wie lassen sich Wirkprinzipien in der Konzeptphase des Konstruktionsprozesses anhand des Konstruktionsprinzips der fehlerarmen Anordnungen nach ihrer Robustheit gegenüber Störgrößen bewerten und auswählen?*

Die vorliegende Arbeit hat gezeigt, dass es bereits in der Konzeptphase möglich ist, Wirkprinzipien anhand ihrer störgrößenbedingten Fehlerursachen, Fehlerfolgen und Vermeidungsmaßnahmen nach Robustheitsaspekten zu bewerten und auszuwählen.

Es hat sich gezeigt, dass sich die störgrößenbedingten Fehlerursachen, Fehlerfolgen und Vermeidungsmaßnahmen von Wirkprinzipien schon in der Konzeptphase ermitteln lassen. Dies liegt daran, dass sich die Wirkgeometrie und die stofflichen Merkmale von Wirkprinzipien schon in der Konzeptphase quantitativ festlegen lassen. Auf dieser Basis lässt sich schon in der Konzeptphase untersuchen, wie sich die Merkmale und die Ausgangsgrößen von Wirkprinzipien durch Störgrößen ändern. Im Anschluss lässt sich prüfen, ob die Ausgangsgrößen unter der Wirkung von Störgrößen noch Soll-Ausgangsgrößen entsprechen oder ob es sich dabei um Ausfälle handelt. Allerdings sind dafür weitere Informationen nötig, welche die Abhängigkeiten von Merkmalen und Ausgangsgrößen von Störgrößen zeigen. Wenn diese Informationen vorliegen, kann schon in der Konzeptphase ermittelt werden, ob Wirkprinzipien invariant oder innozent gegenüber Störgrößen sind oder Störgrößen kompensieren und aufgrund dessen bei ihnen keine oder weniger störgrößenbedingte Fehlerursachen als bei anderen Wirkprinzipien auftreten.

Wie das Anwendungsbeispiel in Kapitel 10 gezeigt hat, lassen sich für Wirkprinzipien in der Konzeptphase Bewertungszahlen berechnen, welche die Wirkprinzipien nach verschiedenen Robustheitsaspekten charakterisieren können. Die Bewertungszahlen erlauben bereits in der Konzeptphase einen Robustheitsvergleich und eine Auswahl von Wirkprinzipien nach Robustheitsaspekten.

11.2.2 Erweiterung des Standes der Technik durch die Arbeit

Die folgenden Ausführungen erläutern, in wie fern die vorliegende Arbeit den Stand der Technik erweitert.

Dem Autor der vorliegenden Arbeit steht keine Literatur zur Verfügung, welche eine strukturierte Ermittlung und Vermeidung von Fehlerursachen zu einem frühen Zeitpunkt in der Konzeptphase beschreibt. Mit der QRBW-Methode ist es hingegen möglich, Wirkprinzipien in der Konzeptphase zu wählen, die aufgrund ihrer geometrischen und stofflichen Merkmale keine oder weniger störgrößenbedingte Fehlerursachen als andere Wirkprinzipien haben. Die Auswahl derartiger Wirkprinzipien ist somit eine Möglichkeit, störgrößenbedingte Fehlerursachen schon früh in der Konzeptphase zu vermeiden. Die vorliegende Arbeit hat dafür beschrieben, welche Informationen für die Ermittlung störgrößenbedingter Fehlerursachen in der Konzeptphase nötig und an Beispielen gezeigt, wie diese Informationen ermittelbar sind.

Die vorliegende Arbeit hat den CPM/PDD-Ansatz um die strukturierte Ermittlung der Auswirkungen von Störgrößen erweitert. Dafür wurde für den CPM/PDD-Ansatz eine neue Relation entwickelt, welche die störgrößenbedingte Änderung von Merkmalen im CPM-Produktmodell und PDD-Prozessmodell beschreiben kann. Aufbauend auf der neuen Relation hat diese Arbeit ein erweitertes CPM-Produktmodell und ein erweitertes PDD-Prozessmodell entwickelt, welche den Einfluss von Störgrößen auf die Merkmale und die Ausgangsgrößen von Funktionen darstellen können.

Auf Basis der Erweiterung des CPM/PDD-Ansatzes wurden in dieser Arbeit Referenzprozesse zur Ermittlung störgrößenbedingter Fehlerursachen und Definition von Vermeidungsmaßnahmen entwickelt. Die Referenzprozesse bilden störgrößenbedingte Änderungen von Merkmalen, die Abhängigkeit von Ausgangsgrößen von diesen Merkmalen ebenso wie Soll-Ausgangsgrößen ab. Sie ermöglichen es dadurch schon in der Konzeptphase, störgrößenbedingte Fehlerursachen von Wirkprinzipien zu identifizieren und mit geeigneten Maßnahmen zu vermeiden. Derartige Prozesse standen für die Arbeit mit der FMEA bislang nicht zur Verfügung.

Auf Basis der neuen Referenzprozesse wurde die QRBW-Methode zur Bewertung der Robustheit von Wirkprinzipien entwickelt. Mit der QRBW-Methode kann der Konstrukteur Wirkprinzipien bereits in der Konzeptphase nach verschiedenen Robustheitsaspekten bewerten und vergleichen. Dies geht über die heutigen Auswahlkriterien und Bewertungsverfahren für die Konzeptphase hinaus. Denn die heutigen Auswahlkriterien für Wirkprinzipien berücksichtigen Unterschiede zwischen ihren Robustheiten nicht.

Ein weiterer Neuwert der QRBW-Methode besteht darin, dass die Methode bei der Auswahl von Wirkprinzipien prüft, ob die Wirkprinzipien invariant bzw. innozent sind bzw. ob die Wirkprinzipien Störgrößen kompensieren. Damit lassen sich Wirkprinzipien finden, die im Vergleich zu anderen Wirkprinzipien keine oder weniger Fehlerursachen haben.

Ein weiterer Neuwert der QRBW-Methode besteht darin, dass sie Konflikte ermitteln kann, die bei der Festlegung von Vermeidungsmaßnahmen entstehen. Dies ist möglich, weil die Methode auf dem CPM/PDD-Ansatz aufbaut. Innerhalb des CPM/PDD-Ansatzes ist es möglich, die Abhängigkeiten unterschiedlicher Ausgangsgrößen von Funktionen von denselben Merkmalen dazustellen. Dadurch lässt sich ermitteln, ob sich Vermeidungsmaßnahmen in Form von Merkmalsänderungen, die für gewisse Ausgangsgrößen festgelegt wurden, auf andere Ausgangsgrößen von Wirkprinzipien unerwünscht auswirken. Dies geht über die Vorgehensweise der FMEA hinaus, weil die FMEA keine Betrachtungen anstellt, ob Konflikte zwischen Vermeidungsmaßnahmen bestehen.

11.2.3 Beschreibung von Grenzen und Prämissen der neuen Methode

Wie bei jeder Methode existieren auch für die QRBW-Methode Grenzen und Prämissen, die bei ihrer Anwendung beachtet werden müssen. Diese werden im Folgenden erläutert.

Man muss sich zunächst darüber im Klaren sein, dass die Bewertungszahlen $B_{w,r}$ und $B_{w,a}$ immer nur Richtwerte sein können. Dies liegt daran, dass die Bewertungszahlen nur eine überschlägige Quantifizierung von Robustheitsaspekten von Wirkprinzipien zulassen. Die Aussagefähigkeit der

Bewertungszahlen $B_{w,r}$ und $B_{w,a}$ ist v. a. dann zu hinterfragen, falls sich mehrere Wirkprinzipien nicht signifikant in diesen Bewertungszahlen unterscheiden und dadurch keine eindeutigen Aussagen über Unterschiede in den Risiken und Aufwänden aus ihren mangelnden Robustheiten möglich sind. Die Bewertungsergebnisse sind zudem von der Genauigkeit der PDD-Prozessmodelle und von der Erfahrung der Methodenanwender abhängig. Daher können die Bewertungszahlen $B_{w,r}$ und $B_{w,a}$ für dasselbe Wirkprinzip variieren, je nachdem, welche Mitarbeiter an der Bewertung beteiligt sind.

Neben diesen Grenzen der neuen Methode gilt es ebenfalls, Prämissen für ihre Anwendung aufzuzeigen. Eine Prämisse betrifft zunächst den zeitlichen Umfang und die Ressourcen, welcher den Anwendern der Methode eingeräumt werden muss. Den Anwendern der Methode müssen die Zeit und die nötigen Ressourcen zur Verfügung gestellt werden, um störgrößenbedingte Fehlerursachen und Vermeidungsmaßnahmen, ebenso wie die Abhängigkeiten der Merkmale von Störgrößen zu ermitteln. Dies bietet die Möglichkeit, neues Wissen für Folgeprojekte bereitzustellen. Dies könnte auch mit dem Aufbau einer Datenbank verbunden sein, in der neu gewonnene Erkenntnisse archiviert werden.

Eine weitere Prämisse, die für die Arbeit mit der QRBW-Methode gestellt werden muss, ist, dass Kooperationsbereitschaft zwischen den beteiligten Stellen vorhanden ist. Die Mitarbeiter, welche die Methode anwenden, müssen z. B. gewillt sein, bei der Informationsbeschaffung und bei den Bewertungsprozessen miteinander zu kooperieren, um den gewünschten Erfolg für die Methode herzustellen. Mangelnde Kooperationsbereitschaft ist weniger zwischen Mitarbeitern derselben Abteilung zu erwarten, sondern könnte eher zwischen Mitarbeitern verschiedener Abteilungen bestehen.

11.2.4 Bewertung der Hypothese

Die folgende Hypothese wurde in Kapitel 7.6 aufgestellt:

> *Der CPM/PDD-Ansatz kann mit den entsprechenden Erweiterungen mit den Prinzipien fehlerarmer Anordnungen störgrößenbedingte Fehlerursachen ermitteln. Ebenfalls ist es dem CPM/PDD-Ansatz mit entsprechenden Erweiterungen möglich, Vermeidungsmaßnahmen für störgrößenbedingte Fehlerursachen festzulegen. Für diese Zwecke lassen sich auf der Grundlage des CPM/PDD-Ansatzes entsprechende Referenzprozesse entwickeln. Auf der Basis von diesen Referenzprozessen kann eine Methode entwickelt werden, mit der sich Wirkprinzipien nach Robustheitsaspekten bewerten und auswählen lassen.*

In der vorliegenden Arbeit konnte gezeigt werden, dass eine Robustheitsbewertung und eine Auswahl von Wirkprinzipien nach Robustheitsaspekten in der Konzeptphase auf Basis des CPM/PDD-Ansatzes möglich ist. Dafür konnte eine entsprechende Methode entwickelt werden. Wie mit einem Anwendungsbeispiel gezeigt werden konnte, kann ein qualitativer Robustheitsvergleich von Wirkprinzipien auf Basis des CPM-Ansatzes durchaus zu deutlichen Ergebnissen führen. Die Hypothese wird daher unter Verweis auf die genannten Grenzen und Prämissen als bestätigt angesehen.

11.3 Ausblick

Die in dieser Arbeit entwickelte QRBW-Methode zur Identifikation robuster Wirkprinzipien liefert einen wesentlichen Beitrag, die Konzeptphase des Konstruktionsprozesses um die Bewertung und Auswahl von Wirkprinzipien nach Robustheitsaspekten zu ergänzen. Durch den neuen Wissensstand ergibt sich Bedarf für weitere Forschung, welcher mit den folgenden Stichpunkten beschrieben wird:

1. *Umsetzung der QRBW-Methode mit Hilfe von Software*
   Handlungsbedarf zeigt sich dahingehend, eine Software zu entwickeln, welche die rechnergestützte Anwendung der QRBW-Methode ermöglicht. Die Software sollte z. B. eine Verknüpfung zu einer Datenbank integrieren, welche Informationen zu den Abhängigkeiten geometrischer oder stofflicher Merkmale von Störgrößen beinhaltet. Auf diese Weise lassen sich störgrößenbedingte Fehlerursachen effizient ermitteln. Des Weiteren muss die Software den Analyseprozess und den Syntheseprozess anhand von Eingabemasken abbilden können.

2. *Abbildung von Funktionsstrukturen mit dem CPM-Modell*
   In der vorliegenden Arbeit wurden einzelne Teilfunktionen mit dem CPM/PDD-Ansatz modelliert. Die Teilfunktionen eines Produktes lassen sich anhand ihrer Eingangsgrößen und Ausgangsgrößen mit anderen Teilfunktionen zu Funktionsstrukturen verknüpfen. Daraus ergibt sich weiterer Forschungsbedarf, wie sich Funktionsstrukturen mit dem CPM/PDD-Ansatz modellieren lassen.

3. *Berücksichtigung der Änderung funktionaler Eingangsgrößen in der QRBW-Methode*
   In einer weiteren Arbeit könnte die QRBW-Methode dahingehend ergänzt werden, dass auch die Änderungen der Eingangsgrößen von Teilfunktionen als Einflussgrößen für die Ermittlung von Fehlerursachen berücksichtigt werden.

4. *Verknüpfung der QRBW-Methode mit anderen Methoden*
   Innerhalb der QRBW-Methode lassen sich weitere Methoden anwenden. Ein Beispiel dafür ist, dass für den Vergleich von Vermeidungsmaßnahmen Kostenvergleichsrechnungen angestellt werden können, um Vermeidungsmaßnahmen zu wählen, deren Realisierungskosten minimal sind. Es stellt sich daher die Frage, welche weiteren Methoden innerhalb der QRBW-Methode sinnvoll als Unterstützung angewendet werden können. Ebenfalls stellt sich die Frage, wie ein Methodenverbund der QRBW-Methode mit diesen Methoden aussehen könnte.

Anhang

Der Anhang der vorliegenden Arbeit leitet zunächst die Gleichungen für das elektrostatische und magnetische Antriebsmoment für die Mikrospiegelantriebe aus Kapitel 10 her. Anschließend geht der Anhang auf die strukturmechanische Auslegung von Mikrospiegeln ein. Das Vorgehen für die strukturmechanische Auslegung von Mikrospiegeln ist bei [Kießling 2008, Schenk 2000] erläutert. Darüber hinaus zeigt der Anhang die Funktionsgraphen, welche die Schwingungen der elektrostatisch und magnetisch angetriebenen Spiegelplatte aus Kapitel 10 unter der Wirkung vorgegebener Störgrößen beschreiben. Zuletzt zeigt der Anhang die Quelltexte für Berechnungen mit der Software Matlab R2013b, die im Rahmen der Arbeit angestellt wurden.

A.1 Herleitung des elektrostatischen Antriebsmoments

Abbildung A.1 zeigt eine Skizze von der Spiegelplatte und Trägerplatte des elektrostatisch angetriebenen Mikrospiegels aus Kapitel 10. Die Herleitung der Gleichung des elektrostatischen Antriebsmoments erfolgt auf Basis von dieser Skizze. Die folgende Herleitung für das elektrostatische Antriebsmoment findet sich bei [Kießling 2008].

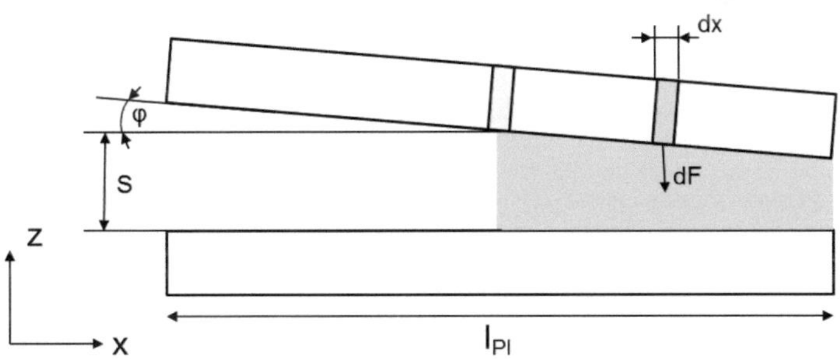

Abbildung A.1: Querschnittskizze eines elektrostatisch angetriebenen Mikrospiegels, angelehnt an [Kießling 2008]

Die Berechnung des Antriebsmoments geht von der Energie W_{el} aus, die aufgrund der elektrischen Spannung U im elektrischen Feld zwischen der Elektrode auf der Spiegelplatte und den Elektroden auf der Trägerplatte gespeichert ist. Diese Energie berechnet sich mit

$$W_{el} = \frac{C\,U^2}{2} \tag{A.1}$$

Die Kapazität C zwischen der Elektrode auf der Spiegelplatte und jeweils einer Elektrode auf der Trägerplatte berechnet sich mit

$$C = \frac{\varepsilon_0\,\varepsilon_r\,A}{z} \tag{A.2}$$

Bei ε_0 handelt es sich um die elektrische Feldkonstante. Bei ε_r handelt es sich im Fall des Mikrospiegels aus Kapitel 10 um die Permittivität von Luft. Der Parameter A entspricht der Fläche, mit der sich die Elektrode auf der Spiegelplatte und die Elektroden der Trägerplatte überlappen. Die elektrostatische Kraft F_{el}, welche sich aus der Änderung der gespeicherten Energie bei der Änderung des Plattenabstandes z ergibt, berechnet sich mit

$$F_{el} = \frac{dW_{el}}{dz} = \frac{1}{2}\frac{dC(z)}{dz}\,U^2 \tag{A.3}$$

In Analogie zum Plattenkondensator kann für den in Abbildung A.1 dargestellten Mikrospiegel das elektrische Moment in Abhängigkeit vom Torsionswinkel angelehnt[61] an [Kießling 2008] wie folgt angegeben werden:

$$M_{el} = \int_0^{\frac{l_{Pl}}{2}} x\,dF = b_{Pl}\int_0^{\frac{l_{Pl}}{2}} x\,\frac{\varepsilon_r\,\varepsilon_0\,U^2}{2\,(S - x\tan\varphi)^2} \tag{A.4}$$

l_{Pl} entspricht dabei der Länge der Spiegelplatte und b_{Pl} deren Breite. Bei kleinen Winkeln φ gilt

$\tan(\varphi) \sim \varphi$.

Daraus leitet [Kießling 2008] die Gleichung für das elektrostatische Antriebsmoment ab. Dieses berechnet sich angelehnt an [Kießling 2008] wie folgt:

[61] Anders als bei [Kießling 2008] ist in der Gleichung A.4 neben der elektrischen Feldkonstante ε_0 ebenfalls die relative Permittivität ε_r berücksichtigt.

$$M_{el} = \frac{\varepsilon_0 \varepsilon_r\, b_{Pl}\, U^2}{2\, \varphi^2} \left(\frac{1}{1-\frac{l_{Pl}\,\varphi}{2\,S}} - 1 + \ln\left[1 - \frac{l_{Pl}\,\varphi}{2\,S}\right]\right) \tag{A.5}$$

Mit einer Antriebsspannung von

$$U = \hat{U}\, \sin(\omega\, t) \tag{A.6}$$

ergibt sich für das elektrostatische Antriebsmoment

$$M_{el} = \frac{\varepsilon_0\, \varepsilon_r\, b_{Pl}\, \hat{U}^2\, \sin^2(\omega\, t)}{2\, \varphi^2} \left(\frac{1}{1-\frac{l_{Pl}\,\varphi}{2\,S}} - 1 + \ln\left[1 - \frac{l_{Pl}\,\varphi}{2\,S}\right]\right) \tag{A.7}$$

$\hat{U}$ entspricht dabei der Amplitude der Antriebsspannung und ω ihrer Frequenz.

Gleichung A.7 beschreibt das elektrostatische Antriebsmoment M_{el}, welches durch die Anziehung zwischen einer der Elektroden auf der Trägerplatte und der Elektrode auf der Spiegelplatte hervorgerufen wird. Da der Mikrospiegel aus Kapitel 10 symmetrisch aufgebaut ist, ist die Amplitude der Schwingung in die Richtung der beiden Elektroden auf der Trägerplatte jeweils gleich groß. Somit kann Gleichung A.7 die Höhe der Amplitude von der Spiegelplattenschwingung in die Richtung von jeweils einer der beider Elektroden beschreiben.

A.2 Herleitung des magnetischen Antriebsmoments

Im Folgenden findet sich die Herleitung der Gleichung des Antriebsmoments vom magnetisch angetriebenen Mikrospiegel aus Kapitel 10. Abbildung 10.6 hat gezeigt, dass die Leiterbahn auf der Spiegelplatte im vorliegenden Fall mit Hilfe von vier Punkten gedanklich in vier Segmente unterteilt ist. Das magnetische Antriebsmoment wird durch Lorentzkräfte hervorgerufen, welche auf das Leiterbahnsegment zwischen den Punkten 1 und 2 sowie das Leiterbahnsegment zwischen den Punkten 3 und 4 wirken.

Die Lorenzkraft, welche auf das Leiterbahnsegment zwischen den Punkten 1 und 2 wirkt, berechnet sich mit

$$F_{Lo,12} = I \int_1^2 \left(d\vec{l} \times \vec{B}\right) = I\; l_{12}\; B \tag{A.8}$$

Bei l_{12} handelt es sich um die Länge des Leiterbahnsegments zwischen den Punkten 1 und 2 in Abbildung 10.6.

Die Lorenzkraft F_{Lo}, welche auf das Leiterbahnsegment zwischen den Punkten 3 und 4 wirkt, berechnet sich mit

$$F_{Lo,34} = I \int_3^4 (d\vec{l} \times \vec{B}) = I \; l_{34} \; B \tag{A.9}$$

l_{34} entspricht dabei der Länge des Leiterbahnsegments zwischen den Punkten 3 und 4 in Abbildung 10.6.

Weil die Leiterbahnsegmente l_{12} und l_{34} gleich lang sind, sind auch die Lorentzkräfte, welche auf die Leiterbahnsegmente wirken, betragsmäßig gleich groß. Somit lässt sich schreiben

$$l_{Seg} = l_{12} = l_{34}$$

und

$$F_{Lo,12} = F_{Lo,34} = F_{Lo}$$

Die beiden Lorentzkräfte zeigen in entgegengesetzte Richtung und sind senkrecht zur Spiegelplatte orientiert. Somit üben die beiden Lorenzkräfte auf die Spiegelplatte ein Drehmoment aus. Dieses Drehmoment bewirkt eine Verdrehung der Spiegelplatte um ihre Drehachse. Das magnetische Drehmoment berechnet sich wie folgt:

$$M_{mag} = 2 \; F_{Lo} \; r \; \sin(\beta) \tag{A.10}$$

β entspricht dabei dem Winkel zwischen den Leiterbahnsegmenten l_{12} bzw. l_{34} und den Feldlinien des magnetischen Feldes, das durch die beiden Permanentmagnete erzeugt wird. Beim Parameter r handelt es sich um den Hebelarm des Antriebsmoments. Hierbei ist zu beachten, dass der Hebelarm cosinusförmig von der Verdrehung der Spiegelplatte abhängt. Der Hebelarm r des Antriebsmoments lässt sich somit wie folgt beschreiben

$$r = r_0 \cos(\varphi) \tag{A.11}$$

r_0 entspricht dabei dem Abstand zwischen der Leiterbahn und der Drehachse der Spiegelplatte bei einer Verdrehung um 0°. Das Antriebsmoment berechnet sich für kleine Winkel somit mit der folgenden Gleichung:

$$M_{mag} = 2\, F_{Lo}\, r_0 \cos(\varphi)\ \sin(\beta) \tag{A.12}$$

Mit Gleichung A.9 bzw. Gleichung A.10 ergibt sich daraus

$$M_{mag} = 2\, B\, I\, l_{seg}\, r_0 \cos(\varphi)\ \sin(\beta) \tag{A.13}$$

Bei einem Antriebsstrom von

$$I = \hat{I}\ \sin(\omega\, t) \tag{A.14}$$

ergibt sich für das magnetische Antriebsmoment

$$M_{mag} = 2\, B\, \hat{I}\ \sin(\omega\, t)\ l_{seg}\, r_0 \cos(\varphi)\ \sin(\beta) \tag{A.15}$$

Bei $\hat{I}$ handelt es sich um die Amplitude des elektrischen Stroms und bei ω um seine Frequenz.

A.3 Berechnung der Parameter aus den Bewegungsgleichungen

Das schwingende System des Mikrospiegelsystems besteht aus der Spiegelplatte und ihren Torsionsbalken. Die Bewegungsgleichung des schwingenden Systems lautet wie folgt:

$$J_{Pl}\, \ddot{\varphi} + D\, \dot{\varphi} + K\, \varphi = 0 \tag{A.16}$$

Die folgenden Ausführungen beschreiben die Gleichungen zur Berechnung des Massenträgheitsmoments J_{Pl} der Spiegelplatte, der Dämpfungskonstante D und der Federkonstante K der Torsionsbalken.

Auch das Massenträgheitsmoment der Torsionsbalken geht in das Massenträgheitsmoment des schwingenden Systems ein. Allerdings ist jenes

Massenträgheitsmoment im Vergleich zum Massenträgheitsmoment der Spiegelplatte vernachlässigbar klein und wird daher vernachlässigt.

Berechnung des Trägheitsmoments der Spiegelplatte

Die Spiegelplatte entspricht einer dünnen quadratischen Platte mit rechteckigem Querschnitt. Das Massenträgheitsmoment J_{Pl} der Spiegelplatte berechnet sich mit der folgenden Gleichung:

$$J_{Pl} = \frac{1}{12}\, m_{Pl}\left(b_{Pl}{}^{2} + d_{Pl}{}^{2}\right) \qquad \text{(A.17)}$$

d_{Pl} entspricht dabei der Dicke der Spiegelplatte und m_{Pl} ihrer Masse.

Dämpfung des schwingenden Systems

Die Energie, welche dem schwingenden System durch äußere Anregung zugeführt wird, wird diesem vorwiegend durch viskose Dämpfung wieder entzogen. Die viskose Dämpfung, welche das dynamische Verhalten des Mikrospiegels zum größten Teil beeinflusst, ist die Squeeze-Dämpfung.[62] Die Squeeze-Dämpfung tritt in engen Spalten zwischen zwei Flächen auf, die sich senkrecht zueinander bewegen. Voraussetzung für die Dämpfung ist, dass der Spalt S zwischen den Flächen deutlich kleiner als die Abmessungen der beiden Flächen ist. Wenn sich die beiden Flächen gegeneinander bewegen, wird das zwischen ihnen befindliche Gas verdrängt. Wenn das Gas vollständig entweichen kann, wirkt es als Dämpfer.

Die Sequeeze-Dämpfung ruft ein Dämpfungsmoment M_{DS} hervor. Das Dämpfungsmoment berechnet sich nach Kießling mit

$$M_{DS} = D\,\dot{\varphi} = \frac{\eta_L\, l_{Pl}{}^{5}\, b_{Pl}}{60\, S^3}\,\dot{\varphi} \qquad \text{(A.18)}$$

Der Parameter η_L entspricht der dynamischen Viskosität der Luft.

Für die Dämpfungskonstante D gilt folglich

[62] Neben der Squeeze-Dämpfung kommen nach [Tenholte 2009] bei Mikrospiegeln ebenfalls die Thermokompressions-dämpfung, Energieverluste durch die Bewegungen der Torsionsbalken und Energieverluste durch Ladungsverschiebungen als Dämpfungen für die Schwingung in Betracht. Im Gegensatz zur Squeeze-Dämpfung sind diese Dämpfungen allerdings vernachlässigbar klein.

$$D = \frac{\eta_L \, l_{Pl}^{\,5} \, b_{Pl}}{60 \, S^3} \tag{A.19}$$

Berechnung der Federkonstante der Torsionsbalken

Die folgenden Ausführungen erläutern die Berechnung der Federkonstante K von den Torsionsbalken. Für die Ermittlung der Federkonstante muss die Anisotropie des Siliziumkristalls berücksichtigt werden. Die Anisotropie eines Siliziumkristalls ergibt sich aus den unterschiedlichen Orientierungen seiner Kristallstruktur in verschiedenen Richtungen.

In der Mikroelektronik werden üblicherweise <100>-orientierte Siliziumwafer oder Siliziumsubstrate verwendet [Schenk 2000]. Abbildung A.2 zeigt eine prinzipielle Darstellung von einem 8“-Siliziumwafer mit dieser Orientierung. Die Abbildung zeigt auch die Orientierungen der [100]-Ebene und der [110]-Ebene auf dem Wafer. Ebenfalls zeigt Abbildung A.2 in prinzipieller Weise die Anordnung von Mikrospiegeln auf dem Wafer. Dazu ist ein Mikrospiegel auf dem Wafer aus Gründen der Übersichtlichkeit übertrieben groß dargestellt.

Abbildung A.2 zeigt, dass der Mikrospiegel auf dem Wafer mit seiner Drehachse und seinen Torsionsbalken entlang der [110]-Ebene angeordnet ist. Dies liegt an Gründen der Strukturierung des Wafers mit nasschemischem Ätzen. Nach dem anisothropischen Ätzen sind bei diesen Scheiben sämtliche Körperkanten der freigeätzten Struktur unter einem Winkel von 45° in der Waferebene zur Siliziumelementarzelle orientiert [Mehner 1993]. Auf diese Weise lassen sich Torsionsbalken mit dem vorgegebenen rechteckigen Querschnitt ätztechnisch realisieren.

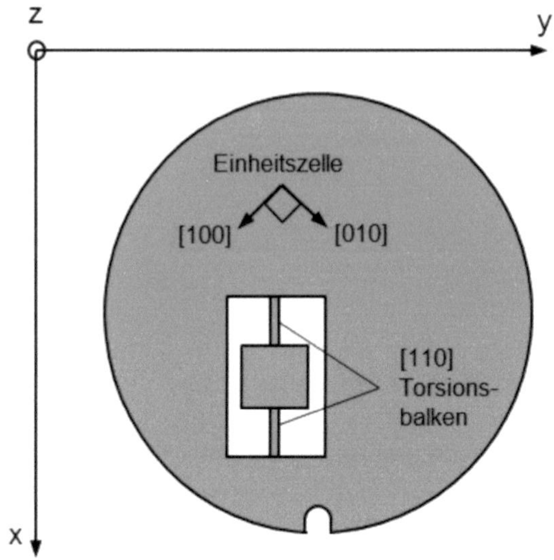

Abbildung A.2: Lage des Koordinatensystems und der Torsionsbalken bezüglich eines <001>-orientierten Wafers, angelehnt an [Schenk 2000]

Die Federkonstante eines in [110] orientierten Torsionsbalkens aus Silizium mit rechteckigem Querschnitt berechnet sich nach [Kießling 2008] mit

$$K = \frac{G_m \, I_{t\,Ba}}{l_{Ba}} \tag{A.20}$$

G_m entspricht dabei dem mittleren Gleitmodul der Torsionsbalken, $I_{t\,Ba}$ ihrem Torsionsträgheitsmoment und l_{Ba} ihrer Länge. Für die Berechnung der Federkonstante K wird ein mittlerer Gleitmodul G_m festgelegt, weil die mathematische Herleitung des Gleitmoduls G für die [110]-Ebene aufwendig ist. Die Anwendung eines mittleren Gleitmoduls erfolgt angelehnt an [Schenk 2000, Kießling 2008, Mehner 1993]. Das mittlere Gleitmodul G_m berücksichtigt den Einfluss der Gleitmoduln G_{xy} und G_{xz} und deren Gewichtung in Abhängigkeit des Querschnittes der Torsionsbalken [Kießling 2008]. Es ermittelt sich aus dem Verhältnis n aus Breite zu Höhe der Torsionsbalken mit Tabelle A.1.

n	0	0,1	0,2	0,3	0,4	0,5	0,6	0,7	0,8
G_m / GPa	79,6	78,3	76,7	75,0	73,0	70,9	68,8	66,9	65,1

n	0,9	1,0	1,3	1,5	2,0	3,0	5,0	10,0	∞
G_m / GPa	63,5	62,2	59,5	57,7	55,5	53,6	52,4	51,6	50,9

Tabelle A.1: Mittleres Gleitmodul eines Torsionsbalkens aus Silizium mit [110]-Orientierung und rechteckigem Querschnitt in Abhängigkeit vom Aspektverhältnis n [Schenk 2000, Kießling 2008]

Das Torsionsträgheitsmoment $I_{t\,Ba}$ für Torsionsbalken mit rechteckigem Querschnitt berechnet sich nach [Winkler 1985] mit

$$I_{t\,Ba} = c_1\, {b_{Ba}}^3\, h_{Ba} \qquad \text{(A.21)}$$

b_{Ba} entspricht dabei der Breite und h_{Ba} der Höhe der Torsionsbalken. Der Beiwert c_1 berechnet sich nach [Winkler 1985] mit

$$c_1 = \frac{1}{3}\left(1 - \frac{0{,}630}{n} + \frac{0{,}052}{n^5}\right) \qquad \text{(A.22)}$$

wobei n dem Verhältnis aus Höhe zu Breite des Balkenquerschnittes entspricht und $n \geq 1$ sein muss, d. h.

$$n = \frac{h_{Ba}}{b_{Ba}};\ n \geq 1 \qquad \text{(A.23)}$$

A.4 Wahl der Merkmale des Mikrospiegels

Dieses Kapitel zeigt, wie die geometrischen Merkmale der Spiegelplatte und der Torsionsbalken für den elektrostatischen und magnetischen Mikrospiegelantrieb aus Kapitel 10 festgelegt werden können. Neben den geometrischen Merkmalen zeigt das Kapitel ebenfalls die stofflichen Merkmale und weitere physikalische Konstanten des elektrostatisch und magnetisch angetriebenen Mikrospiegels.

Abbildung A.3 zeigt eine Skizze der Spiegelplatte mit ihren Torsionsbalken mit ihren relevanten geometrischen Merkmalen.

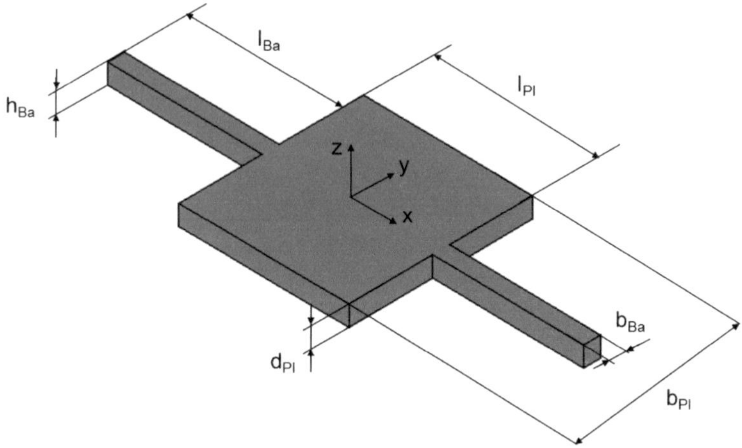

Abbildung A.3: Parameter zur Beschreibung der geometrischen Merkmale der Spiegelplatte und Torsionsbalken

Wahl der Merkmale der Spiegelplatte

Die Abmessungen der Spiegelfläche, d. h. ihre Länge l_{Pl} und ihre Breite b_{Pl}, werden für gewöhnlich so groß wie der Durchmesser des abzulenkenden Laserstrahls gewählt. Für das vorliegende Anwendungsbeispiel wurde ein Laserstrahl mit einem Durchmesser von 0,5 mm gewählt (vgl. Kapitel 10.1). Die Länge und Breite der Spiegelplatte müssen im Falle einer quadratischen Spiegelplatte somit mindestens 0,5 mm groß sein.

Die Wahl der Dicke der Spiegelplatte d_{Pl} muss ihre Verformung berücksichtigen, die bei Schwingungen mit hohen Frequenzen aufgrund von Trägheitskräften auftritt. Die trägheitsbedingte Verformung der Spiegelplatte führt dazu, dass die Spiegelplatte nicht mehr eben ist. Eine zu hohe trägheitsbedingte Verformung der Spiegelplatte führt dazu, dass sich die Eigenschaften des reflektierten Lichts zu stark ändern. Beispielsweise würde der Durchmesser des reflektierten Lichtstrahls bei einer zu großen Deformation der Spiegelplatte zu stark aufgeweitet. Die zulässige Deformation der Spiegelplatte hängt von der Wellenlänge λ des verwendeten Lichtstrahles ab. Je nach Autor bewegt sich die zulässige Verformung in einem Bereich von $\lambda/20$ [Petersen 1980], $\lambda/16$ [Conant et al. 2000] oder $\lambda/10$ [Wolter et al. 2005]. Die Wellenlänge von sichtbaren Licht liegt in einem Bereich von 380 bis 780 nm. Das Anwendungsbeispiel aus Kapitel 10 hat einen roten Lichtstrahl mit einer Wellenlänge von $\lambda = 650$ nm betrachtet.

Die trägheitsbedingte Verformung der Spiegelplatte wird im Folgenden mit δ_o benannt. Der Parameter δ_o ist prinzipiell in der Abbildung A.4 dargestellt. Mit der Berechnung von δ_o lässt sich verifizieren, dass sich die Spiegelplatte während der Schwingung nicht unzulässig verformt. M_t entspricht in Abbildung A.4 dem Drehmoment, welches zu einer Schwingung der Spiegelplatte und in Folge ihrer trägheitsbedingten Verformung führt.

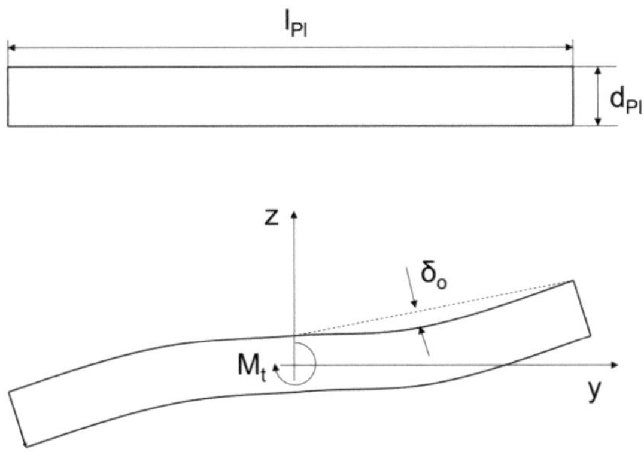

Abbildung A.4: Deformation einer Spiegelplatte durch Trägheitskräfte, angelehnt an [Schenk 2000]

Die trägheitsbedingte Verformung der Spiegelplatte lässt sich nach [Schenk 2000] mit der Biegelinie w(y) formal berechnen. Das Ergebnis gilt nach [Schenk 2000] allerdings nur näherungsweise, weil die folgenden Gleichungen nur dann gelten, wenn das beschleunigende Drehmoment in x-Richtung konstant ist. Im Fall des Torsionsspiegels, bei dem das mechanische Moment nur an den Aufhängungspunkten angreift, ist dagegen in x-Richtung, zur Plattenmitte hin, mit einer zunehmenden Durchbiegung w(y) zu rechnen [Schenk 2000]. Im Rahmen der vorliegenden Arbeit wird in Anlehnung an [Schenk 2000] die Berechnung der Spiegelplattenverbiegung mit der Biegelinie aber als hinreichend genau angesehen.

Die Biegelinie w(y) stellt die Lösung einer Differentialgleichung vierter Ordnung (Biegedifferentialgleichung) dar, für welche in diesem Fall eine analytische Lösung existiert [Schenk 2000, Hagedorn 1990]. Wenn man die dimensionslose Variable $\chi = 2\,\frac{y}{l_{Pl}}$ einführt, um den Abstand zwischen der Torsionsachse und der Oberseite der Spiegelplatte zu beschreiben, berechnet sich die Biegelinie mit

$$w(\chi) = \frac{w_0}{11}\,(\chi^5 - 10\,\chi^3 + 20\,\chi^2\,),\ \text{mit}\ 0 \le \chi \le 1 \tag{A.24}$$

wobei die Konstante w_0 die Durchbiegung der Spiegelplatte an deren Ende beschreibt. Am Ende der Spiegelplatte gilt $\chi = 1$.

Nach [Brosens 1972] kann die trägheitsbedingte Verformung δ_0 aus der Biegelinie mit der folgenden Gleichung ermittelt werden:

$$\delta_0 = \frac{1{,}83}{11}\,w_0 \tag{A.25}$$

w_0 berechnet sich nach [Brosens 1972] mit

$$w_0 = \frac{11}{3840}\,\frac{m_{Platte}\,{l_{Pl}}^4\ M_t}{E_z\,I_{Fl\,Pl}\,J_{Pl}} \tag{A.26}$$

E_z entspricht dabei dem E-Modul von Silizium in der z-Richtung. $I_{Fl\,Pl}$ entspricht dem Flächenträgheitsmoment der Spiegelplatte. Das Flächenträgheitsmoment berechnet sich mit der Gleichung A.27. Wie aus Gleichung A.27 ersichtlich wird, geht die Dicke der Spiegelplatte mit dem Faktor drei in das Flächenträgheitsmoment ein.

$$I_{Fl\,Pl} = \frac{b_{Pl}\ {d_{Pl}}^3}{12\,(1-\nu_p^2)} \tag{A.27}$$

Berechnungen zeigen, dass die trägheitsbedingten Verbiegungen der Spiegelplatten für die beiden Mikrospiegel aus Kapitel 10 in einem Bereich unterhalb λ/20 liegen und daher als unproblematisch anzusehen sind (vgl. Tabelle A.2).

Wahl der Merkmale der Torsionsbalken

Die Torsionsbalken müssen bezüglich ihrer Höhe h_{Ba}, ihrer Breite b_{Ba} und ihrer Länge l_{Ba} festgelegt werden.

Aus Fertigungsgründen wird die Höhe der Torsionsbalken so groß wie die Dicke der Spiegelplatte ausgelegt. Die Spiegelplatte und die Torsionsbalken lassen sich somit in einem Ätzschritt aus dem Siliziumwafer strukturieren. Wie Gleichung A.21 zeigt, kann mit der Breite der Torsionsbalken bei gegebener Balkenhöhe das Torsionsträgheitsmoment der Torsionsbalken $I_{t\,Ba}$ und somit die Federkonstante der Torsionsbalken eingestellt werden.

Die Länge der Torsionsbalken dient bei gegebenem Querschnitt zur Einstellung der Eigenfrequenz f_0 des schwingenden Systems. Mit gegebener Länge und Breite der Spiegelplatte, mittlerem Gleitmodul, Breite der Torsionsbalken und Eigenfrequenz des schwingenden Systems berechnet sich die Länge der Torsionsbalken nach [Kießling 2008] wie folgt:

$$l_{Ba} = \left(\frac{1}{2\,\pi}\right)^2 \frac{24\, G_m\, c_1\, {b_{Ba}}^3}{\rho\, {l_{Pl}}^3 b_{Pl}\, {f_0}^2} \qquad \text{(A.28)}$$

Die Länge der Torsionsbalken bestimmt ebenfalls die Torsionsspannungen τ_t in den Balken während der Schwingung. Somit bestimmt die Länge der Torsionsbalken ebenfalls den maximalen Verdrehwinkel φ_{max} der Spiegelplatte. Je höher der maximale Verdrehwinkel φ_{max} der Spiegelplatte sein soll, umso länger müssen die Torsionsbalken sein, um die Torsionsspannungen innerhalb der Torsionsbalken nicht zu groß werden zu lassen.

Um einen Bruch der Torsionsbalken zu vermeiden, muss geprüft werden, ob bei einem Balken mit der Länge l_{Ba} und einem maximalen Verdrehwinkel φ_{max} die maximal zulässige Torsionsspannung $\tau_{t\,zul}$ überschritten wird. Nach [Kießling 2008] kann die maximale Torsionsspannung $\tau_{t\,max}$ in einem Torsionsbalken aus einkristallinem Silizium mit einer hinreichenden Genauigkeit wie folgt berechnet werden:

$$\tau_{t\,max} = \frac{M_t}{W_t} \qquad \text{(A.29)}$$

Wie aus Gleichung A.29 hervorgeht, muss zur Berechnung der Torsionsspannung das Torsionswiderstandsmoment W_t der Torsionsbalken bekannt sein. Dieses berechnet sich nach [Winkler 1985] mit

$$W_t = \frac{c_1}{c_2} \cdot {b_{Ba}}^2 \cdot h_{Ba} \qquad \text{(A.30)}$$

wobei

$$c_2 = 1 - \frac{0{,}65}{1+n^3} \qquad \text{(A.31)}$$

und n dem Verhältnis aus Höhe zu Breite des Querschnittes entspricht. Dabei gilt $n \geq 1$, wobei

$$n = \frac{h_{Ba}}{b_{Ba}}; n \geq 1 \qquad (A.32)$$

Die maximale Torsionsspannung $\tau_{t\,max}$ für die Torsionsbalken ergibt sich nach [Kießling 2008] aus

$$\tau_{t\,max} = \frac{G_m\, \varphi\, c_2\, b_{Ba}}{l_{Ba}} \qquad (A.33)$$

Für eine zulässige Torsionsspannung $\tau_{t\,zul}$ lässt sich eine minimal erforderliche Länge für die Torsionsbalken $l_{Ba\,min}$ nach [Kießling 2008] dann wie folgt berechnen:

$$l_{Ba\,min} = \frac{2\, G_m\, c_2\, b_{Ba}\, \varphi}{\tau_{t\,zul}} \qquad (A.34)$$

Nach [Kießling 2008] beträgt die zulässige Torsionsspannung für Silizium 400 MPa. Mit dieser Spannung lässt sich anhand von Gleichung A.34 die minimale Länge der Torsionsbalken $l_{Ba\,min}$ berechnen, die sicherstellt, dass es zu keinem Bruch der Balken durch Torsion kommt. Die gewählten Längen der Torsionsbalken für beide Mikrospiegelantriebe aus Kapitel 10 liegen deutlich über diesem Wert (vgl. Tabelle A.2). Somit ist kein Torsionsbruch der Torsionsbalken bei beiden Mikrospiegelantrieben zu erwarten.

Wahl des Spaltes zwischen Spiegelplatte und Trägerplatte

Die Größe S des Spaltes zwischen der Spiegelplatte und der Trägerplatte wird zum einen durch die Auslenkung der Spiegelplatte bestimmt. Die Größe des Spaltes muss so gewählt werden, dass die Spiegelplatte im Falle der maximalen Verdrehung nicht an die darunter befindliche Trägerplatte oder den darüber liegenden Glasdeckel anstößt.

Die Größe des Spaltes bestimmt des Weiteren die Dämpfung für das schwingende System. Bei einem gegebenen Antriebsmoment muss der Spalt S so groß gewählt werden, dass die angestrebte Schwingungsamplitude trotz der Dämpfung erreicht werden kann.

Beim elektrostatisch angetriebenen Mikrospiegel wird die Größe des Spaltes S zusätzlich durch den Pull-in-Effekt bestimmt. Beim Pull-in-Effekt handelt es sich um eine Erhöhung der Auslenkung der Spiegelplatte bis zum mechanischen Anschlag ohne weitere Erhöhung der Ansteuerspannung sobald ein bestimmter Wert φ_{krit} überschritten wurde [Specht 2011]. Die Spiegelplatte wird beim Pull-In bis zur Elektrode auf der Trägerplatte beschleunigt, was zum Versagen des Mikrospiegels führen kann. Die Pull-In Spannung $U_{Pull\text{-}In}$, bei welcher die Spiegelplatte in den Pull-In geht, berechnet sich mit der folgenden Gleichung nach [Kießling 2008].[63]

$$U_{Pull-In} = \sqrt{\frac{2 \cdot 0{,}8808^3\, S^3\, \omega_0{}^2\, J_{Pl}}{\varepsilon_0\, \varepsilon_r\, b_{Pl}\, l_{Pl}{}^3\, (\frac{1}{1-0{,}4404} - 1 + \ln(1-0{,}4404))}} \quad \text{(A.35)}$$

Berechnungen zeigen, dass die Betriebsspannung des elektrostatisch angetriebenen Mikrospiegels deutlich niedriger als die Pull-In-Spannung liegt (vgl. Tabelle A.2). Somit ist mit den Merkmalen aus Tabelle 10.1 kein Pull-In für den elektrostatisch angetriebenen Mikrospiegel aus Kapitel 10 zu erwarten.

Die folgende Tabelle A.2 fasst die Merkmalswerte für die zuvor erläuterten Merkmale des elektrostatisch und magnetisch angetriebenen Mikrospiegels aus Kapitel 10 zusammen.

[63] Anders als bei [Kießling 2008] ist in der Gleichung A.35 neben der elektrischen Feldkonstante ε_0 ebenfalls die relative Permittivität ε_r berücksichtigt.

	Parameter	Einheit	Elektrostatisch angetriebener Mikrospiegel	Magnetisch angetriebener Mikrospiegel
Allgemeine physikalische Parameter				
Eigenfrequenz	f_0	Hz	2000	2000
E-Modul von in [110] orientierten Silizium in z-Richtung [Schenk 2000]	E_z	N/m^2	130×10^9	130×10^9
Poisson-Zahl	v_P	[ ]	0,28	0,28
Elektrische Feldkonstante	ε_0	F/m	$8{,}85 \times 10^{-12}$	-
Relative Permittivität von Luft	ε_r	-	1,00059	-
Magnetische Flussdichte	B	T	-	0,6
Amplitude der elektrischen Antriebsspannung	$\hat{U}$	V	237	-
Pull-In Spannung	$U_{Pull\text{-}in}$	V	2910,7	-
Amplitude des elektrischen Antriebsstroms	$\hat{I}$	A	-	9×10^{-3}
Dichte Silizium	ρ	kg/m^3	2330	2330
Abstand zwischen Leiterbahn zu Drehachse der Spiegelplatte bei 0°	r_0	m	-	344×10^{-6}
Wellenlänge des gewählten Lichts	λ	m	650×10^{-9}	650×10^{-9}
Merkmale der Spiegelplatte				
Länge	l_{Pl}	m	622×10^{-6}	751×10^{-6}
Breite	b_{Pl}	m	622×10^{-6}	751×10^{-6}
Dicke	d_{Pl}	m	10×10^{-6}	10×10^{-6}
Masse	m_{Pl}	kg	$9{,}0144 \times 10^{-9}$	$1{,}3141 \times 10^{-8}$
Massenträgheitsmoment	J_{pl}	$kg\ m^2$	$2{,}907 \times 10^{-16}$	$6{,}17748 \times 10^{-16}$
Flächenträgheitsmoment	$I_{FL\ Pl}$	m^4	$5{,}62428 \times 10^{-20}$	$6{,}7907 \times 10^{-20}$
Spalt	S	m	90×10^{-6}	100×10^{-6}
Winkel zwischen Feldlinien der Permanentmagnete und der nicht verdrehten Spiegelplatte	β	°	-	90
Länge eines Leiterbahnsegments	l_{Seg}	m	-	688×10^{-6}
Maximaler Verdrehwinkel	φ_{max}	°	3,303	3,303
Trägheitsbedingte Durchbiegung der Spiegelplatte	δ_0	m	$3{,}63 \times 10^{-10}$	$9{,}33 \times 10^{-10}$
Zulässige Verbiegung der Spiegelplatte nach [Peterson 1980]; $\lambda / 20$	-	m	$32{,}5 \times 10^{-9}$	$32{,}5 \times 10^{-9}$
Merkmale der Torsionsbalken				
Breite	b_{Ba}	m	5×10^{-6}	5×10^{-6}
Höhe	h_{Ba}	m	10×10^{-6}	10×10^{-6}
Mittlerer Gleitmodul für [110]-Ebene	G_m	N/m^2	$70{,}9 \times 10^9$	$70{,}9 \times 10^9$
Beiwert für Torsionssteife	C_1	[ ]	0,228875	0,228875
Torsionsträgheitsmoment	$I_{t\ Ba}$	-	$2{,}86 \times 10^{-22}$	$2{,}86 \times 10^{-22}$
Federkonstante	K	$N\ m^2$	$2{,}2945 \times 10^{-8}$	$4{,}8764 \times 10^{-8}$
Länge Torsionsbalken	l_{Ba}	m	884×10^{-6}	416×10^{-6}
Minimale Länge der Torsionsbalken	$l_{Ba\ min}$	m	$85{,}943 \times 10^{-6}$	$143{,}2 \times 10^{-6}$
Dämpfung				
Dynamische Viskosität der Luft bei 23°C	η_L	$N\ s\ /\ m^2$	$18{,}6 \times 10^{-6}$	$18{,}6 \times 10^{-6}$
Dämpfung	D	N m s	$2{,}26 \times 10^{-14}$	$5{,}11 \times 10^{-14}$

Tabelle A.2 Merkmale und Merkmalswerte des elektrostatisch und magnetisch angetriebenen Mikrospiegels

A.5 Abhängigkeit der dynamischen Viskosität verschiedener Gase von der Temperatur

Die folgende Abbildung A.5 nach [Sigloch 2017] beschreibt die Abhängigkeit der dynamischen Viskosität verschiedener Gase von der Temperatur bei einem Druck von 1 bar.

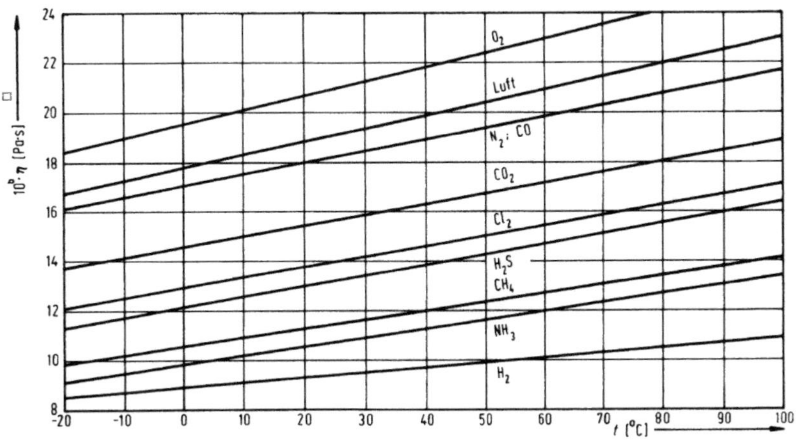

Abbildung A.5: Dynamische Viskosität verschiedener Gase, abhängig von der Temperatur *t* bei 1 bar Druck [Sigloch 2017]

A.6 Matlab-Quelltext zur Lösung der Bewegungsgleichung der elektrostatisch angetriebenen Spiegelplatte

Quelltext für das Kommandozeilenfenster

```
t=0:0.001:10; % time scale
initial_x = 0.01;
initial_dxdt = 0.01;
[t,x]=ode45( @elektrostatisch, t, [initial_x initial_dxdt] );
plot(t,x(:,1));
hold on
plot(t, 0.0523599);
hold on
plot(t, 0.0528835);
```

```
hold on
plot(t, 0.0518363);
title('Schwingungsamplitude der elektrostatisch angetriebenen Spiegelplatte
unter Nominalbedingungen');
xlabel('Zeit');
ylabel('Winkel \phi in rad');
```

Quelltext für das m-File

```
function dxdt=elektrostatisch(t,x)
f0= 2000;                   % Eigenfrequenz des schwingenden Systems
rho= 2330;                  % Dichte von Silizium
l_Pl= 622*10^(-6);          % Laenge der Spiegelplatte
b_Pl= 622*10^(-6);          % Breite der Spiegelplatte
d_Pl= 10*10^(-6);           % Dicke der Spiegelplatte
gm= 70.9*10^9;              % Mittlerer Gleitmodul
b_Ba= 5*10^(-6);            % Breite der Torsionsbalken
h_Ba= 10*10^(-6);           % Hoehe der Torsionsbalken
mu_l= 18.6*10^(-6);         % dynamische Viskosität der Luft
S= 90*10^(-6);              % Spalt zwischen Spiegelplatte und Grundplatte
U = 237;                    % Betriebsspannung
e0 = 8.85 * 10^(-12);       % elektrische Feldkonstante
er = 1.00059;               % Permittivität von Luft
omega = 50;                 % Frequenz der Antriebsspannung

%Verhältnis aus h_Ba zu b_Ba
n= h_Ba/b_Ba;

%Beiwert C1
C1= 1/3 * (1 - (0.63/n) + (0.052/n^5));

%Beiwert C2
C2 = 1- (0.65/(1+n^3));

% Länge der Torsionsbalken
l_Ba = (1/(2 * 3.1415))^2 * (24 * gm * C1 * b_Ba^3)/rho/l_Pl^3/b_Pl/f0^2;

%Masse der Spiegelplatte
```

```
m_Pl = b_Pl * l_Pl * d_Pl * rho;

%Trägheitsmoment der Platte
J_Pl = 1/12 * m_Pl * (l_Pl^2 + d_Pl^2);

%Torsionssteife der Balken
it_Ba = C1 * b_Ba^3 * h_Ba;

%Berechnung der Daempfung
D = mu_l * l_Pl * b_Pl^5 / S^3 / 60;

%Berechnung der Federkonstante
K = gm * it_Ba / l_Ba;

a= D/J_Pl;

b= K/J_Pl;

dxdt=[x(2); - a * x(2) - b * x(1) + (e0 * er * b_Pl * U^2 * sin(omega * t)^2 / 2
/x(1)^2) * ((1 / (1 - (l_Pl * x(1) / 2 / S))) - 1  + log(1- (l_Pl * x(1) /2 /S)))/J_Pl];
```

A.7 Matlab-Quelltext zur Lösung der Bewegungsgleichung der magnetisch angetriebenen Spiegelplatte

Quelltext für das Kommandozeilenfenster

```
t=0:0.001:10; % time scale
initial_x = 0;
initial_dxdt = 0;
[t,x]=ode45( @magnet, t, [initial_x initial_dxdt] );
plot(t,x(:,1));
hold on
plot(t, 0.0523599);
hold on
plot(t, 0.0528835);
hold on
```

```
plot(t, 0.0518363);
hold on
plot(t, -0.0523599);
hold on
plot(t, -0.0528835);
hold on
plot(t, -0.0518363);
title('Schwingungsamplitude der magnetisch angetriebenen Spiegelplatte unter
Nominalbedingungen');
xlabel('Zeit');
ylabel('Winkel in rad');
```

Quelltext für das m-File

```
function dxdt=magnet(t,x)
f0= 2000;                    %Eigenfrequenz des schwingenden Systems
rho= 2330;                   % Dichte Silizium
l_Pl= 751*10^(-6);           % Laenge der Spiegelplatte
b_Pl= 751*10^(-6);           % Breite der Spiegelplatte
d_Pl= 10*10^(-6);            % Dicke der Spiegelplatte
gm= 70.9*10^9;               % mittleres Gleitmodul
b_Ba= 5*10^(-6);             % Breite der Torsionsbalken
h_Ba= 10*10^(-6);            % Hoehe der Torsionsbalken
mu_l= 18.6*10^(-6);          % dynamische Viskosität der Luft
S = 100 * 10^(-6);           % Spalt zwischen Spiegelplatte und Trägerplatte
B= 0.6;                      % Magnetische Flussdichte
i= 9 * 10^(-3);              % Antriebsstrom
r0= 344 * 10^(-6);           % Abstand Leiterbahnsegment und Drehachse
l = 688* 10^(-6);            % Länge der beiden Leiterbahnsegmente
beta= degtorad(90);          % Winkel zw. Feldlinien und Leiterbahnsegment
omega= 50;                   % Frequenz des Antriebsstromes

%Berechnung der Daempfung
D = mu_l * l_Pl * b_Pl^5 / S^3 / 60;

%Verhältnis aus h_Ba zu b_Ba
n= h_Ba/b_Ba;
%Beiwert C1
```

```
C1= 1/3 * (1 - (0.63/n) + (0.052/n^5));

%Beiwert C2
C2 = 1- (0.65/(1+n^3));

% Länge der Torsionsbalken
l_Ba = (1/(2 * 3.1415))^2 * (24 * gm * C1 * b_Ba^3)/rho/l_Pl^3/b_Pl/f0^2;

%Masse der Federn
m_Ba= b_Ba * h_Ba * l_Ba * rho;

%Masse der Spiegelplatte
m_Pl = b_Pl * l_Pl * d_Pl * rho;

%Trägheitsmoment der Platte
J_Pl = 1/12 * m_Pl * (l_Pl^2 + d_Pl^2);

%Torsinssteife der Balken
it_Ba = C1 * b_Ba^3 * h_Ba;

%Berechnung der Federkonstante
K = gm * it_Ba / l_Ba;

a= D/J_Pl;

b= K/J_Pl;

dxdt = [x(2); -a * x(2) - b * x(1) + 2 * B * i * sin(omega * t) * l * cos(x(1)) * r0 *
sin(beta)/J_Pl];
```

A.8 Schwingungsamplituden der elektrostatisch und magnetisch angetriebenen Spiegelplatten

Schwingungsamplitude der elektrostatisch angetriebenen Spiegelplatte unter Nominalbedingungen

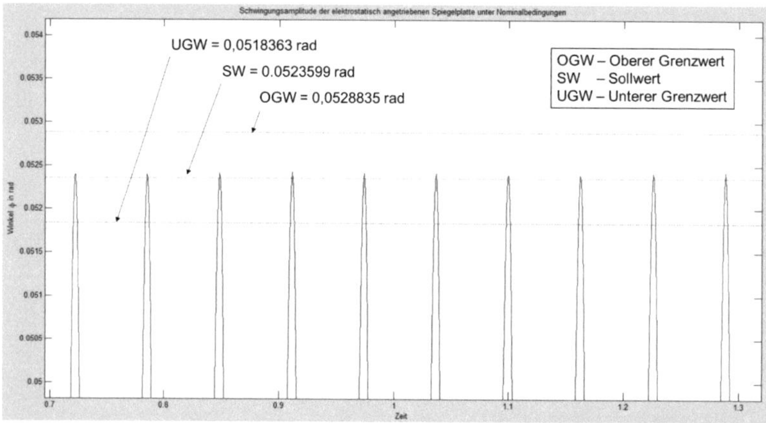

Abbildung A.6: Schwingungsamplitude der elektrostatisch angetriebenen Spiegelplatte unter Nominalbedingungen

Schwingungsamplitude der elektrostatisch angetriebenen Spiegelplatte unter der Klebetemperatur

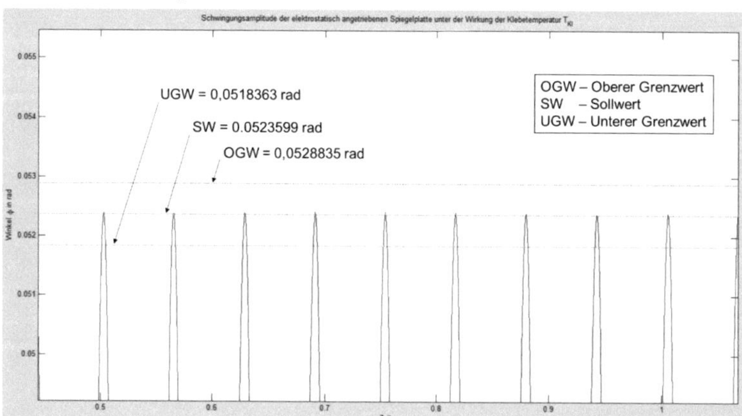

Abbildung A.7: Schwingungsamplitude der elektrostatisch angetriebenen Spiegelplatte unter der Klebetemperatur

Schwingungsamplitude der elektrostatisch angetriebenen Spiegelplatte unter der Umgebungstemperatur

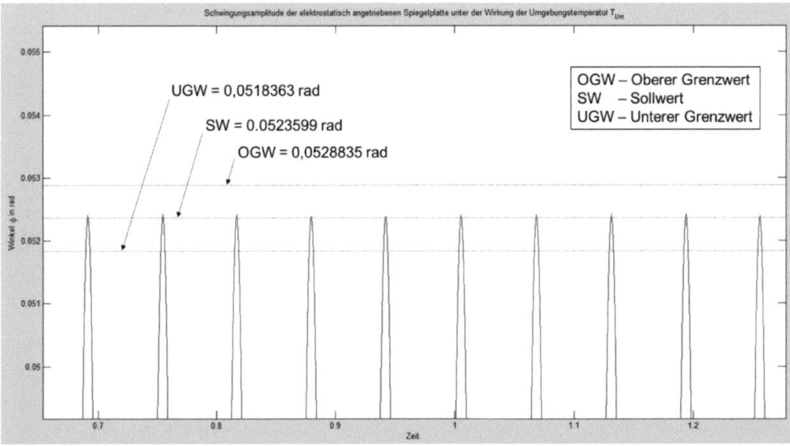

Abbildung A.8: Schwingungsamplitude der elektrostatisch angetriebenen Spiegelplatte unter der Umgebungstemperatur

Schwingungsamplitude der magnetisch angetriebenen Spiegelplatte unter Nominalbedingungen

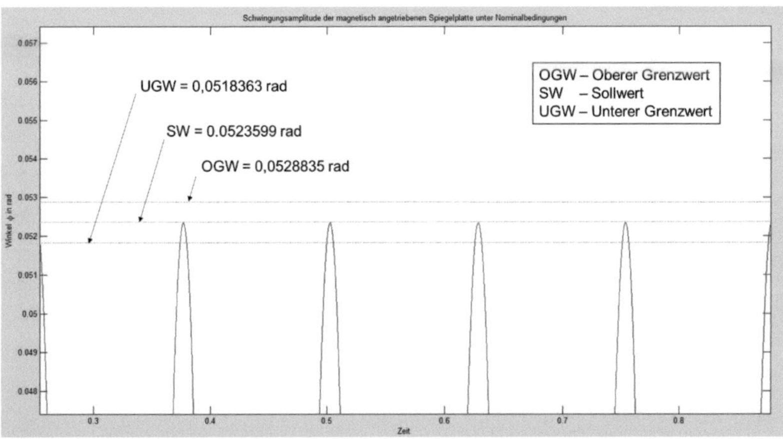

Abbildung A.9: Schwingungsamplitude der magnetisch angetriebenen Spiegelplatte unter Nominalbedingungen

Schwingungsamplitude der magnetisch angetriebenen Spiegelplatte unter der Klebetemperatur

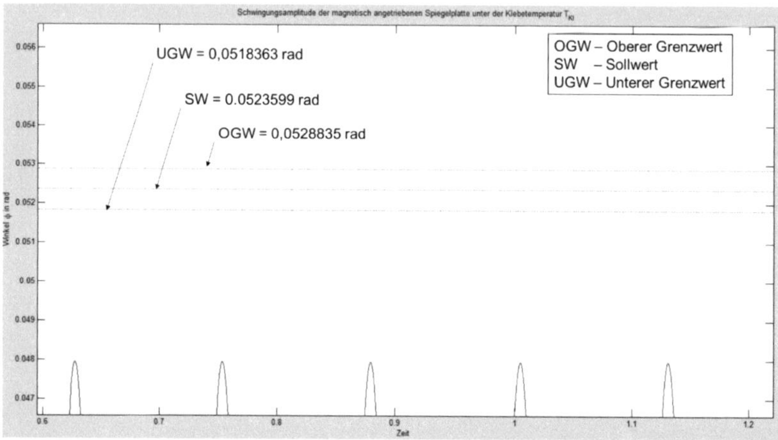

Abbildung A.10: Schwingungsamplitude der magnetisch angetriebenen Spiegelplatte unter der Klebetemperatur

Schwingungsamplitude der magnetisch angetriebenen Spiegelplatte unter der Umgebungstemperatur T_{Um}

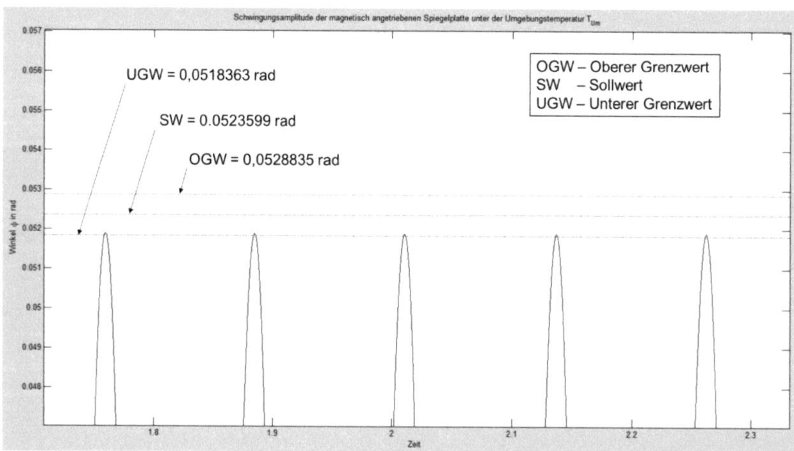

Abbildung A.11: Schwingungsamplitude der magnetisch angetriebenen Spiegelplatte unter der Umgebungstemperatur

Schwingungsamplitude der magnetisch angetriebenen Spiegelplatte unter Montagetoleranzen der Permanentmagnete

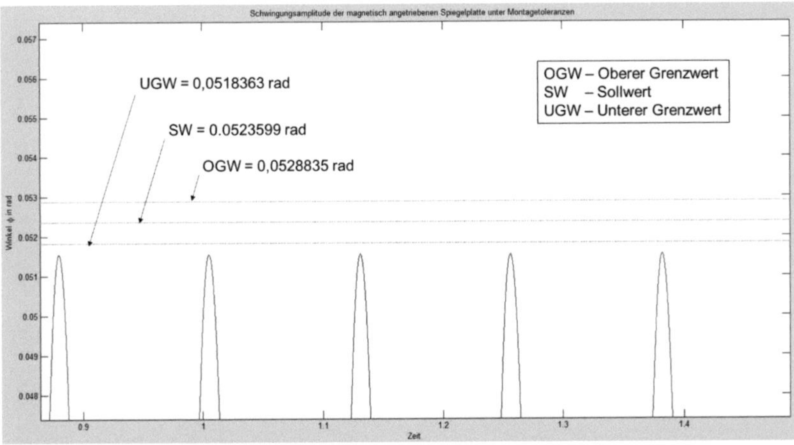

Abbildung A.12: Schwingungsamplitude der magnetisch angetriebenen Spiegelplatte unter Montagetoleranzen der Permanentmagnete

A.9 Matlab-Quelltext zur Berechnung der Pull-In Spannung eines elektrostatischen Mikrospiegelantriebs

```
f0= 2000;               % Eigenfrequenz des schwingenden Systems

rho= 2330;              % Dichte von Silizium

l_Pl= 622*10^(-6);      % Laenge der Spiegelplatte

b_Pl= 622*10^(-6);      % Breite der Spiegelplatte

d_Pl= 10*10^(-6);       % Dicke der Spiegelplatte

S= 90*10^(-6);          % Spalt zwischen Spiegelplatte und Grundplatte

U = 237;                % Betriebsspannung
```

```
e0 = 8.85 * 10^(-12);                % Permittivität
er =1.00059;                         % Permittivität von Luft

m_Pl = b_Pl * l_Pl * d_Pl * rho;     %Masse der Spiegelplatte

J_Pl = 1/12 * m_Pl * (l_Pl^2 + d_Pl^2); %Trägheitsmoment der Platte

%Berechnung der Pull-in Spannung U_pull_in
U_pull_in = sqrt((2 * 0.8808^3 * S^3 * f0^3 * J_Pl) / (e0 * b_Pl * l_Pl^3) / ( (1/(1-0.4404)) - 1 +
log(1-0.4404)));
```

A.10 Matlab-Quelltext zur Berechnung der trägheitsbedingten Spiegelplattenverbiegungen

Der folgende Quelltext berechnet die trägheitsbedingte Spiegelplattenverbiegung für die elektrostatisch angetriebene Spiegelplatte aus Kapitel 10. Der Quelltext lässt sich ebenfalls für die Berechnung der trägheitsbedingten Spiegelplattenverbiegung der magnetisch angetriebenen Spiegelplatte benutzen, wenn deren Merkmale in den Quelltext eingegeben werden.

```
f0= 2000;                 % Eigenfrequenz des schwingenden Systems
E_Modul = 130 *10^9;      % E-Modul von Silizium in z-Richtung
v_p= 0.28;                % Poissonzahl von Silizium

rho= 2330;                % Dichte von Silizium

l_Pl= 622*10^(-6);        % Laenge der Spiegelplatte

b_Pl= 622*10^(-6);        % Breite der Spiegelplatte

d_Pl= 10*10^(-6);         % Dicke der Spiegelplatte
gm= 70.9*10^9;            % Mittlerer Gleitmodul

b_Ba= 5*10^(-6);          % Breite der Torsionsbalken
h_Ba= 10*10^(-6);         % Hoehe der Torsionsbalken
```

```
phi = degtorad(3);                    % Verdrehwinkel der Spiegelplatte

n= h_Ba/b_Ba;                         %Verhältnis aus h_Ba zu b_Ba

%Beiwert C1
C1= 1/3 * (1 - (0.63/n) + (0.052/n^5));

%Beiwert C2
C2 = 1- (0.65/(1+n^3));

% Länge der Torsionsbalken
l_Ba = (1/(2 * 3.1415))^2 * (24 * gm * C1 * b_Ba^3)/rho/l_Pl^3/b_Pl/f0^2;

%Masse der Spiegelplatte
m_Pl = b_Pl * l_Pl * d_Pl * rho;

%Torsionsträgheitsmoment der Torsionsbalken
it_Ba = C1 * b_Ba^3 * h_Ba;

%Trägheitsmoment der Platte
J_Pl = 1/12 * m_Pl * (l_Pl^2 + d_Pl^2);

%Flaechentraegheitsmoment der Platte
i_Fl_Pl = b_Pl * h_Ba^3 / 12 / (1- v_p^2);

T1= gm * it_Ba * phi / l_Ba;   % Drehmoment

%Konstante w0
w0 = (11/3840) * m_Pl * l_Pl^4 * T1 / E_Modul / i_Fl_Pl / J_Pl;

%Durchbiegung der Platte
delta_null = (1.83/11) * w0;
```

Literaturverzeichnis

[Abeln et al. 1997] Abeln, O.; Ochynski, W.: Innovationspotentiale in der Produktentwicklung: Das CAD-Referenzmodell in der Praxis. Vieweg + Teubner Verlag. 1997

[Akiyama 1994] Akiyama, K.: Funktionenanalyse - Der Schlüssel zu erfolgreichen Produkten und Dienstleistungen. Verlag Moderne Industrie, Japan Service. 1994

[Allmannsberger 1998] Allmannsberger, G.: Aktionsfelder des Integrierten Änderungsmanagements – Aktionsfeld 4: Strategien zum Entwickeln von Lösungsalternativen. In: Lindemann, U.; Reichwald, R.: Integriertes Änderungsmanagement. Springer-Verlag. 1998

[Andreasen et al. 1985] Andreasen, M.; Kähler, S.; Lund, T.: Montagegerechtes Konstruieren. Springer-Verlag. 1985

[Bauerschmidt 1976] Bauerschmidt, M.: Beitrag zur Verbesserung des Fehlerverhaltens von Geräten. Dissertation Technische Hochschule Ilmenau. 1976

[Bauerschmidt et al. 1977] Bauerschmidt, M.; Schilling, M.: Genauigkeit und Zuverlässigkeit in der Gerätekonstruktion. Gerätekonstruktion. 4. Lehrbrief. 1977

[Beitz 2000] Beitz, W.: Entwicklung und Konstruktion. In: Czichos, H.: Hütte. Die Grundlagen der Ingenieurwissenschaften. Springer-Verlag. 31. Auflage. 2000

[Bertsche et al. 2004] Bertsche, B.; Lechner, G.: Zuverlässigkeit im Fahrzeug und Maschinenbau. Ermittlung von Bauteil- und System-Zuverlässigkeiten. Springer-Verlag. 3. Auflage. 2004

[Bichlmaier 2000] Bichlmaier, C.: Methode zur flexiblen Gestaltung von Entwicklungsprozessen. Dissertation Technische Universität München. Herbert Utz Verlag. 2000

[Birkhofer et al. 2000] Birkhofer, H.; Kloberdanz, H.; Berger, B.: Produktentwicklung I Wintersemester 2000/2001. Technische Universität Darmstadt. 2000

[Blessing et al. 2002] Blessing, L.; Chakrabarti, A.: A Design Research Methodology. In: Proceedings of Les Sciences de le Conception. 15.-16.03.2002. INSA de Lyon. 2002

[Blessing et al. 2013] Blessing, L.; Eisenbart, B.; Dantan, J.-Y.; Qureshi, A. J.: Design Automation with the Characteristics Properties Model and Property Driven Design for Redesign. In: Abramovici, M.; Stark, R.: Smart Product Engineering. LNPE. S. 563 – 572. Springer Verlag. 2013

[Breiing et al. 1977] Breiing, A.; Knosala, R.: Bewerten technischer Systeme: Theoretische und methodische Grundlagen bewertungstechnischer Entscheidungs-hilfen. Springer-Verlag Berlin Heidelberg. 1977

[Brosens 1972] Brosens; P. J.: Dynamic Mirror Distortions in Optical Scanning. Journal of applied Optics. Volume 11. Nr. 12. S. 2987 - 2989. 1972

[Chakhunashvili et al. 2009] Chakhunashvili, A.; Barone, S.; Johansson, P.; Bergman, B.: Robust product development using variation mode and effect analysis. In: Bergman, B.; de Maré, J.; Lorén, S.; Svensson, T.: Robust Design methodology for reliability: Exploring the effects of variation and uncertainty. John Wiley & Sons Limited. 2009

[Clausing et al. 2005] Clausing, D.; Frey, D. D.: Improving system reliability by failure mode avoidance including four concept design strategies. System Engineering, Volume 8, Issue 3. S. 245 – 261. 2005

[Claussen et al. 1998] Claussen, U.; Rodenacker, W. G.: Maschinen-systematik und Konstruktionsmethodik: Grundlagen und Entwicklung moderner Methoden. Springer-Verlag Heidelberg Berlin. 1998

[Conant et al. 2000] Conant, R. A.; Nee, J. T.; Lau, K. Y.; Muller, R. S.: Dynamic deformation of scanning mirrors. Optical MEMS, 2000 IEEE/LEOS International Conference. 2000

[Conrad 2010] Conrad, J.: Semantische Netze zur Erfassung und Verarbeitung von Informationen und Wissen in der Produktentwicklung. Dissertation Universität des Saarlandes. Schriftenreihe Produktionstechnik. 2010

[Conrad et al. 2007] Conrad, J.; Weber, C.; Deubel, T.; Köhler, C.; Wanke, S.: Change Impact and Risk Analysis (CIRA) – Combining the CPM/PDD Theory and FMEA-Methodology for an improved engineering change management. International Conference on engineering design. ICED'07. 28.08 - 31.08.2007. Cité des sciences et de l´industrie, Paris, France. 2007

[Conrad et al. 2008] Conrad, J.; Köhler, C.; Wanke, S.; Weber, C.: What is design knowledge from the viewpoint of CPM/PDD? In: Proceedings of Design. Volume 2. Faculty of mechanical engineering and naval architecture. University of Zagreb. S. 745 – 752. 2008

[Danzer 2016] Danzer, H.: Qualitätsmanagement in der Produkt- und Prozessentwicklung: Kundenorientiert entwickeln und zielsicher planen. Carl Hanser Verlag. 2016

[Deubel et al. 2005] Deubel, T.; Steinbach, M.; Weber, C.: Requirement- and cost-driven product development process. In: Proceedings of ICED 05. Paper Nr. 357.46. The Design Society. S. 166 – 167. 2005

[Deubel et al. 2006] Deubel, T.; Zenner, C.; Bley, H.; Weber, C.: Adaptation of a new design method for the requirement-driven planning of manufacturing systems. In: Proceedigs of the 16th CIRP international design seminar. Paper Nr. 10061. S. 529 – 534. 2006

[Dietmüller 2007] Dietmüller, T.: Ermittlung des wirtschaftlichen Nutzens präventiver Qualitätsmanagement Methoden in Serienentwicklungsprojekten. Dissertation Technische Universität Berlin. 2007

[DIN 1319-2 2005] n. n.: DIN 1319-2. Grundlagen der Messtechnik. Teil 2: Begriffe für Messmittel. Beuth Verlag. 2005

[DIN 4001 1990] n. n.: DIN 40041 Zuverlässigkeit – Begriffe. Beuth Verlag. 1990

[DIN EN 60051-1 1999] n. n.: Direkt wirkende anzeigende elektrische Messgeräte und ihr Zubehör. Messgräte mit Skalenanzeige. Teil 1: Definitionen und allgemeine Anforderungen für alle Teile dieser Norm. Beuth Verlag. 1999

[Dittmann 2007] Dittmann, L. U.: OntoFMEA: Ontologiebasierte Fehlermöglichkeits- und Einflussanalyse. Dissertation Universität Duisburg-Essen. Deutscher Universitätsverlag. 2007

[Deubel 2007] Deubel, T.: Anforderungs-, kosten- und wertgetriebene Steuerung des Produktentwicklungsprozesses. Dissertation Universität des Saarlandes. Schriftenreihe Produktionstechnik. Band 39. 2007

[Ehrlenspiel 2003] Ehrlenspiel, K.: Integrierte Produktentwicklung. Carl Hanser Verlag. 2. Auflage. 2003

[Ehrlenspiel 2009] Ehrlenspiel, K.: Integrierte Produktentwicklung. Carl Hanser Verlag. 4. Auflage. 2009

[Erbe et al. 2011] Erbe T.; Weber, C.; Paetzold, K.: Actuation Principles and example for trade-off assessment by CPM Approach. In: Proceedings of ICED 11. Volume 4. The Design Society, Glasgow. S. 222 – 229. 2011

[Ertl-Wagner et al. 2012] Ertl-Wagner, B.; Steinbrucker, S.; Wagner, B. C.: Qualitätsmanagement und Zertifizierung: Praktische Umsetzung in Krankenhäusern, Reha-Kliniken, stationären Pflegeeinrichtungen (Erfolgskonzepte Praxis- und Krankenhaus-Management). Springer-Verlag. 2. Auflage. 2012

[Eversheim 1997] Eversheim, W.: Organisation in der Produktionstechnik: Konstruktion. Springer Verlag. 3. Auflage. 1997

[Eyerer et al. 2008] Eyerer, P.; Hirth, T.; Elsner, P.: Polymer Engineering. Technologien und Praxis. Springer-Verlag Berlin Heidelberg. 2008

[Feldhusen et al. 2011] Feldhusen, J.; Goldhahn, H.; Majschak, J.-P.; Orloff, M.; Schürrmann, H.: Grundlagen der Konstruktionstechnik. In: Feldhusen, J.; Grote, H. - J.: Duppel: Taschenbuch für den Maschinenbau. Springer-Verlag. 23. Auflage. 2011

[Feldhusen et al 2013] Feldhusen, J.; Grote, K. H.: Pahl/Beitz Konstruktionslehre: Methoden und Anwendung erfolgreicher Produktentwicklung. Springer Vieweg-Verlag. 8. Auflage. 2013

[Firchau et al. 2001] Firchau, N. L.; Franke, H.-J.: Störeffekte konstruktiv beherrschen. 12. Symposium „Design for X". Neukirchen. 11. bis 12.10.2001

[Fries 2006] Fries, R.: Reliable design of medical devices. CRC Press. Taylor and Francis Group. 2. Auflage. 2006

[Gaag 2010] Gaag, A.: Entwicklung einer Ontologie zur funktionsorientierten Lösungssuche in der Produktentwicklung. Dissertation TU München. Verlag Dr. Hut. 2010

[Gamweger et al. 2009] Gamweger, J.; Jöbstl, O.; Strohrmann, M.; Suchowerskyi, W.: Design for Six Sigma: Kundenorientierte Produkte und Prozesse fehlerfrei entwickeln. Carl Hanser Verlag. 2009

[Gausemeier et al. 2006] Gausemeier, J.; Hahn, A.; Kespohl, H.-D.; Seifert, L.: Vernetzte Produktentwicklung: Der erfolgreiche Weg zum Global Engineering Networking. Carl Hanser Verlag. 2006

[Gräßler 2004] Gräßler, I.: Kundenindividuelle Massenproduktion: Entwicklung, Vorbereitung der Herstellung, Veränderungsmanagement. Springer-Verlag. 2004

[Grunwald 2002] Grunwald, S.: Methode zur Anwendung der flexiblen integrierten Produktentwicklung und Montageplanung. Dissertation Technische Universität München. Herbert Utz Verlag. 2000

[Gumus 2005] Gumus, B.: Axiomatic product development lifecycle. Dissertation Texas University of Technology. 2005

[Gu-Stoppel 2016] Gu-Stoppel, S.: Entwicklung und Charakterisierung piezoelektrischer Mikrospiegel. Dissertation Universität Kiel. Books on Demand. 2016

[Hagedorn 1990] Hagedorn, P.: Technische Mechanik. Band 2: Festigkeitslehre. Verlag Harri Deutsch. 1. Auflage. 1990

[Hiersig 1995] Hiersig, H. M.: Lexikon Maschinenbau. VDI-Verlag. 1995

[Höhne et al. 2007] Höhne, G.; Langbein, P.: Konstruktionstechnik. In: Hering, E.; Modler, K.-H.: Grundwissen des Ingenieurs. 14. Auflage. Carl Hanser Verlag. 2007

[Hofmann et al. 2010] Hofmann, U.; Oldsen, M.; Wagner, B.: Mikromechanischer Aktuator mit elektrostatischem Kammantrieb. Patent WO2010060552 A2. 2010

[Hubka 1984] Hubka, V.: Theorie Technischer Systeme. Grundlagen einer wissenschaftlichen Konstruktionslehre. Springer Verlag. 2. Auflage. 1984

[John et al. 2012] John, A.; Lunau, S.; Meran, R.; Staudter, C.; Roenpage, O.: Six Sigma + Lean Toolset: Mindset zur erfolgreichen Umsetzung von Verbesserungsprojekten. Springer-Verlag. 3. Auflage. 2012

[Kamiske 2004] Kamiske, G. F.: Prozessoptimierung mit Quality Engineering. Carl Hanser Verlag. 2004

[Kartika 2010] Kartika, S. I.: Methodik zur Analyse des Baukastenpotentials bei bestehender Produktvielfalt. Dissertation RWTH Aachen. Schriftenreihe Produktentwicklung und Konstruktionsmethodik. Shaker Verlag. 2010

[Kesselring 1954] Kesselring; F.: Technische Kompositionslehre. Springer Verlag. 1954

[Kießling 2008] Kießling, T.: Quasistatisch auslenkbarer Kippspiegel zur Ablenkung von Licht. Dissertation Universität Dresden. Sierke Verlag. 2008

[Kleppmann 2008] Kleppmann, W.: Taschenbuch Versuchsplanung: Produkte und Prozesse optimieren. Carl Hanser Verlag. 5. Auflage. 2008

[Klose 2016] Klose, T.: Modellierung und Entwurf von resonanten Mikroaktoren mit elektrostatischem Antrieb. Dissertation TU Dresden. 2016

[Köhler 2009] Köhler, C.: Technische Produktänderungen – Analyse und Beurteilung von Lösungsmöglichkeiten auf Basis einer Erweiterung des CPM/PDD-Ansatzes. Dissertation Universität des Saarlandes. Schriftenreihe Produktionstechnik. Band 45. 2009

[Köhler et al. 2008] Köhler, C.; Conrad, J.; Wanke, S.; Weber, C.: A matrix representation of the CPM/PDD approach as a means for change impact analysis. In: Proceedings of Design 2008.Volume 1. Faculty of mechanical engineering and naval architecture, University of Zagreb. S. 167 – 174. 2008

[Koller 2011] Koller, R.: Konstruktionslehre für den Maschinenbau: Grundlagen zur Neu- und Weiterentwicklung technischer Produkte mit Beispielen. Springer-Verlag. 4. Auflage. 2011

[Krause 2000] Krause, W.: Gerätekonstruktion in Feinwerktechnik und Elektronik. Fachbuchverlag Leipzig. 3. Auflage. 2000

[Lienig et al. 2014] Lienig, J.; Brümmer, H.: Elektronische Gerätetechnik: Grundlagen für das Entwickeln elektronischer Baugruppen und Geräte. Springer Vieweg Verlag. 2014

[Lindemann 2009] Lindemann, U.: Methodische Entwicklung technischer Produkte: Methoden flexibel und situationsgerecht anwenden. Springer Verlag. 3. Auflage. 2009

[Lindemann et al. 2011] Lindemann, U.; Ponn, J.: Konzeptentwicklung und Gestaltung technischer Produkte: Systematisch von Anforderungen zu Konzepten und Gestaltlösungen. Springer Verlag. 2. Auflage. 2011

[Lindermaier 1998] Lindermaier, R.: Qualitätsorientierte Entwicklung von Montagesystemen. Dissertation TU München. Springer-Verlag. 1998

[List 2015] List, R.: CATIA V5 - Grundkurs für Maschinenbauer: Bauteil- und Baugruppenkonstruktion, Zeichnungsableitung. Springer Vieweg Verlag. 7. Auflage. 2015

[Lönnqvist 2009] Lönnqvist, A.: Including noise factors in design failure mode and effect analysis (D-FMEA) – A case study at Volvo Car Corporation. In: Bergman, B.; de Mare, J.; Svensson, T.; Loren, S.: Robust Design Methodology for Reliability: Exploring the Effects of Variation and Uncertainty. John Wiley & Sons. 2009

[Lönnqvist et al. 2008] Lönnqvist, A.; Gremyr, I.: A note on failure mode avoidance. 11th QMOD Conference. Quality Management and organizational development attaining sustainability from organizational excellence to sustainable excellence. 20.08. - 22.08.2008 in Helsingborg, Sweden. 2008

[Matthiesen 2002] Matthiesen, S.: Ein Beitrag zur Basisdefinition des Elementmodells "Wirkflächenpaare & Leitstützstrukturen" zum Zusammenhang von Funktion und Gestalt technischer Systeme. Forschungsberichte mkl. Dissertation Karlsruher Institut für Technologie. 2002

[Mehner 1993] Mehner, J.: Mechanische Beanspruchungsanalyse von Siliziumsensoren und –aktoren unter dem Einfluß von elektrostatischen und Temperaturfeldern. Dissertation Technische Universität Chemnitz-Zwickau. 1993

[Meier 2002] Meier, M.: Lösungsfindung, the key to inovation. Vorlesungsskript ZPE, Version 2002, 1. Semester. ETH E-Collection. Eidgenössische Technische Hochschule Zürich, Institut für Mechanische Systeme, Zentrum für Produktentwicklung. 2002

[Murjahn 2005] Murjahn, R.: Kostenmanagement in der chemischen Produktentwicklung. Deutscher Universitätsverlag / GWV Fachverlage GmbH. 2005

[Naefe 2012] Naefe, P.: Einführung in das Methodische Konstruieren – Für Studium und Praxis. Springer Vieweg Verlag. 2. Auflage. 2012

[Neudörfer 2014] Neudörfer, A.: Konstruieren sicherheitsgerechter Produkte: Methoden und systematische Lösungssammlungen zur EG Maschinenrichtlinie. Springer Vieweg Verlag. 6. Auflage. 2014

[Niemann et al. 2005] Niemann, G.; Winter, H.; Höhn, B.–R.: Maschinenelemente – Band 1: Konstruktion und Berechnung von Verbindungen, Lagern, Wellen. Springer-Verlag. 4. Auflage. 2005

[Niendorf et al. 2004] Niendorf, A.; Funk, K.: Mikrospiegel. Patent EP 1247131 B1. 2004

[n. n. 2018] n. n.: Kfz-Rückrufe: Rekordjahr für Deutschlands Fahrzeughalter. Pressemitteilung der GEPA mbH am 20.12.2018. Online: https://gepa-mbh.de/kfz-rueckrufe-rekordjahr-fuer-deutschlands-fahrzeughalter/. Aufgerufen am 29.04.2019.

[n. n. 2015] n. n.: Duden. Deutsches Universalwörterbuch. Das umfassende Bedeutungswörterbuch der deutschen Gegenwartssprache. Dudenverlag. 8. Auflage. 2015.

[Over 1977] Over, H.-H.: Elastische und plastische Eigenschaften von einkristallinem Silicium in Abhängigkeit von Temperatur und der Versetzungsdichte. Dissertation RWTH Aachen. 1977

[Pahl et al. 1997] Pahl, G.; Flemming, M.: Grundlagen der Konstruktionstechnik. In: Beitz, W.; Grote, H.-J.: Dubbel: Taschenbuch für den Maschinenbau. Springer-Verlag. 19. Auflage. 1997

[Pahl et al. 2007] Pahl, G.; Beitz, W.; Feldhusen, Feldhusen, J.; Grote, H.-J.: Konstruktionslehre. Grundlagen einer erfolgreichen Produktentwicklung. Methoden und Anwendung. Springer-Verlag. 7. Auflage. 2007

[Pavasson 2012] Pavasson, J.: Reliability prediction at early functional product development stages. Dissertation Lulea University of technology. 2012

[Petersen 1980] Petersen, K. E.: Silicon torsional scanning mirror. In: IBM Journal of Research and Developement 24. Nr. 5. S. 631 – 637. 1980

[Pfeifer 2001] Pfeifer, T.: Qualitätsmanagement: Strategien, Methoden, Techniken. Hanser Verlag. 3. Auflage. 2001

[Rehbehn et al. 2005] Rehbehn, R.; Yurdakul, B.: Mit Six Sigma zu Business Excellence: Strategien, Methoden, Praxisbeispiele. Publicis Corporate Publishing. 2. Auflage. 2005

[Ross 2014] Ross, H.-L.: Funktionale Sicherheit im Automobil: ISO 26262, Systemengineering auf Basis eines Sicherheitslebenszyklus und bewährten Managementsystemen. Carl Hanser Verlag. 2014

[Roth 2000] Roth, K.: Konstruieren mit Konstruktionskatalogen. Band 1: Konstruktionslehre. Springer-Verlag. 3. Auflage. 2000

[Schenk 2000] Schenk, H.: Ein neuartiger Mikroaktor zur ein- und zweidimensionalen Ablenkung von Licht. Dissertation Gerhard-Mercator-Universität Gesamthochschule-Duisburg. 2000

[Schiffer et al. 2002] Schiffer, M.; Laible, V.; Obermeier, E.: Design and fabrication of 2D Lorentz Force actuated micromirrors. In: IEEE/LEOS Optical MEMS 2002. Lugano. Switzerland, 20. – 23. 08. 2002. Conference Digest S. 163 – 164. 2002

[Schilling 1982] Schilling, M.: Konstruktionsprinzipien der Gerätetechnik. Dissertation Technische Hochschule Ilmenau. 1982

[Schindler 2012] Schindler, C.: Der allgemeine Konstruktionsprozess. Grundlagen des methodischen Konstruierens. In: Steinhilper, R.; Rieg, F.: Handbuch Konstruktion. Carl Hanser Verlag. 2012

[Schloske 2013] Schloske, A.: FMEA – State of the art, Trends und innovative Weiterentwicklungen. DGQ-Regionalkreis Stuttgart, 20.11.2013, Fraunhofer IPA, Stuttgart. 2013

[Schulz 2009] Schulz, B.: Hochgenaue Lagezuordnung von Mikrobauteilen durch greiferintegrierte Winkelfeinstellung. Dissertation Technische Universität Chemnitz. 2009

[Schweizer 2008] Schweizer, P.: Systematisch Lösungen realisieren. Innovationsprojekte leiten und Produkte entwickeln. Vdf Hochschulverlag AG an der ETH Zürich. 2. Auflage. 2008

[Schwesinger et al. 2008] Schwesinger, N.; Dehne, C.; Adler, F.: Lehrbuch Mikrosystemtechnik: Anwendungen, Grundlagen, Materialien und Herstellung von Mikrosystemen. Oldenbourg Wissenschaftsverlag. 2008

[Sigloch 2017] Sigloch, H.: Technische Fluiddynamik. Spinger Vieweg Verlag. 17. Auflage. 2017

[Specht 2011] Specht, H.: MEMS-Laser-Display-System: Analyse, Implementierung und Testverfahrenentwicklung. Dissertation Technische Universität Chemnitz. Universitätsverlag Chemnitz. 2011

[Stiefel 2011] Stiefel, P.: Eine dezentrale Informations- und Kollaborationsarchitektur für die unternehmensübergreifende Produktentwicklung. Dissertation Technische Universität Clausthal. Vieweg + Teubner Verlag. 2011

[Taguchi 1986] Taguchi, G.: Introduction to Quality Engineering: Designing Quality into Products and Processes. Asian Productivity Organization. 1986

[Taguchi 1987] Taguchi, G.: System of experimental design: engineering methods to optimize quality and minimize costs. Unipub/Kraus International Publication. American Supplier Institut Edition. 1987

[Tenholte 2009] Tenholte, D.: Ein MEMS Vakuumsensor nach dem Reibungsprinzip. Universitätsverlag Chemnitz. 2009

[Thyssen 2018] Thyssen, D.: Projektorientiertes Management als Organisationsprinzip: Eine empirische Untersuchung von Widersprüchen in projektorientierten Organisationen mit der Repertory Grid Technik. Springer Gabler Verlag. Springer Fachmedien Wiesbaden GmbH. 2018

[Tietjen et al. 2003] Tietjen, T.; Müller, D. H.: FMEA Praxis: Das Komplettpaket für Training und Anwendung. Carl Hanser Verlag. 2. Auflage. 2003

[Vajna et al. 2009] Vajna, S.; Weber, C.; Bley, H.; Zeman, K.: CAx für Ingenieure. Eine praxisbezogene Einführung. Springer Verlag. 2. Auflage. 2009

[Vielhaber 2014] Vielhaber, M.: Qualität Konstruieren. Vorlesungsunterlagen. Universität des Saarlandes, Lehrstuhl für Konstruktionstechnik. 06.02.2014

[VDA-4 2012] n. n.: VDA. Produkt- und Prozess-FMEA. Band 4 der Reihe Sicherung der Qualität vor Serieneinsatz. Verband der Automobilindustrie e.V. 3. Auflage. 2012

[VDI-2180 2007] n. n.: VDI-Richtlinie 2180: Sicherung von Anlagen der Verfahrenstechnik mit Mitteln der Prozessleittechnik (PLT). Beuth-Verlag. 2007

[VDI-2221 1993] n. n.: VDI-Richtlinie 2221: Methodik zum Entwickeln und Konstruieren technischer Systeme und Produkte. VDI-Verlag. 1993

[VDI-2222 1977] n. n.: VDI-Richtlinie 2222 Blatt 1: Konzipieren technischer Produkte. VDI Verlag. 1977

[VDI-2223 2004] n. n.: VDI-Richtlinie 2223: Methodisches Entwerfen technischer Produkte. Beuth-Verlag. 2004

[VDI-2225 1990] n. n.: VDI-Richtlinie 2225: Technisches wirtschaftliches Konstruieren Blatt 3. VDI-Verlag. 1990

[VDI-2206 2004] n. n.: Richtlinie VDI 2206 "Entwicklungsmethodik für mechatronische Systeme". Verein Deutscher Ingenieure. Fachbereich 7: Produktentwicklung und Mechatronik. Beuth Verlag. 2004

[Vollerthun 2001] Vollerthun, A.: Integration von Konzeptentwurf und Marketing. Herbert Utz Verlag. 2001

[von Regius 2005] von Regius, B.: Qualität in der Produktentwicklung: Vom Kundenwunsch bis zum fehlerfreien Produkt. Carl Hanser Verlag. 2005

[Wang 2005] Wang, J. X.: Engineering Robust Designs with Six Sigma. Prentice Hall. 2005

[Wang et al. 2002] Wang, F.; Mills, J. J.; Devarajan, V.: A conceptual approach managing design resource. In: Computers in industry. Edition 47. S. 169 - 183. Elsevier Verlag. 2002

[Wallentowitz et al. 2010] Wallentowitz, H.; Reif, K.: Handbuch Kraftfahrzeugelektronik: Grundlagen – Komponenten – Systeme – Anwendungen. Vieweg + Teuber Verlag. 2. Auflage. 2010

[Wanke 2010] Wanke, S.: Neue Konzepte zur Verwaltung und Bereitstellung von Lösungen im Produktentwicklungsprozess – CPM/PDD Lösungsmuster als Grundlage eines verhaltensbeschreibenden Lösungskataloges. Dissertation Universität des Saarlandes. Schriftenreihe Produktionstechnik. Band 48. 2010

[Wanke et al. 2007] Wanke, S.; Conrad, J.; Köhler, C.: Verhaltensbeschreibende Produktkataloge - ein Anwendungspotential der Solution Patterns des CPM/PDD-Ansatzes. In: Proceedings of DFX 2007. Friedrich Alexander-Universität Erlangen-Nürnberg. S. 93 – 102. 2007

[Weber 2007] Weber, C.: Looking at „DFX" and "Product Maturity" from the Perspective of a New Approach to Modelling Product and Product Development Processes. In: Krause, F.-L.: The Future of Product Development. Proceedings of the 17th CIRP Design Conference. S. 85 – 104. Springer-Verlag. 2007

[Weber 2014] Weber, C.: Modelling Products and Product Development Based on Characteristics and Properties. In: Chakrabarti, A.; Blessing, L.: An Anthology of Theories and Models of Design Philosophy, Approaches and Empirical Explorations. Springer-Verlag. 2014

[Weber 2018] Weber, C.: Vorlesungsunterlagen "Virtuelle Produktentwicklung" des Fachgebiets Konstruktionstechnik. Fakultät für Maschinenbau, Technische Universität Ilmenau. 2018

[Weber et al. 2000] Weber, C.; Werner, H.: Klassifizierung von CAx Werkzeugen für die Produktentwicklung auf der Basis eines neuartigen Produkt- und Prozessmodells. 11. Symposium „Design for X". Schnaittach/Erlangen 12. - 13.10.2000. In: Meerkamm, H.: Proceedings of DfX 2000. S. 126 - 143. Friedrich-Alexander- Universität Erlangen-Nürnberg. 2000

[Weber et al. 2002] Weber, C.; Deubel, T.: Von CAx zu PLM – Überlegungen zur Software-Architektur der Zukunft. VDI-Fachtagung "Informationsverarbeitung in der Produktentwicklung von CAx zu PLM. Stuttgart 18. - 19.06.02, Tagungsband Abschnitt 5. Verein Deutscher Ingenieure. 2002

[Weber et al. 2004] Weber, C.; Steinbach, M.; Botta, C.; Deubel, T.: Modelling of product-service systems (PSS) based on the PDD approach. In: Proceedings of DESIGN 2004. Faculty of mechanical engineering and naval architecture. University of Zagreb. S. 547 – 554. 2004

[Werdich 2012] Werdich, M.: FMEA - Einführung und Moderation: Durch systematische Entwicklung zur übersichtlichen Risikominimierung. Vieweg + Teubner Verlag. 2. Auflage. 2012

[Winkler 1985] Winkler, J.: Festkörperbeanspruchung. VEB Fachbuchverlag Leipzig. 1985

[Wolter et al. 2005] Wolter, A.; Hsu, S.-T.; Schenk, H.; Lakner, H. K.: Applications and requirements for MEMS scanner mirrors. In: Proceedings of SPIE 5719. MOEMS-MEMS Micro and Nanofabrication. S. 64 – 75. 2005

[Yang 2007] Yang, G.: Life cycle reliability engineering. John Wiley and sons. 2007

[Zhu et al. 2007] Zhu, Y.; Alard, R.; Schoensleben, P.: Design Quality: A key factor to improve the product quality in international production networks. In: Olhager, J.; Perrson, F.: Advances in Production Management Systems: International IFIP TC 5, WG 5.7 Conference on advances in production management systems. Springer Verlag. 2007

Abbildungsverzeichnis

Abbildung 1.1: Zahlenmäßige Entwicklung von Rückrufaktionen in den Jahren 2009 bis 2014, angelehnt an [n.n. 2014] ... 1

Abbildung 1.2: Strukturierung der Arbeit ... 8

Abbildung 2.1: Beispiele für Wirkprinzipien aus verschiedenen Domänen [Pahl et al. 2007] ... 11

Abbildung 2.2: Beschreibung einer Funktion mit dem Umsatz von Energie-, Stoff-, Signalgrößen anhand eines Black Box-Modells [Pahl et al. 2007] ... 13

Abbildung 2.3: Beispiele für physikalische Effekte, angelehnt an [Schindler 2012] ... 15

Abbildung 2.4: Beispiele für Effektketten, angelehnt an [Meier 2002] ... 16

Abbildung 2.5: Beispiel für ein Wirkprinzip mit seinen Effekten und seiner Funktion [Eversheim 1997] ... 19

Abbildung 2.6: Abhängigkeit des E-Moduls von Aluminium, C-Stahl, Cr-Ni-Stahl und Cr1Cr-Mo-Stahl, angelehnt an [Niemann et al. 2005] ... 23

Abbildung 2.7: Anteil der durch Störgrößen hervorgerufenen Fehlerursachen in den FMEAs eines Automobilbauers nach einer Studie von [Lönnqvist 2009], angelehnt an [Lönnqvist 2009] 24

Abbildung 3.1: Arbeitsschritte der Konzeptphase im Konstruktionsprozess, angelehnt an [Pahl et al. 2007] ... 25

Abbildung 3.2: Zergliederung einer Gesamtfunktion in ihre Teilfunktionen mit einem Blockdiagramm [Feldhusen et al. 2013] ... 27

Abbildung 3.3: Beispiel für eine Funktionsgrößenmatrix [Lindemann et al. 2011] ... 28

Abbildung 3.4: Morphologischer Kasten zur Kombination von Wirkprinzipien zu einer Wirkstruktur [Pahl et al. 2007] ... 30

Abbildung 3.5: Exemplarische Darstellung einer mit Werten ergänzten Bewertungsliste für prinzipielle Lösungen [Feldhusen et al. 2011] ... 35

Abbildung 4.1: Fünf Schritte zur Erstellung einer FMEA, angelehnt an [VDA-4 2012] ... 37

Abbildung 4.2: Systemstruktur eines Drosselklappenstellers, angelehnt an [VDA-4 2012] ... 38

Abbildung 4.3: Zusammenhang zwischen einer Systemstruktur und einer Funktionsstruktur in der FMEA, angelehnt an [VDA-4 2012] 39

Abbildung 4.4: Fehlernetz eines Drosselklappenstellers, angelehnt an [VDA-4 2012] ... 41

Abbildung 4.5: Beispiel für ein Pareto-Diagramm, angelehnt an [Werdich 2012] ... 45

Abbildung 4.6: Formblatt einer FMEA, angelehnt an [VDA-4 2012] ... 47

Abbildung 5.1: Blockbilddiagramm zur Beschreibung des Fehlerverhaltens von Geräten, angelehnt an [Krause 2000] ... 53

Abbildung 5.2: Tripelprisma und Rhomboidprisma zur Veranschaulichung des Prinzips Invarianz, angelehnt an [Krause 2000] ... 57

Abbildung 5.3: Verkippte Strecke zur Veranschaulichung des Prinzips Innozenz, angelehnt an [Schilling 1982] ... 58

Abbildung 7.1: Darstellung der Synthese und Analyse im CPM-Modell, angelehnt an [Conrad et al. 2007] ... 78

Abbildung 7.2: CPM-Modell eines Druckstabes [Weber 2018] ... 80

Abbildung 7.3: Darstellung von Zielkonflikten im CPM-Ansatz, angelehnt an [Köhler 2009] ... 81

Abbildung 7.4: Integration von Entwicklungsmethoden in das CPM-Modell, angelehnt an [Weber 2014] ... 82

Abbildung 7.5: Darstellung von externen Bedingungen im CPM-Ansatz, angelehnt an [Köhler 2009] ... 83

Abbildung 7.6: Darstellung innerer Abhängigkeiten zwischen Merkmalen im CPM-Ansatz, angelehnt an [Köhler 2009] ... 83

Abbildung 7.7: Darstellung zusätzlicher Eigenschaften P_{+1} im CPM-Ansatz, angelehnt an [Köhler 2009] ... 84

Abbildung 7.8: Darstellung von Solution Patterns im CPM-Ansatz, angelehnt an [Köhler 2009] ... 85

Abbildung 7.9: Klassifikation von X-Systemen im CPM-Ansatz, angelehnt an [Weber 2007, Köhler 2009] ... 88

Abbildung 7.10: Beschreibung des Entwicklungsprozesses als Regelkreis, angelehnt an [Vajna et al. 2009] ... 89

Abbildung 7.11: Ablauf des Property-Driven Developments, angelehnt an [Weber et al. 2002] ... 91

Abbildung 7.12: Abbildung der Merkmale unterschiedlicher Einzelteile im PDD-Prozessmodell ... 95

Abbildung 8.1: Grundstruktur der neuen Relation ... 102

Abbildung 8.2: Grundstruktur der neuen Relation mit Symbolen angelehnt an den Symbolen des CPM-Modells ... 102

Abbildung 8.3: Grundstruktur der neuen Relation ergänzt um External Conditions und Störgrößen ... 103

Abbildung 8.4: Matrixdarstellung der Relation $R_{noise,i}$ ... 103

Abbildung 8.5: Matrixdarstellung der Relation $R_{noise,i}^{-1}$ ... 104

Abbildung 8.6: CPM-Modell ergänzt um die neue Relation $R_{noise,i}$ mit ihren Eingangs- und Ausgangsgrößen ... 105

Abbildung 8.7: Struktur des erweiterten CPM-Produktmodells ... 106

Abbildung 8.8: Struktur des erweiterten PDD-Prozessmodells ... 106

Abbildung 8.9: Exemplarisches CPM-Modell zur Beschreibung einer Teilfunktion ... 108

Abbildung 8.10: Die vier Teilschritte des Analyseprozesses ... 110

Abbildung 8.11: Die vier Teilschritte des Syntheseprozesses ... 113

Abbildung 8.12: Darstellung eines Konflikts zwischen zwei Merkmalsänderungen ... 114

Abbildung 8.13: Darstellung eines Konflikts zwischen einer Merkmalsänderung und einer Eigenschaft ... 114

Abbildung 9.1: Die fünf Arbeitsschritte der QRBW-Methode ... 122

Abbildung 9.2: Formblatt der QRBW-Methode ... 123

Abbildung 9.3: System-/Funktionsstruktur eines exemplarisch betrachteten Produktes ... 125

Abbildung 9.4: Prinzipieller Ablauf zur Analyse von Wirkprinzipien und physikalischen Effekten von Einzelteilen/Baugruppen........130

Abbildung 9.5: QRBW-Formblatt mit den Ergebnissen aus Arbeitsschritt 1 der QRBW-Methode........132

Abbildung 9.6: Aufbau der Analyseprozesstabelle........133

Abbildung 9.7: CPM-Modell eines exemplarisch betrachteten Wirkprinzips........135

Abbildung 9.8: CPM-Modell für die Eigenschaft P_1 des exemplarisch betrachteten Wirkprinzips........135

Abbildung 9.9: Ausschnitt aus der Analyseprozesstabelle des exemplarisch betrachteten Wirkprinzips........136

Abbildung 9.10: Ermittlung von Merkmalen $C_{noise,i,x}$ mit der Relation $R_{noise,i}$........137

Abbildung 9.11: Darstellung der Symbole $R_{noise,i}$ und $C_{noise,i,x}$ in der Analyseprozesstabelle........137

Abbildung 9.12: Darstellung der Symbole $R_{other,i}$ und $P_{noise,j,x}$ in der Analyseprozesstabelle........138

Abbildung 9.13: Darstellung der Abweichungen $\Delta P_{j,x}$ in der Analyseprozesstabelle........138

Abbildung 9.14: Darstellung der Feststellung über das Vorliegen von Ausfällen in der Analyseprozesstabelle........139

Abbildung 9.15: QRBW-Formblatt ergänzt um die Ergebnisse aus Arbeitsschritt 2 der QRBW-Methode........139

Abbildung 9.16: Aufbau der Syntheseprozesstabelle........140

Abbildung 9.17: Darstellung der Symbole $P_{noise,j,x}$*, R_{other}^{-1} und $C_{noise,i,x}$* in der Syntheseprozesstabelle ... 141

Abbildung 9.18: Darstellung der Symbole $R_{noise,i}^{-1}$ und $C_{nominal,i,x}$* in der Syntheseprozesstabelle ... 141

Abbildung 9.19: Darstellung der Symbole $\Delta C_{nominal,i,x}$ in der Syntheseprozesstabelle ... 142

Abbildung 9.20: Tabelle zur Ermittlung von Konflikten aus der Festlegung von Merkmalsänderungen ... 142

Abbildung 9.21: Darstellung des Analyseergebnisses über das Vorliegen von Konflikten ... 143

Abbildung 9.22: QRBW-Formblatt ergänzt um die Ergebnisse aus Arbeits-Schritt 3 der QRBW-Methode ... 143

Abbildung 9.23: Bewertungskriterien und Eigenschaftsgrößen für Robustheit in der QRBW-Methode ... 144

Abbildung 9.24: Bewertungsskala für die Auftretenshäufigkeit von Störgrößen ... 145

Abbildung 9.25: Bewertungsskala für die Bedeutung von störgrößenbedingten Fehlerfolgen ... 145

Abbildung 9.26: Bewertungsskala für die Wirksamkeit von Vermeidungsmaßnahmen ... 146

Abbildung 9.27: Bewertungsskala für die Prognoseunsicherheit der Wirksamkeit von Vermeidungsmaßnahmen ... 146

Abbildung 9.28: Bewertungsskala für den Aufwand für die Realisierung von Vermeidungsmaßnahmen ... 147

Abbildung 9.29: QRBW-Formblatt ergänzt um die Ergebnisse aus Arbeits-Schritt 4 der QRBW-Methode 148

Abbildung 9.30: QRBW-Formblatt ergänzt um die Ergebnisse aus Arbeitsschritt 5 der QRBW-Methode 149

Abbildung 10.1: Winkeldefinition einer Spiegelplatte von einem Mikrospiegel mit ausgelenkter Spiegelplatte 154

Abbildung 10.2: Exemplarische Explosionsdarstellung von einem Mikrospiegelsystem 156

Abbildung 10.3: System-/Funktionsstruktur eines exemplarisch betrachteten Mikrospiegelsystems 159

Abbildung 10.4: Ergebnis eines paarweisen Vergleichs zur Priorisierung von Teilfunktionen 161

Abbildung 10.5: Schematische Darstellung eines elektrostatisch angetriebenen Mikrospiegels, angelehnt an [Schenk 2000] 164

Abbildung 10.6: Schematische Darstellung eines magnetisch angetriebenen Mikrospiegels, angelehnt an [Schenk 2000] 165

Abbildung 10.7: Graph der Lösungsfunktion von der Bewegungsgleichung der elektrostatisch angetriebenen Spiegelplatte 168

Abbildung 10.8: Graph der Lösungsfunktion von der Bewegungsgleichung der magnetisch angetriebenen Spiegelplatte 170

Abbildung 10.9: Auszug aus der Analyseprozesstabelle des elektrostatisch angetriebenen Mikrospiegels 171

Abbildung 10.10: Auszug aus der Analyseprozesstabelle des magnetisch angetriebenen Mikrospiegels 172

Abbildung 10.11: Auszug aus der Analyseprozesstabelle für den elektrostatischen Mikrospiegelantrieb und die Klebetemperatur .. 175

Abbildung 10.12: Auszug aus der Analyseprozesstabelle für den elektrostatischen Mikrospiegelantrieb und die Umgebungstemperatur 176

Abbildung 10.13: Auszug aus der Analyseprozesstabelle für den magnetischen Mikrospiegelantrieb und die Klebetemperatur 177

Abbildung 10.14: Auszug aus der Analyseprozesstabelle für den magnetischen Mikrospiegelantrieb und die Umgebungstemperatur 178

Abbildung 10.15: Auszug aus der Analyseprozesstabelle für den magnetischen Mikrospiegelantrieb und Montagetoleranzen der Permanentmagnete 179

Abbildung 10.16: Darstellung der störgrößenbedingten Fehlerursachen, Fehlerfolgen und Vermeidungsmaßnahmen der Mikrospiegelantriebe im QRBW-Formblatt........ 182

Abbildung 10.17: Darstellung der Bewertungszahlen $B_{w,a}$ und $B_{w,r}$ der Mikrospiegelantriebe im QRBW-Formblatt........ 183

Abbildung A.1: Querschnittskizze eines elektrostatisch angetriebenen Mikrospiegels, angelehnt an [Kießling 2008] 195

Abbildung A.2: Lage des Koordinatensystems und der Torsionsbalken bezüglich eines <001>-orientierten Wafers, angelehnt an [Schenk 2000]........ 202

Abbildung A.3: Parameter zur Beschreibung der geometrischen Merkmale der Spiegelplatte und Torsionsbalken 204

Abbildung A.4: Deformation einer Spiegelplatte durch Trägheitskräfte, angelehnt an [Schenk 2000] 205

Abbildung A.5: Dynamische Viskosität verschiedener Gase, abhängig von der Temperatur t bei 1 bar Druck [Sigloch 2017]. 211

Abbildung A.6: Schwingungsamplitude der elektrostatisch angetriebenen Spiegelplatte unter Nominalbedingungen 216

Abbildung A.7: Schwingungsamplitude der elektrostatisch angetriebenen Spiegelplatte unter der Klebetemperatur 216

Abbildung A.8: Schwingungsamplitude der elektrostatisch angetriebenen Spiegelplatte unter der Umgebungstemperatur 217

Abbildung A.9: Schwingungsamplitude der magnetisch angetriebenen Spiegelplatte unter Nominalbedingungen 217

Abbildung A.10: Schwingungsamplitude der magnetisch angetriebenen Spiegelplatte unter der Klebetemperatur 218

Abbildung A.11: Schwingungsamplitude der magnetisch angetriebenen Spiegelplatte unter der Umgebungstemperatur 218

Abbildung A.12: Schwingungsamplitude der magnetisch angetriebenen Spiegelplatte unter Montagetoleranzen der Permanentmagnete 219

Abkürzungen und Formelzeichen

Abkürzungen

CAx	Computer Aided x
CAD	Computer Aided Design
CPM	Characteristics-Properties Modelling
DGQ	Deutsche Gesellschaft für Qualität
DIN	Deutsches Institut für Normung e.V.
DLP	Digital Light Processing
DRM	Design Research Methodology
et al.	et alii
FMEA	Fehlermöglichkeits- und Einflussanalyse
ICED	International Conference on Engineering Design
ISO	International Organization for Standardization
K	Kelvin
Lidar	Light detection and ranging
mbH	mit beschränkter Haftung
PDD	Property-Driven Development
PDM	Produktdatenmanagement
QM	Qualitätsmanagement
QRBW	Qualitative Robustheitsbewertung von Wirkprinzipien
rad	Radiant
RPZ	Risikoprioritätszahl
T	Termin
TM	Trademark
TRIZ	Theorie des erfinderischen Problemlösens
V	Verantwortlich
VDA	Verband der Automobilindustrie
VDI	Verein Deutscher Ingenieure

Symbole des CPM/PDD-Ansatzes aus dem Stand der Technik

C_i	Characteristics (Merkmale)
ΔP_j	Differenz zwischen Soll- und Ist-Eigenschaften
D_x	Dependencies (Abhängigkeiten)
EC_j	External Conditions (externe Bedingungen)
P_j	Properties (Eigenschaften)

PR_j	Properties Required (Soll-Eigenschaften)
P_x	Properties External (Eigenschaften von Externen Bedingungen)
R_j	Relations (Relationen)

Symbole des erweiterten CPM/PDD-Ansatzes

$C_{noise,i,x}$	Merkmal unter der Wirkung einer Störgröße
$C_{nominal,i}$	Nominal Characteristic (nominales Merkmal)
$\Delta C_{nominal,i,x}$	Differenz zwischen nominalen Merkmalen
$\Delta P_{j,x}$,	Differenz zwischen Soll-Eigenschaften und Ist-Eigenschaften unter der Wirkung von Störgrößen
$EC_{noise,i}$	Externe Bedingungen in Form von Störgrößen
$EC_{other,i}$	Externe Bedingungen ohne Störgrößen
N_x	Noise (Störgröße)
$P_{noise,j,x}$	Ist-Eigenschaften unter der Wirkung von Störgrößen
$R_{noise,i}$	Relation zur Beschreibung störgrößenbedingter Merkmalsänderungen
$R_{other,i}$	Relations (other)

Formelzeichen

A	Flächeninhalt, Auftretenswahrscheinlichkeit einer Fehlerursache, Funktionsgleichung, Übertragungsgleichung
A_{fi}	Funktionsrelevante Ausgangsgröße
A_M	Aufwand für die Realisierung einer Vermeidungsmaßnahme
$A_{(ni)u}$	unerwünschte nichtfunktionsrelevante Ausgangsgröße
$A_{(ni)us}$	unschädliche nichtfunktionsrelevante Ausgangsgröße
A_S	Auftretenshäufigkeit von Störgrößen
B	Magnetische Flussdichte, Bedeutung einer Fehlerfolge
b_{Ba}	Breite eines Torsionsbalkens
B_K	Bedeutung einer störgrößenbedingten Fehlerfolge für den Kunden
b_{Pl}	Breite einer Spiegelplatte
c	Federkonstante
c_1	Beiwert
C	Elektrische Kapazität
D	Dämpfungskonstante, Außendurchmesser
ΔA_i	Einzelfehler
ΔE_{fi}	Schwankungen der funktionsrelevanten Eingangsgrößen

ΔE_{ni}	Schwankungen der nichtfunktionsrelevanten Eingangsgrößen
ΔZ_i	Abweichungen geometrischer/stofflicher Merkmale von idealen Gerätekennwerten
d_{Pl}	Dicke einer Spiegelplatte
E	E-Modul, Entdeckungswahrscheinlichkeit einer Fehlerursache
E_{fi}	Funktionsrelevante Eingangsgröße
e_0	Dielektrizitätskonstante
E_{ni}	Nichtfunktionsrelevante Eingangsgröße
F	Kraft
F_{el}	elektrostatische Kraft
F_g	Gewichtskraft
F_{Lo}	Lorentzkraft
F_N	Normalkraft
f_0	Eigenfrequenz
F_R	Reibkraft
G	Gleitmodul
G_m	Mittleres Gleitmodul
Gw_j	Ungewichteter Gesamtwert von der Variante einer prinzipiellen Lösung
Gwg_j	Gewichteter Gesamtwert von der Variante einer prinzipiellen Lösung
h_{Ba}	Höhe eines Torsionsbalkens
I	Stromstärke elektrischer Strom
Î	Amplitude einer Stromstärke
$I_{Fl\ Pl}$	Flächenträgheitsmoment einer Spiegelplatte
$I_{t\ Ba}$	Torsionsträgheitsmoment eines Torsionsbalkens
J_{Pl}	Massenträgheitsmoment der Spiegelplatte eines Mikrospiegels
K	Federkonstante
l	Länge
l_{Ba}	Länge eines Torsionsbalkens
$l_{Ba\ min}$	Minimale Länge eines Torsionsbalkens
l_{seg}	Länge der Leiterbahnsegmente, auf welche die Lorentzkraft wirkt
l_{Pl}	Länge einer Spiegelplatte
m	Masse
M	Drehmoment
M_{DS}	Squeeze-Film Dämpfungsmoment

M_{el}	Elektrostatisches Antriebsmoment
M_{mag}	Magnetisches Antriebsmoment
m_{Pl}	Masse einer Spiegelplatte
M_t	Torsionsmoment
n	Verhältnis aus Höhe zu Breite eines Torsionsbalkens
r	Abstand einer Leiterbahn von der Drehachse der Spiegelplatte eines Mikrospiegels
R	Elektrischer Widerstand
r_0	Abstand einer Leiterbahn von der Drehachse einer Spiegelplatte
$B_{w,r}$	Bewertungszahl zur Charakterisierung des Risikos aus mangelnder Robustheit eines Wirkprinzips
$B_{w,a}$	Bewertungszahl zur Charakterisierung des Aufwandes aus mangelnder Robustheit eines Wirkprinzips
s	Weg, Länge
S	Spalt zwischen der Spiegelplatte und Trägerplatte eines Mikrospiegels
S_U	Prognoseunsicherheit
t	Zeit
T	Drehmoment
T_{Kl}	Temperatur beim Kleben
T_{Um}	Umgebungstemperatur
U	Elektrische Spannung
$\hat{U}$	Amplitude einer elektrischen Antriebsspannung
$U_{Pull\text{-}In}$	Pull-In Spannung
V_F	Fehlerfaktor
v_P	Poissonzahl
W_{el}	Elektrische Energie im elektrostatischen Feld
wg_{ij}	Gewichteter Punktwert einer Eigenschaftsgröße einer prinzipiellen Lösung
w_{ij}	Ungewichteter Punktwert einer Eigenschaftsgröße einer prinzipiellen Lösung
W_M	Wirksamkeit einer Vermeidungsmaßnahme
w_0	Durchbiegung der Spiegelplatte an deren Ende
W_t	Torsionswiderstandsmoment
z	Plattenabstand
Z_i	Geometrische/stoffliche Merkmale eines Geräts

Griechische Formelzeichen

α	Temperaturausdehnungskoeffizient
β	Winkel zwischen den Feldlinien eines Permanentmagneten und einer Stromrichtung
δ_0	Trägheitsbedingte Verformung der Spiegelplatte eines Mikrospiegels
Δ	Fehler
ΔA_i	Einzelfehler
Δl	Längenänderung
$\Delta\lambda$	Längenänderung
ΔT	Temperaturänderung
$\Delta\vartheta$	Temperaturänderung
ε_0	Elektrische Feldkonstante
ε_r	Permittivität
ξ	Toleranzbereich
η_L	Dynamische Viskosität
ϑ	Temperatur
λ	Wellenlänge von Licht
μ	Reibkoeffizient
ρ	Dichte
τ_t	Torsionsspannung
$\tau_{t\,max}$	Maximale Torsionsspannung
$\tau_{t\,zul}$	Zulässige Torsionsspannung
φ	Verdrehwinkel
$\dot{\varphi}$	Winkelgeschwindigkeit
φ_{krit}	kritischer Verdrehwinkel
χ	Dimensionslose Variable
ω	Antriebsfrequenz

Tabellenverzeichnis

Tabelle 2.1: Beispiele für externe und interne Störgrößen, angelehnt an [Rehbehn et al. 2005, von Regius 2005] ... 22

Tabelle 3.1: Beispiel für eine Bewertungsskala für Punktbewertungen, angelehnt an [Kesselring 1954] ... 33

Tabelle 3.2: Werteskala für die Nutzwertanalyse und die technisch-wirtschaftliche Bewertung nach VDI2225, angelehnt an [Pahl et al. 2007] ... 34

Tabelle 4.1: Tabelle zur Bewertung der Auftretenswahrscheinlichkeiten von Fehlerursachen, angelehnt an [Gamweger et al. 2009] . 42

Tabelle 4.2: Tabelle zur Bewertung der Entdeckungswahrscheinlichkeiten von Fehlerursachen, angelehnt an [Gamweger et al. 2009] ... 43

Tabelle 4.3: Tabelle zur Bewertung der Bedeutungen von Fehlerfolgen, angelehnt an [Gamweger et al. 2009] ... 44

Tabelle 7.1: Symbole des Characteristics-Properties Modelling ... 76

Tabelle 10.1: Eingangsgrößen und Merkmale des elektrostatischen Mikrospiegelantriebs ... 167

Tabelle 10.2: Eingangsgrößen und Merkmale des magnetischen Mikrospiegelantriebs ... 169

Tabelle 10.3: Relation zur Ermittlung der störgrößenbedingten Merkmalsänderungen des elektrostatischen Mikrospiegelantriebs ... 173

Tabelle 10.4: Relation zur Ermittlung der störgrößenbedingten Merkmalsänderungen des magnetischen Mikrospiegelantriebs . 174

Tabelle A.1: Mittleres Gleitmodul eines Torsionsbalkens aus Silizium mit [110]-Orientierung und rechteckigem Querschnitt in Abhängigkeit vom Aspektverhältnis n [Schenk 2000, Kießling 2008] 203

Tabelle A.2 Merkmale und Merkmalswerte des elektrostatisch und magnetisch angetriebenen Mikrospiegels 210

Liste der bisher erschienenen Bände, Stand 04.08.2020

Bericht aus dem Institut für Maschinenelemente und Konstruktion (IMK), 1990 – 2010

Band 1 Institut für Maschinenelemente und Konstruktion der TU Ilmenau (Hrsg.):
Forschung und Lehre im Institut für Maschinenelemente und Konstruktion
(Institutsbericht)
Ilmenau : ISLE, 1999. - ISBN 3-932633-37-7

Band 2 Spiller, Frank:
Möglichkeiten der rechentechnischen Umsetzung von Erkenntnissen aus der Konstruktions-systematik unter Nutzung der Featuretechnologie
(Dissertation TU Ilmenau 1998)
Ilmenau : ISLE, 1998. - ISBN 3-932633-20-2

Band 3 Leibl, Peter:
Entwicklung eines featureorientierten Hilfsmittels für die Konstruktion kostengünstiger Produkte
(Dissertation TU Ilmenau 1998)
Ilmenau : ISLE, 1998. - ISBN 3-00-003695-4

Band 4 Lutz, Steffen:
Kennlinie und Eigenfrequenzen von Schraubenfedern
(Dissertation TU Ilmenau 2000)
Ilmenau : ISLE, 2000. - ISBN 3-932633-47-4

Band 5 Kletzin, Ulf:
Finite-Elemente-basiertes Entwurfssystem für Federn und Federanforderungen
(Dissertation TU Ilmenau 2000)
Ilmenau : ISLE, 2000. - ISBN 3-932633-48-2

Band 6 Volz, Andreas K.:
Systemorientierter Karosserie-Konzeptentwurf am Beispiel der Crashsimulation
(Dissertation TU Ilmenau 1998)
Ilmenau : ISLE, 2000. - ISBN 3-932633-52-0

Band 7 Brix, Torsten:
Feature- und constraint-basierter Entwurf technischer Prinzipe
(Dissertation TU Ilmenau 2001)
Ilmenau : ISLE, 2001. - ISBN 3-932633-67-9

Band 8 Rektor der TU Ilmenau und Institut für Maschinenelemente und Konstruktion der TU Ilmenau (Hrsg.) in Zusammenarbeit mit Carl Zeiss Jena GmbH
Vom Arbeitsblatt zum virtuellen Prototyp – 50 Jahre Konstruktionssystematik
(Institutsbericht)
Ilmenau : ISLE, 2002. - ISBN 3-932633-68-7

Band 9 Liebermann, Kersten:
Rechnergestütztes Entwurfs- und Optimierungssystem für Schraubendruckfedern
(Dissertation TU Ilmenau 2003)
Ilmenau : ISLE, 2003. - ISBN 3-932633-74-1

Band 10 Meissner, Manfred; Denecke, Klaus:
Die Geschichte der Maschinenelemente als Fachgebiet und Institut an der Technischen Universität Ilmenau von 1953 bis 2003
(Institutsbericht)
Ilmenau : ISLE, 2003. - ISBN 3-932633-82-2

Band 11 Geinitz, Veronika:
Genauigkeits- und auslastungsoptimierte Schraubendruckfedern
(Dissertation TU Ilmenau 2006)
Ilmenau : ISLE, 2006. - ISBN 3-938843-11-X

Band 12 Institut für Maschinenelemente und Konstruktion (Hrsg.):
Festschrift zum Ehrenkolloquium anlässlich der Emeritierungen von Univ.-Prof. Dr.-Ing. habil. Dr. h.c. Günter Höhne und Univ.-Prof. Dr.-Ing. habil. Hans-Jürgen Schorcht
(Institutsbericht)
Ilmenau : ISLE, 2005. -ISBN 3-932633-97-0

Band 13 Wittkopp, Tobias:
Mehrkörpersimulation von Schraubendruckfedern
(Dissertation TU Ilmenau 2005)
Ilmenau : ISLE, 2005. - ISBN 3-938843-07-1

Band 14 Frank, Stefan:
Justierdrehen – eine Technologie für Hochleistungsoptik
(Dissertation TU Ilmenau 2007)
Ilmenau : ISLE, 2008. - ISBN 978-3-938843-35-4

Band 15 Schilling, Thomas:
Augmented Reality in der Produktentstehung
(Dissertation TU Ilmenau 2008)
Ilmenau : ISLE, 2008. - ISBN 978-3-938843-42-0

Band 16 Lotz, Markus:
Konstruktion von Messspiegeln hochgenauer Mess- und Positioniermaschinen
(Dissertation TU Ilmenau 2009)
Ilmenau : ISLE, 2009. - ISBN 978-3-938843-46-8

[Band 17] Hackel, Tobias:
Grundlegende Untersuchungen zu vertikalen Positioniersystemen für Nanopräzisionsmaschinen
(Dissertation TU Ilmenau 2010)
Münster, Westf : Monsenstein & Vannerdat, 2010. -
ISBN 978-3-86991-111-3

[Band 18] Frank, Thomas:
Konzeption und konstruktive Gestaltung der Messkreise von Nanomessmaschinen
(Dissertation TU Ilmenau 2010)
Münster, Westf : Monsenstein & Vannerdat, 2010. - ISBN 978-3-86991-194-6

Berichte aus dem Institut für Maschinen- und Gerätekonstruktion (IMGK), 2010 - ...

Band 19 Sondermann, Mario:
Mechanische Verbindungen zum Aufbau optischer Hochleistungssysteme
(Dissertation TU Ilmenau 2010)
Ilmenau : Univ.-Verl. Ilmenau, 2011. - ISBN 978-3-939473-94-7

Band 20 Husung, Stephan:
Simulation akustischer Produkteigenschaften unter Nutzung von Virtual Reality während der Produktentwicklung
(Dissertation TU Ilmenau 2011)
Ilmenau : Univ.-Verl. Ilmenau, 2012. - ISBN 978-3-86360-026-6

Band 21 Dobermann, Dirk:
Stabilisierung der Bildlage abbildender optischer Systeme
(Dissertation TU Ilmenau 2012)
Ilmenau : Univ.-Verl. Ilmenau, 2013. - ISBN 978-3-86360-056-3

Band 22 Taubmann, Peter:
Analyse der Ventilfederbewegung als Beitrag zur Beeinflussung der Verschleißursachen an den Auflageflächen
(Dissertation TU Ilmenau 2013)
Ilmenau : Univ.-Verl. Ilmenau, 2013. - ISBN 978-3-86360-059-4

Band 23 Erbe, Torsten:
Beitrag zur systematischen Aktor- und Aktorprinzipauswahl im Entwicklungsprozess
(Dissertation TU Ilmenau 2013)
Ilmenau : Univ.-Verl. Ilmenau, 2013. - ISBN 978-3-86360-060-0

Band 24: Ginani, Luciano Selva:
Optical Scanning Sensor System with Submicron Resolution
(Dissertation TU Ilmenau 2013)
Ilmenau : Univ.-Verl. Ilmenau, 2013. - ISBN 978-3-86360-068-6

Band 25: Heidler, Nils:
Untersuchungen zylindrischer Gasführungselemente für Hochvakuumanwendungen
(Dissertation TU Ilmenau 2015)
Ilmenau : Univ.-Verl. Ilmenau, 2016. - ISBN 978-3-86360-130-0

Band 26: Reich, René:
Möglichkeiten und Grenzen bei der Auslegung von Schraubendruckfedern auf Basis von Umlaufbiegeprüfungen
(Dissertation TU Ilmenau 2016)
Ilmenau : Univ.-Verl. Ilmenau, 2016. - ISBN 978-3-86360-139-3

Band 27: Resch, Jens:
Kontextorientierte Entwicklung und Absicherung von festen Verbindungen im Produktentstehungsprozess der Automobilindustrie
(Dissertation TU Ilmenau 2016)
Ilmenau : Univ.-Verl. Ilmenau, 2016. - ISBN 978-3-86360-143-0

Band 28: Scheibe, Hannes:
Aktiv-adaptive Polierwerkzeuge zur Herstellung rotationssymmetrischer Asphären
(Dissertation TU Ilmenau 2016)
Ilmenau : Univ.-Verl. Ilmenau, 2016. - ISBN 978-3-86360-147-8

Band 29: Reeßing, Michael:
Softwarewerkzeuge für den phasen- und domänenübergreifenden Entwurf
(Dissertation TU Ilmenau 2016)
Ilmenau : Univ.-Verl. Ilmenau, 2017. - ISBN 978-3-86360-169-0

Band 30: Lux, Rüdiger:
Wärmebehandlung von SiCr-legiertem, ölschlussvergütetem Federstahldraht
(Dissertation TU Ilmenau 2018)
Ilmenau : Univ.-Verl. Ilmenau, 2018. - ISBN 978-3-86360-185-0

Band 31: Thomisch, Marco:
Methodik zur Bestimmung optimaler Parameter beim Drahtumformen
(Dissertation TU Ilmenau 2018)
Ilmenau : Univ.-Verl. Ilmenau, 2018. - ISBN 978-3-86360-187-4

Band 32: Wohlfahrt, Fabian:
Kraftgesteuerte Messzelle für Dilatometeranwendungen
(Dissertation TU Ilmenau 2018)
Ilmenau : Univ.-Verl. Ilmenau, 2019. - ISBN 978-3-86360-193-5

Band 33: John, Kerstin:
Untersuchung von Umlenkelementen zur Anwendung in der interferometrischen Längenmesstechnik
(Dissertation TU Ilmenau 2018)
Ilmenau : Univ.-Verl. Ilmenau, 2019. - ISBN 978-3-86360-197-3

Band 34: Mack, Benjamin:
Untersuchungen zum Schadensmechanismus Torsionsschwingbruch durch Kontaktermüdung an Schraubendruckfedern
(Dissertation TU Ilmenau 2018)
Ilmenau : Univ.-Verl. Ilmenau, 2019. - ISBN 978-3-86360-198-0

Band 35: Hesse, Miriam:
Untersuchung der Absicherung von Montageprozessen am Beispiel von Produktionsanläufen in der Automobilindustrie
(Dissertation TU Ilmenau 2019)
Ilmenau : Univ.-Verl. Ilmenau, 2020. - ISBN 978-3-86360-221-5

Band 36: Scheler, Marcel:
Auswahl robuster Wirkprinzipien auf Basis einer Erweiterung des CPM/PDD-Ansatzes
(Dissertation TU Ilmenau 2020)
Ilmenau : Univ.-Verl. Ilmenau, 2020. - ISBN 978-3-86360-225-3